城市规划区绿色空间规划研究

叶　林　著

科学出版社

北　京

内 容 简 介

城市绿色空间是城市极为重要而特殊的生态安全屏障、农林生产场所和游憩服务基地。在当前快速城镇化进程中，面对城乡不当建设行为的强烈干扰和城市居民对绿色空间复合功能的强烈需求，本书基于大量规划实证，对城市绿色空间规划范式进行了探讨。本书融合多学科的理论和方法，引入生态整体规划思路，以土地空间资源配置为基础，以“生态-生产-生活”空间结构、功能组织、用地布局、关键控制要素为核心内容，构建衔接多尺度、整合多功能的绿色空间规划框架体系、规划管控技术、管理实施策略，力图弥补现行城乡规划体系和规划范式应对绿色空间的不足，并推动实现绿色空间的“生态优先、绿色生产、宜居生活”。

本书可供城乡规划建设领域的研究人员及政府相关部门实务工作者阅读，也可作为城乡规划学、城市生态学、城乡经济与公共管理等学科的教学参考用书。

图书在版编目(CIP)数据

城市规划区绿色空间规划研究/ 叶林著. —北京：科学出版社，2018.4
ISBN 978-7-03-055786-5

Ⅰ. ①城… Ⅱ. ①叶… Ⅲ. ①城市规划-绿化规划-研究
Ⅳ. ①TU985.1

中国版本图书馆 CIP 数据核字（2017）第 298688 号

责任编辑：张 展 陈 杰 / 责任校对：彭 映
责任印制：罗 科 / 封面设计：墨创文化

科学出版社出版
北京东黄城根北街16 号
邮政编码：100717
http://www.sciencep.com

四川煤田地质制图印刷厂印刷
科学出版社发行 各地新华书店经销
*

2018 年 4 月第 一 版 开本：787×1092 1/16
2018 年 4 月第一次印刷 印张：14 1/2
字数：298 千字

定价：98.00 元

（如有印装质量问题，我社负责调换）

本书由以下项目基金支持

重庆大学建筑城规学院出版基金

中央高校基本科研业务费项目“城市绿色空间规划实施政策体系研究”（106112017CDJXY190004）

中央高校基本科研业务费项目“山地城镇绿色空间规划方法研究”（CDJPY12190003）

国家自然科学基金面上项目“基于次级流域样条空间断面分区的山地城市河岸缓冲带规划控制方法研究”（51678087）

国家自然科学基金面上项目“基于水环境效应的山地城市用地布局生态化模式”（51278504）

序

在当今新型城镇化背景下，绿色空间对城市（镇）的意义已然远远超出传统的绿地范畴，一方面，其供给城市地区无可替代的复合价值，深刻作用于城市地区可持续发展的能力，关乎城镇建设用地利用效率、城镇布局形态、城镇建设水平和区域生态安全保障。另一方面，国内既有的绿色空间规划及类似规划往往各自为政，目标、内容、方法迥异，难以形成建设合力，导致诸多规划困境。叶林自攻读博士学位以来，就以绿色空间规划方法作为研究对象，经过长期理论研究与相关工程实践的积累，取得了丰硕成果。

该研究以重庆大学城乡生态规划与技术科学团队近些年开展的大量实践与研究工作为基础，从城乡规划、景观生态、城市经济等多学科视角，分析城市绿色空间规划建设所面临的思路、方法、体例及规划机制问题，采用“生态－生活－生产”整体观，从宏观、中观、微观尺度对绿色空间的规划内容与技术方法提出了全面系统的应对路径，进而探讨了适合我国国情的绿色空间实施与管理策略，具有较高的理论研究价值。

该研究的可贵尝试，在于系统性地探讨了绿色空间复杂的内在属性与外在结构，深入剖析了规划需应对的自然、社会和经济层面的问题，让绿色空间本体更加鲜活生动。同时，通过对类似规划取长补短，构建了涵盖总体目标、规划程序、规划空间层次、规划阶段及核心技术的绿色空间规划的框架体例，有助于整合绿色空间规划及类似规划的意向目标和管控措施，对奠定绿色空间规划的法理地位十分重要，是国内相关研究少有的深刻思考。

得益于作者多年的研究和实证经验汇集，本书对相关问题的讨论具有理论上的原创性和指导工程实践的可操作性。相信本书能启发相关从业者和研究人员更多的思考，共同促进城市（镇）绿色空间规划建设水平的提高。

邢忠

重庆大学教授、博导

2017.10

前　言

在新型城镇化和城市建设绿色化导向下，城市绿色空间作为城市极为重要而特殊的生态安全屏障、农林生产设施和游憩服务基地，日益受到重视。面对快速城镇化进程中城乡建设不当行为的强烈干扰和城市居民对绿色空间复合功能的强烈需求，本书基于多地的规划实证，对城市绿色空间规划范式进行了探讨。

研究中融合多学科的理论和方法，引入生态整体规划思路，以土地空间资源配置为基础，以“生态-生产-生活”空间结构、功能组织、用地布局、关键控制要素为核心内容，构建衔接多尺度、整合多功能的绿色空间规划框架体例、规划管控技术、管理实施策略，以弥补现行城乡规划体系和规划范式应对绿色空间的不足，力图通过“有效保护、持续利用和合理开发”实现绿色空间的“生态优先、绿色生产、宜居生活”。

本书内容包括五部分：

第一部分为研究本体认识：（第 1 章）提出研究概念、研究目标与内容、研究方法与框架。（第 2 章）系统认知城市绿色空间的自然、社会、经济多维属性，以及显示在土地空间上的复杂结构形态；辨析影响绿色空间演进的自然力与非自然力，以及限制绿色空间规划的相关政策背景。

第二部分为规划范式讨论：（第 3 章）借鉴国内外相关规划范式实证经验，揭示现行法定规划体系应对绿色空间规划的不足之处。以生态价值观为指导，融合多种规划思想和方法，提出生态整体规划思路，探讨与现行规划体系衔接的绿色空间规划范式，建构规划框架体例（规划空间层次、规划阶段及核心技术、法理地位、总体目标、利用分类和规划程序），并作为指导具体规划的基本框架。

第三部分为规划管控技术：结合番禺、宝鸡、眉山、重庆等地的实践，围绕城市规划区、中心城区和用地单元三个法定规划层次，解析各层次焦点问题，衔接相关专业或专项规划要求，明确各层次规划主要内容和目标，针对重点管控内容形成核心规划技术：（第 4 章）在城市规划区，考量绿色空间发展战略，制订结构规划，形成分区管制政策指引；（第 5 章）在中心城区，组织绿色空间功能，制订用地布局规划，集成“六图一表”规划路径；（第 6 章）在用地单元上，建立“单元引导+片区/场地控规”的分层编制模式，对生态型片区、生活型场地和关联边缘地带提出关键指标要素体系和控规控制模式。

第四部分为实施管理创新：（第 7 章）借鉴国内外绿色空间管理经验，提出完善管理“政策群”，优化管理“工具包”，创新管理机制。

第五部分为结论与展望：（第 8 章）对全书主要结论进行总结，并对本书研究的不足之处进行说明。

目　录

第 1 章　绪论 ······ 1
1.1　研究缘起 ······ 1
1.1.1　新型城镇化必由之路 ······ 1
1.1.2　城市建设绿色化导向 ······ 1
1.1.3　绿色空间重要性凸显 ······ 2
1.2　城市绿色空间 ······ 2
1.2.1　城市绿色空间的概念 ······ 2
1.2.2　城市绿色空间的基本特征 ······ 3
1.3　绿色空间建设问题及内因 ······ 6
1.3.1　建设存在的问题 ······ 6
1.3.2　问题内因引出 ······ 7
1.4　研究基本点 ······ 7
1.4.1　研究范围——城市规划区界与建成区界之间区域 ······ 7
1.4.2　环境特征——“山水林田湖”编织的生态基底 ······ 8
1.4.3　空间尺度——城市规划区、中心城区和用地三个层次 ······ 9
1.4.4　土地类型——E 类非建设用地和部分 H 类建设用地 ······ 9
1.4.5　功能构成——“生态－生产－生活”复合功能在物质空间的表征 ······ 9
1.4.6　研究基点——绿色空间与建设空间构成城市空间整体 ······ 9
1.5　研究目的与意义 ······ 10
1.5.1　研究目的 ······ 10
1.5.2　研究意义 ······ 10
1.6　研究框架 ······ 11
第 2 章　绿色空间本体认知 ······ 13
2.1　内在多维属性认知 ······ 13
2.1.1　绿色空间的自然属性 ······ 13
2.1.2　绿色空间的社会属性 ······ 15
2.1.3　绿色空间的经济属性 ······ 20
2.1.4　绿色空间的复合功能 ······ 21
2.2　外在复杂结构认知 ······ 21
2.2.1　自然系统的空间结构 ······ 22
2.2.2　社会系统的空间结构 ······ 26
2.2.3　经济系统的空间结构 ······ 28

2.3　自然与非自然演进动力认知 …… 33
2.3.1　自然力的作用 …… 33
2.3.2　非自然力的作用 …… 34
2.3.3　力的不均衡作用 …… 37
2.4　绿色空间规划的社会政策局限认知 …… 38
2.5　本章小结 …… 40
第3章　绿色空间规划范式导向与应对思路 …… 42
3.1　绿色空间规划范式导向 …… 42
3.1.1　国内外规划实证 …… 42
3.1.2　需求导向的规划范式 …… 45
3.1.3　供给导向的规划范式 …… 47
3.1.4　复合导向的规划范式 …… 49
3.2　绿色空间发展趋势分析 …… 51
3.2.1　国外经验借鉴 …… 51
3.2.2　国内实践思考 …… 54
3.2.3　绿色空间发展趋势 …… 56
3.3　生态整体规划应对思路 …… 58
3.3.1　生态整体规划的认识论基础 …… 58
3.3.2　生态整体规划的方法论基础 …… 63
3.3.3　生态整体规划思路的适应性 …… 68
3.4　绿色空间规划框架体例 …… 70
3.4.1　规划的三个空间层次 …… 71
3.4.2　规划的三个阶段及核心技术 …… 71
3.4.3　规划的法理地位 …… 73
3.4.4　规划的总体目标 …… 75
3.5　本章小结 …… 76
第4章　城市规划区绿色空间战略考量与结构规划 …… 77
4.1　战略考量与结构规划的任务 …… 77
4.1.1　战略制定与空间结构响应 …… 77
4.1.2　结构规划衔接相关专业规划 …… 78
4.1.3　结构规划的焦点问题 …… 80
4.1.4　结构规划的主要内容 …… 81
4.2　战略与结构的纽带：空间管制分区 …… 81
4.2.1　国土与城市空间管制分区经验 …… 81
4.2.2　绿色空间管制分区政策指引 …… 84
4.3　响应“生态优先”战略：构筑区域绿色安全结构 …… 86
4.3.1　维护绿色生态安全格局 …… 86
4.3.2　编织城乡绿色渗透网络 …… 86

4.3.3 合理确定生态用地总量 …… 89
4.4 响应“绿色生产”战略：提升城市绿色产业结构 …… 90
4.4.1 建立绿色产业集群 …… 90
4.4.2 都市农业纳入规划统筹安排 …… 91
4.4.3 游憩服务业促进绿色增值 …… 93
4.5 响应“宜居生活”战略：优化城乡建设空间结构 …… 95
4.5.1 城镇化转型区精明拓展 …… 95
4.5.2 近郊村庄精明收缩 …… 96
4.6 本章小结 …… 97
第5章 中心城区绿色空间功能组织与用地布局 …… 99
5.1 功能组织与用地布局的任务 …… 99
5.1.1 复合功能导向与用地布局响应 …… 99
5.1.2 用地布局衔接相关专项规划 …… 100
5.1.3 用地布局的焦点问题 …… 101
5.1.4 用地布局规划的主要内容 …… 101
5.2 保障生态功能：生态网络与关键区规划建设 …… 102
5.2.1 生态网络分级分区管控 …… 102
5.2.2 划设城市生态功能红线 …… 104
5.2.3 关键生态廊道规划建设 …… 104
5.2.4 关键生态斑块规划建设 …… 118
5.2.5 生态网络结构修复 …… 124
5.3 引导生产功能：都市农业与游憩业规划建设 …… 128
5.3.1 绿色产业空间复合布局 …… 128
5.3.2 都市农业用地规划安排 …… 131
5.3.3 维护农田景观多样性 …… 134
5.3.4 组织环城绿道游憩体系 …… 137
5.4 控制生活功能：城镇化转型区和村庄规划建设 …… 138
5.4.1 适应环境紧约束的建设用地管控 …… 138
5.4.2 城镇化转型区建设管控 …… 141
5.4.3 村庄建设用地整理 …… 144
5.4.4 道路生态化建设措施 …… 146
5.5 响应复合功能导向的用地布局规划集成 …… 149
5.5.1 基本空间管制 …… 151
5.5.2 五大核心计划 …… 151
5.5.3 实施行动计划表 …… 152
5.6 本章小结 …… 153
第6章 用地单元绿色空间详细控制 …… 154
6.1 用地单元详细控制的任务 …… 154

6.1.1 用地单元详细控制的目标 …… 154
6.1.2 用地单元详细控制的焦点问题 …… 154
6.2 “单元引导+片区/场地控规”的分层控制体系 …… 156
6.3 单元引导的编制 …… 157
6.3.1 基于实施主体的单元划分 …… 157
6.3.2 “一主三副”的单元发展导则 …… 158
6.4 片区/场地控规的编制 …… 163
6.4.1 探索适应环境特征的控制要素 …… 163
6.4.2 生态型片区/生活型场地划分 …… 164
6.4.3 控规指标体系 …… 165
6.5 片区/场地控规的控制模式 …… 172
6.5.1 “项目图则”控制模式 …… 172
6.5.2 “地块图则”控制模式 …… 175
6.6 本章小结 …… 176
第7章 绿色空间规划实施与管理策略 …… 177
7.1 完善规划编制途径 …… 177
7.1.1 空间规划走向空间政策 …… 177
7.1.2 开放型协作式规划模式 …… 179
7.1.3 主动衔接法定规划体系 …… 181
7.1.4 自下而上推动公众参与 …… 181
7.2 优化管理工具 …… 183
7.2.1 借鉴资源管理区划工具 …… 183
7.2.2 灵活运用土地管理工具 …… 186
7.2.3 合理释放激励救济工具 …… 187
7.3 创新管理机制 …… 189
7.3.1 弹性选择多元管理模式 …… 189
7.3.2 部门协作实现综合管理 …… 191
7.3.3 配套政策提供制度保障 …… 193
7.4 本章小结 …… 194
第8章 结论与展望 …… 196
8.1 主要结论 …… 196
8.2 需要进一步探讨的问题 …… 199
参考文献 …… 201
后记 …… 208
彩色图版 …… 209

第1章 绪　　论

1.1 研究缘起

1.1.1 新型城镇化必由之路

2011年末，我国城镇化率已突破50%，2015年达到56.1%。50%通常是城镇化由加速推进向减速推进转变的重要拐点，在此关键时期，我国城镇化必须选择有别于传统城镇化的新型城镇化道路。

2012年至今，国家政策层面相继通过一系列会议决策、改革方案和国家规划等形式，从优化国土空间开发格局、优化城镇化布局和形态、提高城镇建设水平、提高城市可持续发展能力，以及推动城乡发展融合共享等方面，为新型城镇化明确了具体操作思路。中共十八大明确提出，要优化调整城乡空间结构，守住土地与环境资源红线，“严控增量、盘活存量”，提高城市运行效率。为应对新形势，城市规划范式层面相继探讨了绿色、低碳、紧凑、生态、海绵等城市建设新理念，客观要求城市规划实现对城市“环境－经济－社会”的全方位引导，建设集约高效、功能完善、环境友好的城乡空间关系，改变传统粗放用地、用能方式，城市发展由外延拓展转向内涵集约，使城市成为公平共享、传承文化、彰显特色的高品质宜人之所。

城乡规划行业应以新型城镇化建设为契机，主动适应城市转型发展态势，重新认识全社会对行业发展的新要求，及时更新理念思路，探索新的技术方法（中国城市科学研究会等，2014）。

1.1.2 城市建设绿色化导向

可持续发展思想客观要求我国在城乡建设中须融入和体现“生态文明”理念。国家2015年颁布的《生态文明体制改革总体方案》，标志着“生态新政”开始全面融入国家战略和社会、经济、环境建设的各个环节。

“生态文明”是一个总体目标，而“绿色化”则是具体道路。“绿色化”首先是一种生态价值取向——良好生态环境是最公平的公共产品，“山水林田湖”生命共同体是最普惠的民生福祉；“绿色化”也是一种生产方式——发展城乡绿色产业，构建高技术、高附加值、低能耗、低污染的产业结构和生产模式，形成经济发展新增长点；“绿色化”还是一种生活方式——鼓励绿色低碳、环保健康的生活方式、工作方式和消费模式。

城市因为对区域生态环境所具有的突出调控作用而成为“绿色化”发展的重要空间载体。“绿色化”客观要求城市建设必须坚持“人口资源环境相均衡、经济社会生态效益相统一”的原则，协调资源保护与开发利用关系，确保城市人口用地增长与环境承载力相适应，统筹城乡建设与非建设空间，为市民供给绿色健康生活设施，促进“三生”空间均衡协调发展，实现“生产空间集约高效、生活空间宜居适度、生态空间山清水秀”。这些反馈在城乡规划上，即需要适时优化规划编制的目标、任务和内容，明确生态、生产、生活层面相应调整导向，并补充完善城乡规划管理政策和工具，以承担新时期的新职责。

1.1.3　绿色空间重要性凸显

城市绿色空间是城市得以产生、形成和发展的自然环境本底，对城市社会经济具有多样的、不可替代的服务功能(其中两大主要功能：为城市保存自然价值和为社会提供休闲游憩等服务)。根据国内外研究与建设实践，绿色空间规划建设往往是城镇化程度较高的国家和地区为应对城市无序扩张造成土地资源浪费、自然景观生态破坏、居民游憩地不足、城市环境恶化、空间结构臃肿等问题，而采取的被动或主动应对策略。

欧美国家的相关实践始于 19 世纪中叶，广泛运用了绿带、绿心、绿廊、绿道、生态网络、生态基础设施等规划模式，至今仍然是城市建设的热点。2000 年以来，随着国内部分城市建设向内涵集约式转变，从数量增长向质量提升转变，对郊区重要自然资源有效保护和合理利用的重要性日益凸显，规划学界分别从城乡建设、公园绿地、景观生态等不同角度相继提出了非建设用地、禁限建区、区域绿地规划等适合国情的新思路，开展了许多卓有成效的实践，积累了丰富经验。

国内外经验表明，绿色空间规划已经成为城市规划建设中至关重要的工作内容。面对新态势和新要求，需要针对绿色空间特殊性和复杂性，对其开展全面深入认识，探寻适应性规划思路和管理对策。

1.2　城市绿色空间

核心概念为“城市绿色空间”，与之密切相关的基础概念是“城市边缘区”和“城市开放空间”：城市边缘区是绿色空间所在的地理区位，赋予城市绿色空间动态性、复杂性和过渡性；城市绿色空间属于城市开放空间的一部分，这决定了绿色空间的开放性、自然与人工性，以及复合功能性。

1.2.1　城市绿色空间的概念

城市绿色空间(urban green space)概念是伴随城市开放空间、公园系统、绿带、绿道、生态基础设施等共同完善起来的，由于国内外关注点不同，学者对城市绿色空间的概念尚未达成一致。

欧盟“城市绿色环境”项目(URGE，2001—2004)定义城市绿色空间为“城市范围内，为植被覆盖，直接用于休憩活动，对城市环境有积极影响，具有方便可达性，服务于居民的不同需求。总之，可以有效提高城市或其区域的生活质量(陈春娣等，2009)。”英国“绿色空间，美好场所”(Green Spaces Better Places，2002)项目，则将绿色空间视作自然与半自然覆盖形态为主的区域。美国的绿色空间是“城市区域未开发或基本未开发、具有自然特征的环境空间，是一些保持着自然景观或自然景观得到恢复的地域(即游憩地、保护地及风景区)，或为调节城市建设而保留的土地，具有重要的生态、娱乐、文化、历史、景观等多种价值”(王保忠等，2005)。

国内，城市绿色空间通常以“城市绿地”代之(车生泉，2003)。《城市绿地分类标准》(2002)中，城市绿地包含公园绿地、生产绿地、防护绿地、附属绿地与其他绿地5大类，实际上，城市绿色空间概念已大于这5类的范畴。另外，常青等(2007)、王保忠等(2005)、何子张(2009)、李锋等(2004)都对绿色空间的概念进行了探讨，如，何子张(2009)认为绿色空间是“城市及农村建设用地之外的绿色开敞空间，包括绿化用地、河流水域、耕地、园地、林地及其他非建设用地”。

前述观点可以分为两类：第一类是自然与人工环境协调型，认为城市绿色空间是下垫面非硬化的开放空间，包括户外活动场地、公园、森林、墓地、河流以及步行道等，如欧盟、英国的观点；第二类是自然环境主导型，认为城市绿色空间是以绿色生态环境为主的空间，包括森林、河流、公园、农田等，如常青、王保忠、何子张、李锋等人的观点。两种类型的差异主要集中于人工环境是否纳入绿色空间讨论的范畴。

综上，依据人活动参与程度和自然状态，本书所指的城市绿色空间(简称绿色空间)是：城市规划区内，环绕包裹城市建成区，以维育生态、保护土地为核心功能的自然或近自然开放空间系统，就近保障和服务于城市的“生态、生产、生活”复合需求。强调自然生态与城乡人工环境的协调，有别于建设用地范围内单纯以人的需求为主导的城市绿地等人工开放空间，也有别于远离城市的荒野开放空间(叶林等，2014)。

1.2.2　城市绿色空间的基本特征

1. 地理区位赋予过渡性与复杂性

从城乡空间地理区位上，绿色空间大致位于城市边缘区中与城市关联较为紧密的内边缘区。城市边缘区是伴随城市外延拓展而出现的城市和乡村之间的过渡、衔接地带(图1.1)，其本质是：伴随着城市郊区化和乡村城市化的迅猛发展，城市和乡村的经济、活动、景观与功能在一定地域范围内相互交织，两者之间的界限越来越模糊，呈现出融合之势，综合表现出动态性、复杂性和过渡性特征(顾朝林等，1993；周捷，2007；吴良镛，1996b)。

1)绿色空间是城乡过渡的自然生态本底

从1936年赫伯特·路易斯(H. Louis)提出“城市边缘带”概念的根本出发点，可见城市边缘区是因城市建设拓展到农业乡村地区而产生的概念，农业用地向非农用地转变、绿色环境向人工环境转变是边缘区的基本现象(Wehrwein，1942)。在随后的研究中，学者的视角从关注于城市本身逐步延展到城市与乡村大背景，认为城市边缘区属于乡村-城市边缘带的一部分(Andrews，1942)，城市边缘区是乡村和城市之间的连续过渡地带，强调了乡村地带作为研究背景的重要意义。

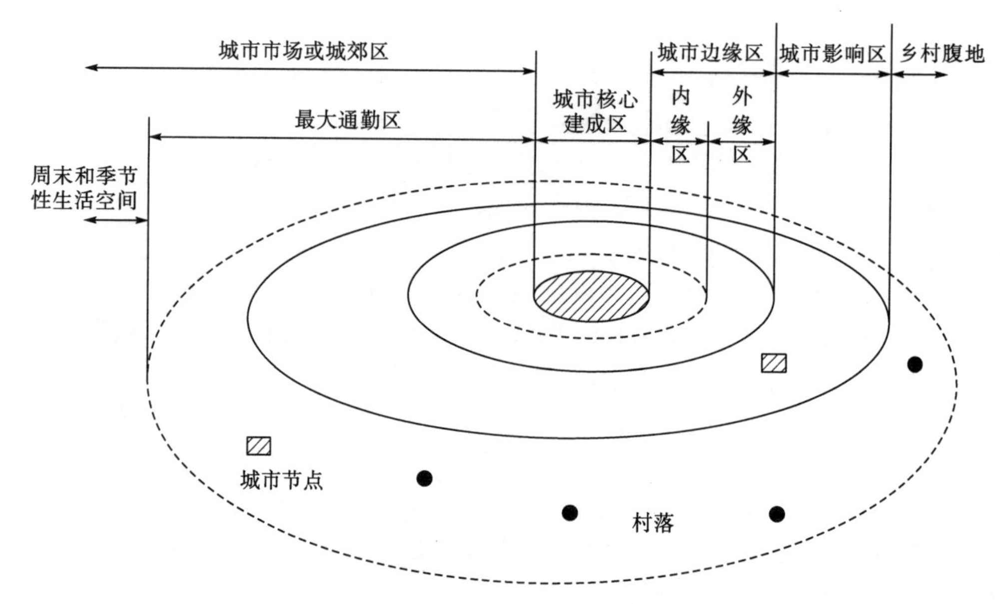

图 1.1　洛斯乌姆的区域城市结构模式（苏伟忠等，2007）

1967 年，哈洛德·玛耶(H. Mayor)认为，土地竞争和开放空间保存是城市边缘区的两个重要研究领域(张晓军，2005)。1977 年，英国乡村协会组织的城市边缘区学术讨论会中，认为城市边缘区的研究包括农业与城市边缘区、城市土地管理与城市发展压力、城市边缘区的娱乐活动、土地利用关系与冲突、城市边缘区多种政策间的相互联系等方面。由此可见，自然特性(是城市中具有特色的自然区)是城市边缘区的主要内涵(顾朝林等，1993)已经取得广泛共识，“农田等绿色空间的保护与发展已经成为城市边缘区的重要研究领域之一”(叶林等，2011)。

2)“生态－生活－生产”是规划核心议题

城市边缘区是各种问题杂陈的区域，相关规划研究集中在：城市边缘区发展模式、拓展策略、景观生态建设、村镇发展、开放空间保护等方面。可以归纳为三个核心议题：自然生态与绿色空间保护(生态议题)、城乡村庄建设活动(用地拓展和开发容量)导控(生活议题)、乡村人口疏解与产业调控(生产议题)，由此可见，城市边缘区具有典型的综合特征(叶林等，2011)。

2. 开放使用体现公共性与复合性

城市绿色空间是城市外围绿色背景，相对于城市建筑等实体空间而言，是典型的开放空间类型。在国外城市规划、景观规划以及相关法律规范中，往往将绿色空间包含在城市开放空间(open space)中。如，英国“绿色空间，美好场所”(2002)项目，将城市开放空间详细划分为 2 大类和 9 中类(表 1.1)，将绿色空间视作开放空间的主体。

表 1.1 城市开放空间系统分类

大类		中类	小类
城市开放空间	绿色空间(green spaces)	公园与花园	城市公园、乡村公园、正式的花园(包括经正式设计的景观)
		少年儿童游憩场地	少年儿童游憩场地
		住宅附属绿地	非正式休息场地、住宅周边的绿地、家庭花园、乡村绿地、其他附属绿地
		户外体育场地(自然或人工表面)	户外运动设施和学校活动场地
		城市农田、社区公园、城市园地	城市农田、社区公园、城市园地
		墓地与教堂所在地	墓地与教堂所在地
		自然与半自然的城市区域	森林与灌木区、草地、疗养地、郊野、湿地、河流、荒地、废弃地
		绿色廊道	河流廊道、道路与铁路廊道、城镇内部自行车道、城镇内部步行道
	市民空间(civic spaces)	市民空间	海滨、市场广场、市民广场、步行街、其他硬化步行区

资料来源:Department for Transport, Local Government and the Regions. Green Spaces, Better Places: the Final Report of the Urban Green Spaces Taskforce[R]. 2002.

一般认为,开放空间概念最早由1877年英国伦敦制定的《大都市开放空间法》(Metropolitan Open Space Act)提出,并于1906年的《开放空间法》(Open Space Act)中首次以法律条文界定了概念:任何围合或是不围合的用地,其中没有建筑物,或者少于二十分之一的用地有建筑物,而剩余用地用作公园或娱乐,或者堆放废弃物,或是不利用。随后,各国的法律与学术界从不同学科不同角度对其展开了多项研究,例如美国《房屋法》,学者C. 亚历山大(Christopher Alexander),凯文·林奇(Kevin Lynch),日本学者高原荣重①,以及国内学者都对开放空间做出了不同界定。纵观这些研究成果,集中显示出开放空间的两个特征。

1)强调开放公共性

开放空间是具有一定开阔度的场所,有良好的景观和视觉舒适感。例如C. 亚历山大在《模式语言:城镇建筑结构》中指出:"任何使人感到舒适、具有自然的品格,并可以看往更广阔空间的地方,均可称之为开放空间。"凯文·林奇教授认为"只要是任何人可以在其间自由活动的空间就是开放空间,可分为两类:一类是属于城市外缘的自然土地;一类是属于城市内的户外区域,这些空间由大部分城市居民选择来从事个人或团体的活

① 高原荣重在《城市绿地规划》中将开放空间定义为:游憩活动、生活环境、保护步行者安全,及整顿市容等具有公共需要的土地、水、大气为主的非建筑用空间,以及能保证永久性的空间,不论其所有权属个人或集体。他还具体认为,开放空间就是由公共绿地和私有绿地两大部分组成。这种解释虽有些以偏概全,但强调了开放空间的生态效应。

动”。因此，开放空间具有社会学上的公共物品特征，是面向多数具有使用要求的公众，不具有排他性。例如，波兰学者 W. 奥斯特罗夫斯基认为“开放空间一方面指比较开阔、较少封闭和空间限定因素较少的空间，另一方面指向大众敞开的为多数民众服务的空间”(周进，2005)。

2)强调复合功能性

开放空间具有环境、生态、游憩、美学、文化或其他各种目标，它担负着维护自然生态环境、提供休闲游憩场所、体现城市历史风貌、提高生活环境品质、提高防灾避灾能力、塑造城市形态、为城市提供发展用地等多重功能，例如，美国《房屋法》认为，开放空间是城市区域内任何未开发或基本未开发的土地，具有公园和供娱乐用的价值、土地及其他自然资源保护的价值、历史或风景的价值。

1.3　绿色空间建设问题及内因

1.3.1　建设存在的问题

绿色空间既有土地、环境、社会、经济上的动态性、复杂性和过渡性，又有具体利用中的开放性、自然与人工性、复合功能性需求。城镇化快速发展中，持有不同目的的政府、市场和社会各群体纷纷在绿色空间上追逐公私利益，造成当前绿色空间发展面临两难境地：一方面，自身承载人类活动的能力十分有限，生态本底遭到无序的占用、破坏；另一方面，城市拓展和人口增长要求提高单位土地上生活生产强度。由此，“人－地”冲突被成倍放大，出现四大问题。

1.土地问题——城市粗放拓展无底线，用地不断被挤占

该问题根源在于用地承担了为城市空间的拓展提供土地的重任(朱查松等，2008)，以及区域性基础设施(高等级公路、高速铁路、输油气管线、高压电网、水电站等)的密集化。在新型城镇化背景下，特大城市将转向减量内涵式发展模式，但中小城市的增量外延式发展仍将持续一段时期，特别是中西部地区，这是我国城镇化地域发展不均衡的客观情况决定的。土地资源相对匮乏成为城市扩张的主要限制性因素，各种利益驱动着城市无底线拓展，用地条件优越的农田、林地湿地等大量被征用为建设用地，甚至不顾地质条件“城镇上山”，占用河道和自然灾害区，将城市置于险境，也造成城市建设区土地集约利用的动力弱化，引发土地低效粗放使用(吕传廷等，2004)。城市用地扩张是客观需求，对绿色空间进行绝对的保护是不切合实际的，因此，寻找“保护”与“利用”的平衡点是绿色空间建设的基本问题。

2.生态问题——生态格局被剧烈扰动，削弱屏护城市能力

从生态演变规律来看，许多生态安全问题是由小范围、局部问题逐渐蔓延扩大成大范围、大区域问题，最终威胁整体生态安全格局。大量城市开发和区域性基础设施等因素的

影响使自然柔性基质不断向人工硬化基质转变，原本连续性的绿色空间被切割，岛屿化、破碎化现象加剧，穿孔(perforation)效应日趋明显。大量建设斑块镶嵌在绿色基质中，大量自然斑块灭失或丧失生态功能，失去恢复的能力，绿色空间结构复杂程度降低，导致整体区域生境趋于均质化，也削弱了其生物生产、隔离避灾、消纳污染、通风导流的能力。另外，城镇乡村生活和企业的点源污染以及农业生产的面源污染造成土壤、水污染严重，已成为绿色空间内的普遍现象。

3. 生产问题——绿色农林产业、服务业品质有待提升

城郊农田大量丧失已是不争的事实，提升农田单位产出成为农林产业发展的必然途径。同时，城镇化水平的提升和后工业时代的来临促使绿色空间的传统农林种养功能相对弱化，而生态和游憩功能则日益凸显与强化，绿色空间正从单一功能走向多功能复合。基于城乡产业统筹，不能重复城乡二元割裂的产业模式，应形成城乡共同受益的绿色产业体系，从建立绿色产业准入机制开始，保障绿色产业用地，提升绿色产业品质，延长绿色产业链条，使绿色产业效益真正发挥出复合功能。

4. 生活问题——地域生活特色丧失，人居环境有待改善

传统城市建设空间与绿色环境空间往往有机结合，城市形态和个性鲜明。绿色环境空间作为居民日常生活、劳作的大背景，积淀了城市历史文化，使公众生活方式呈现独特的地域性，如山城步道、河流绿道。在城镇化巨变中，城市建设由于缺乏科学的指导，与公众生活息息相关的绿色景观特色正在逐渐消融，出现了前述的土地、生态、生产问题，并最终导致公众的人居生活方式可能面临“趋同化”危险。必须通过绿色空间建设与管理，避免乡村生活环境“城市化”，鼓励绿色出行、绿色休闲方式，恢复地域人居环境特色。

1.3.2 问题内因引出

造成这四大问题的内因是多方面的，就本书研究主旨而言，主要包括如下两方面：

一是本体认知不够。全社会对绿色空间本体的多维属性和复杂结构认知不够，导致政府、市场和公众漠视绿色空间重要价值，继而采取不恰当的使用态度和方式(第2章)。

二是规划应对不足。社会认知集中反映在城乡规划层面，体现为现行法定城乡规划体系和规划范式对绿色空间的特殊性、复杂性应对不足，在规划思路、框架体例、管控技术等方面存在缺陷(第3章)。

1.4 研究基本点

以问题为导向，城市绿色空间研究必须包含如下基本点。

1.4.1 研究范围——城市规划区界与建成区界之间区域

城市绿色空间与城市建成区之间存在紧密而复杂的人口、交通、信息、产业、生态等各种流的交换过程。绿色空间不必类似于县市和国土层面的绿色基础设施或区域绿地，将

规划范围无限外扩，而是重点研究城市规划区以内的非建设区(图 1.2)，这一就近保障和服务于城市居民的有限范围，有利于聚焦研究视野、解决主要问题。

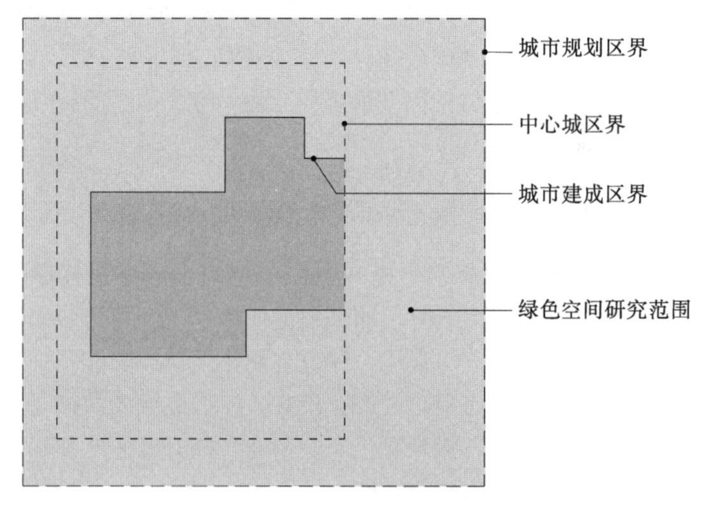

图 1.2　研究范围

资料来源：作者绘制。

与城乡规划法定编制体系衔接，城市规划区、中心城区和城市建成区的界限范围需要厘清。

(1)城市规划区：根据《城乡规划法》第 2 条第 3 款，城市规划区是指城市的建成区以及因城乡建设和发展需要，必须实行规划控制的区域。

(2)中心城区：中心城区是以城市行政区域城镇体系中处于首位的城市主城区为主体，并包括邻近各功能组团以及需要加强规划管制的空间区域(官卫华等，2013)。并非每个城市都设定了中心城区，略小城市往往将中心城区与城市规划区合二为一。

(3)城市建成区：指城市行政区范围内经过征用的土地和实际建设发展起来的非农业生产建设地段。

1.4.2　环境特征——“山水林田湖”编织的生态基底

“山水林田湖”是一个泛指概念，是环绕城市的各类自然资源。不同城市自然环境特征不同，要因地制宜在山地城市、水网城市、滨湖城市、林区城市依托现有山水脉络等独特风光，让城市融入大自然，让居民望得见山、看得见水、记得住乡愁(中央城镇化工作会议公告，2013 年 11 月)。

以山地环境为例，山地具有显著区别于平地(平原)的地形地貌、地质条件及复杂的自然环境和生态系统，使得山地城市绿色空间具有独特的存在结构和组织模式。在三维立体形态十分丰富的山地城市，建设用地外缘轮廓多变，城市绿色空间与城市融合度较高，同时，在城市开放空间和用地系统中所占比例更高、功能更复杂、形式更多样、作用更重要，需要予以特别关注。

1.4.3　空间尺度——城市规划区、中心城区和用地三个层次

吴良镛(2001)指出，“每一个特定的规划层次，都要注意承上启下，兼顾左右，把个性的表达与整体的和谐统一起来”，即既要在上一层次空间范围内选择某些关键因素作为前提条件，也要为下一层次的发展留有余地。借鉴景观生态学的等级理论，邬建国(2000)认为，在确定研究对象后，一般考虑三个尺度，即核心层、上一层和下一层，上一层是核心层的背景，是制约和边界条件，具有控制和包含作用，下一层是初始条件和组成成分。

与法定城乡规划体系衔接，绿色空间规划是以城市中观尺度(中心城区)为基点、跨多空间尺度的规划，既要讨论城市宏观尺度(城市规划区)的区域发展战略，也要寻求微观尺度(用地)的建设措施。

1.4.4　土地类型——E类非建设用地和部分H类建设用地

国土资源部将城乡土地划分三大类，依据《土地利用现状分类》(GB/T21010—2007)，除建设用地外，农用地和未利用地均属城市绿色空间用地范畴。从城乡规划角度，《城市用地分类与规划建设用地标准》(GB50137—2011)中，市域范围内城乡用地分为建设用地和非建设用地，除城市建设用地外，其余用地均可能存在于边缘区，而非建设用地属于城市绿色空间范畴。

从城乡规划角度，绿色空间用地可能含有非建设用地(E类)以及建设用地(H类)中除城市建设用地(H11)外的所有土地类型。

1.4.5　功能构成——“生态-生产-生活”复合功能在物质空间的表征

空间是以土地资源为核心的一个多维度的概念，自然环境是基本特征，但不能忽视社会和经济属性。绿色空间以自然或近自然的土地为载体，研究内容不仅包括自然生态环境，还包括社会、经济、文化等多重属性在此范围内的综合表征，包括所有自然与人为的功能、格局和过程在空间和时间上的整合，是城乡“生态优先、绿色生产、宜居生活”复合功能需求的集中表达(图1.3)。对于城乡规划学科来说，是综合了上述多重属性后形成确定的建设目标和方法措施，并最终回归到土地这一具体物质空间建设的操作层面。

1.4.6　研究基点——绿色空间与建设空间构成城市空间整体

我国传统哲学思想认为“万物负阴而抱阳”，“阴”为“虚”，“阳”为“实”，城市空间由实空间(建设空间)和虚空间(绿色空间)组成，“冲气以为和”，虚实两个空间系统应当和谐共生，才能“一阴一阳为之道”。绿色空间与建设空间之间的“虚实”关系有两个层面的含义：从区域层面，绿色空间是城市建设空间存在的生态基底，是支撑城市物质系统可持续发展的基础，犹如细胞质裹覆着细胞核，由此可说“实”建立在“虚”的基础上；从城市层面，城市建设空间“勾画”出绿色空间的边界，通过人类的参与体现了绿色空间存在的意义，犹如细胞核中的浆体，由此可说“实”限定了“虚”的外形；从绿色空间内部，绿色空间的复合功能属性决定了人类的建设活动是客观存在的，只是强度和范围很小。

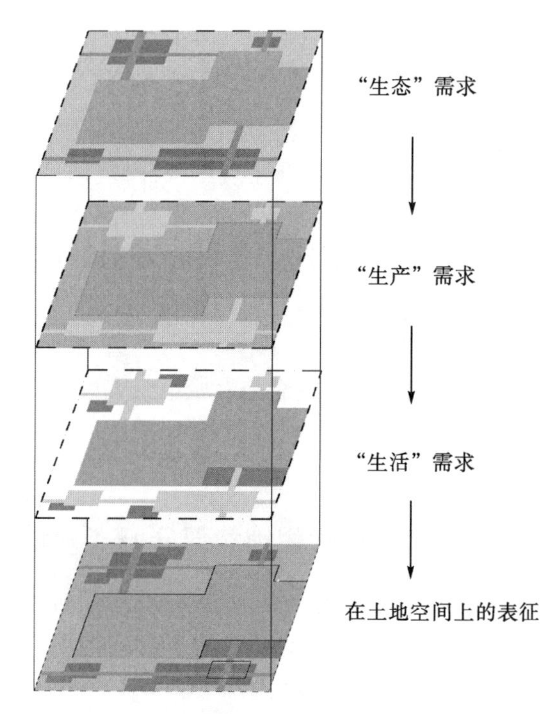

图 1.3　功能构成

正如《道德经》中所说：“凿户牖以为室，当其无，有室之用，故有之以为利，无之以为用。”物质实体的界定是产生有用的外部空间的前提(周进，2005)。因此，城市建设空间和活动是绿色空间存在的前提，不能脱离城市建设空间论绿色空间。从区域尺度和城乡整体环境中审视，绿色空间与建设空间共同耦合成城市空间系统的“底-图”，缺一不可。

1.5　研究目的与意义

1.5.1　研究目的

从城市绿色空间当前建设问题和未来发展态势出发，厘清现行城乡规划的传统思路、框架体例和管控技术不适应绿色空间内在特殊性、复杂性的表象与内因。借鉴国内外经验，研究中引入生态整体规划思路，以土地空间资源配置为基础，以“生态-生产-生活”空间结构、功能组织、用地布局、关键控制要素为核心内容，构建衔接多尺度、整合多功能的绿色空间规划框架体例、规划管控技术、管理实施策略，以弥补现行城乡规划体系和规划范式应对绿色空间的不足，并实现绿色空间“有效保护、持续利用和合理开发”的目标。

1.5.2　研究意义

1. 保护城市边缘区自然战略资源

自然资源是一定时间条件下，能够产生经济价值以提高人类当前和未来福利的自然环境因素的总称(联合国环境规划署，1972)。城市绿色空间既是城市拓展的首选地，也是城市各种资源(土地、农业、矿产、游憩、水、气候、生物等)的储备库，是保障城市生态安全、食品安全、水源安全，维持长期可持续发展能力的基石。快速城镇化进程的种种负面效果(用地快速拓展、建设技术手段落后、地质灾害频发、经济利益至上)已极大威胁到城市边缘区这些战略资源的保护和可持续利用。因此，需要运用“保护与利用”兼顾的规划思路，采取科学的规划引导控制措施实现“在保护中利用，在利用中保护”。

2. 建设城市生态安全绿色屏障

绿色空间是保护城市安全的第一道屏障。例如，以起伏坡地为地貌特征的山地环境具有脆弱性特性，表现为对外力作用的敏感性和山地特有灾害的易发性，如2010年“8·8”舟曲特大山洪泥石流灾害是近年来特别重大的山地城市地质灾害。在全球气候异常、“人地”冲突加剧、城市无序蔓延、城乡污染严重背景下，城市边缘区人为灾害频发、生物生境消失、河湖水质恶化，极大影响了城市生态安全。依托绿色空间建立“有助于(生态)能量储存与调节和物流缓冲与阻滞的生态安全屏障”(钟祥浩，2008)显得越发重要。基于此，需通过专门化、针对性的研究，采用科学的规划控制措施，最大限度地缓阻城乡建设对资源保护、生态保护、减灾防灾的负面效应。

3. 推进城乡“三生”空间融合

城乡空间一体化融合是实现新型城镇化的必要途径，《城乡规划法》和《城市用地分类与规划建设用地标准》(GB50137—2011)相继明确了“协调城乡空间布局，改善人居环境”和对“市(县)域范围内所有土地”统筹布局的总体要求。绿色空间以水域、农林用地为土地载体，是城乡“生态、生活、生产”活动的重要场所，是实现城乡空间融合的“软实力”(相对于建设区的实体特性)，也是目前城乡规划体系中研究不足的软肋之一。实践证明，只有兼顾建设区和外围绿色空间的双重管制，推动城乡“生态耦合、生活融合、生产结合”，才能统筹城乡“实体空间”和“环境空间”协调发展。

4. 优化适应绿色环境的规划对策

前述绿色空间建设中存在的四大问题，很大程度上是规划建设不当或管理不善所引起的。究其原因，适应绿色空间这一特定环境特征的规划建设理念缺乏、技术水平滞后，不能跟上新型城镇化发展的客观要求并有效指导城市生态化、绿色化规划与建设，成为当前限制城市可持续发展的技术瓶颈。

适应环境约束，必须谨慎选择适应性开发模式和建设方法，需要从多学科综合视角认识城市绿色空间的体系特征和演化规律，构建基于“有效保护、持续利用和合理开发”目标的规划控制模式，理顺规划对策与特殊环境的关系，对于指导城市整体结构的改造和优化、统筹人与自然关系具有现实意义。

1.6　研究框架

本书的研究框架如图1.4所示。

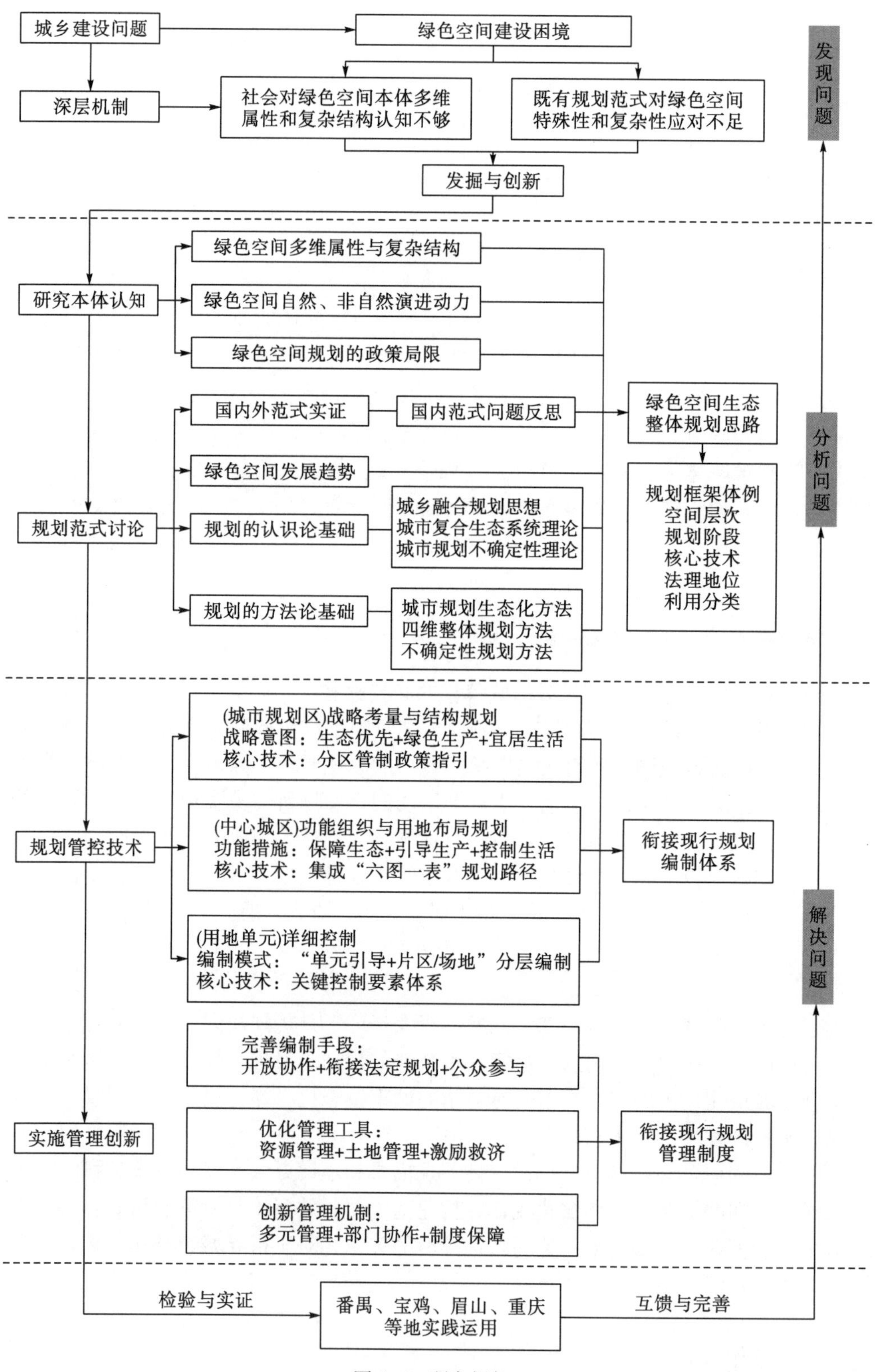
城乡建设问题
绿色空间建设困境
深层机制
社会对绿色空间本体多维属性和复杂结构认知不够
既有规划范式对绿色空间特殊性和复杂性应对不足
发掘与创新
发现问题
研究本体认知
绿色空间多维属性与复杂结构
绿色空间自然、非自然演进动力
绿色空间规划的政策局限
国内外范式实证
国内范式问题反思
绿色空间生态整体规划思路
绿色空间发展趋势
规划范式讨论
规划的认识论基础
城乡融合规划思想
城市复合生态系统理论
城市规划不确定性理论
规划框架体例
空间层次
规划阶段
核心技术
法理地位
利用分类
规划的方法论基础
城市规划生态化方法
四维整体规划方法
不确定性规划方法
分析问题
(城市规划区)战略考量与结构规划
战略意图：生态优先+绿色生产+宜居生活
核心技术：分区管制政策指引
规划管控技术
(中心城区)功能组织与用地布局规划
功能措施：保障生态+引导生产+控制生活
核心技术：集成“六图一表”规划路径
衔接现行规划编制体系
(用地单元)详细控制
编制模式：“单元引导+片区/场地”分层编制
核心技术：关键控制要素体系
解决问题
完善编制手段：
开放协作+衔接法定规划+公众参与
实施管理创新
优化管理工具：
资源管理+土地管理+激励救济
衔接现行规划管理制度
创新管理机制：
多元管理+部门协作+制度保障
检验与实证
番禺、宝鸡、眉山、重庆等地实践运用
互馈与完善

图 1.4　研究框架

第 2 章　绿色空间本体认知

认知本体是开展研究的基础。城市是复合生态系统，绿色空间系统是城市系统的一部分，由若干相互联系、相互作用的“社会－经济－自然”要素通过物流、能流、价值流和信息流的形式，在一定的时空尺度上组成一定的外在复杂结构形式，显示出内在自然、社会与经济多维属性，并在自然力与非自然力的综合作用下，向我们展现出当前绿色空间建设的基本态势。

2.1　内在多维属性认知

内在属性是绿色空间与城市其他空间相区别的特征和性质，可以从自然、社会和经济三个维度进行解析。

2.1.1　绿色空间的自然属性

自然属性是自然环境赋予城市绿色空间作为自然综合体存在的、与生俱来的性质和特征，首先要因地制宜分析、研判甄别影响当地绿色空间自然属性的重要因素。地形地貌、温湿光热条件塑造了不同地域城市的自然环境，如山地城市的海拔、地形坡度和相对高差，平地城市的常年风向、土壤、地下水，滨水城市的河湖水系、洪水等。

以作者长期实践的山地城市为例。山地绿色空间系统首先是一个地貌性系统，地形高差和坡度存在使山地具有其他自然体所没有的物质不稳定性(钟祥浩，2006)，引发了山体及坡面物质的迁移，就是所谓的斜坡效应。这也是山地环境不同于平地、湖、海环境的关键(钟祥浩，1998)，是形成山地绿色空间特殊结构和功能以及各种生态现象和过程的最根本因素(方精云等，2004)，通过营造地表各异的光、热、水、土、肥等生态条件，影响有机体、能量和物质的流动，对生物和生物群落分布产生作用。

自然生态系统不稳定和景观系统丰富是绿色空间的两大特征。

1. 自然生态不稳定

生态系统稳定性包括生态系统对外界干扰的抵抗力(resistance)和干扰去除后生态系统恢复到初始状态的能力(resilience)(柳新伟等，2004)。自然生态的不稳定性是指自然环境对外力抵抗能力低和缺乏恢复原状能力的属性。稳定是相对的，不稳定是绝对的。绿色空间是自组织能力低下的自然与人工复合系统，对外力作用十分敏感，物质和能量往往处于失衡状态。

一是在自然力(重力、风蚀力、水蚀力等)作用下，土壤、岩石、植被等易于移动且移动迅速。如在山地，多表现为水土流失、滑坡、崩塌、泥石流等现象，并伴随着土壤养分物质和植被的流失，坡地上部的土壤和养分大量流失而在下部低洼处聚集，一般情况下使得山麓、山谷地带土层深厚而营养丰富；在滨河城市，多表现为洪泛、积水、堤岸崩塌等现象，每年形成固定的淹没洪泛区，农田被破坏。

二是在人为力作用下，与环境协调的人为力(防治地灾、加固堤岸、整理土地)会增强绿色空间的抗干扰能力，取得人与环境的最佳平衡状态，获得最大化的利益，而与环境冲突的人为力(道路建设、基础设施、耕作垦殖)将进一步放大绿色空间的脆弱性。

总之，由于多种动力的存在，使绿色空间中的物流、能流和生态流的动态平衡难于保持在一个比较稳定的水平，而极易发生变化。

2. 自然景观格局丰富

景观是由不同土地单元镶嵌组成，具有明显视觉特征的地理实体(肖笃宁等，2003)。景观生态学认为，景观格局指景观的空间格局(spatial pattern)，是大小、形状、属性不一的景观单元在空间上的分布与组合规律。

1)廊道效应

“廊道”是异于周边环境的线型景观元素，山脉、水系、道路、沟渠、林带均可视作廊道。如山地区，宏观尺度上，若干相邻山体沿一定方向呈脉状有规律分布而组成山脉，脉即脉络，构成山脉主体的山体称为主脉，从主脉延伸出去的山体称为支脉，主次脉络构建成一定区域范围内以大地为基底的巨型网状廊道(图 2.1)。其次，中观尺度上，根据山地地形的分形特征，可以将山地分解为山脊、斜坡、沟谷、水系等基本地形单元。山脊、沟谷和水系是线状或带状的廊道，依托集群分布的山地肌理，原本非连续性的、树枝状的要素可以被组织成连续生长的廊道系统，成为联系各孤立城镇、乡村、农田、林地间的各种生态流交换的通道。

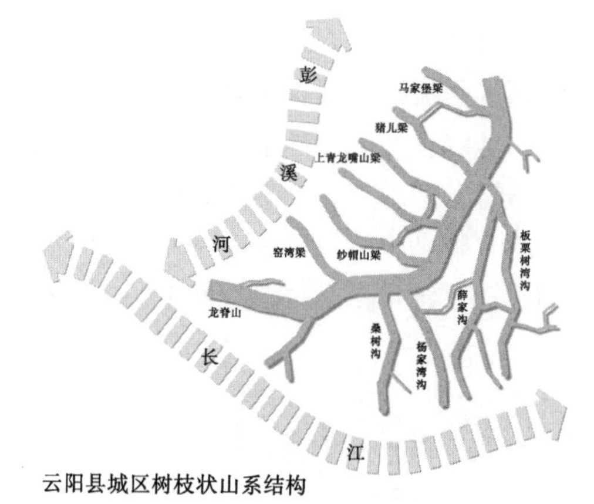

图 2.1 云阳县城区树枝状山系廊道（赵珂等，2006)

2)岛屿效应

根据岛屿生物地理学观点，岛屿性(insularity)是生物地理所具备的普遍特征，许多自然生境，例如溪流、湖泊、山体、农田包围的林地以及其他边界明显的生态系统都可看作是不同规模和形态的岛屿。

它们是三维空间体，与周围的环境基质相异，犹如被空气海洋包围的凸出岛屿。在宏观层面看来，所有绿色空间都可以分解为许许多多的岛屿，形成无数个规模各异的三维环境异质单元，即岛屿性生境(habitat islands)。这些岛屿性生境通过长期演化形成具有复杂生态位体系的“三维岛屿生态系统”，并成为当地特有物种形成的温床(图 2.2)。

图 2.2　成都平原的林盘“岛屿”
资料来源：作者成都调研。

3)边缘效应

图 2.3　林地与农田间的生态交错带
资料来源：作者眉山调研。

生态交错带(ecotone)是邻近生态系统间的过渡带，是系统内部与外界环境开展物质、信息和能量交流、发生各种复杂生态效应的范围。其多样的生境往往促进不同生物种类的共存共生，生物多样性增加，生物生产力特别高，产生边缘效应。城市建设区与农田之间、城市建设区与河流之间、林地与农田之间(图 2.3)、河流与河岸之间、山地坡面与谷地之间、山地与平地之间的交错带都是重要的空间转折变化剧烈的区域，也是动植物生境异质性强烈的区域，是绿色空间特有的生态交错带。

2.1.2　绿色空间的社会属性

顾朝林(1995)指出，城市边缘区同时具有自然特性和社会特性，是城市中具有特色的自然地区，是城市扩展在农业用地上的反映(表 2.1)。城市规划区是城乡人口、经济、物资、资金、信息、技术及观念等要素交织的空间域，这些要素的集聚交换、协同与竞争共同决定规划区结构、功能及动态演化，并呈现在绿色空间上表现出原生社会属性和衍生社会属性。

表 2.1　城市边缘区城乡联系类型（陈佑启等，1998）

联系类型	要素
物质联系	道路交通网、河流水网、山脉丘链
经济联系	产业链条、资本流、商品流
人口移动联系	临时或永久性的人口流动、通勤
技术联系	技术相互依赖
社会联系	亲戚关系、宗教行为、社团活动、民俗精神
服务联系	通信网络、金融网络、教育卫生、商业技术服务、交通服务
政治、行政、组织联系	权力结构关系、政府管理安排、组织机构、行政间关系

1. 原生社会属性

1) 土地利用定向演变

人类通过对改变方向和速率的调控实现绿色空间的定向演变。城市拓展过程以不可逆转的方式改变了农业和乡村的土地利用覆盖组成和性质，改变了自然过程地面，使得绿色空间内土地利用性质和利用强度、地域空间结构及地理景观等方面都具有从城市向郊区衰减的特征，基本遵循距离衰减规律(顾朝林等，1993)。

(1)土地利用类型的多样性。

绿色空间土地价格相对便宜，有交通便利和腹地广阔的优势，吸引城区一些工业企业、居住区和城市服务设施逐步蔓延式或蛙跳式拓展。广袤农田处于农村向城市转化的过程中，传统农耕农业演变形成服务于城区的城郊型、都市型农业，是城市四季食品的生产供应基地，担负着满足城市居民对蔬菜水果及副食品需求的责任，并出现了高产菜地、花卉园艺、奶牛业、养殖业等设施化、工厂化、基地化、市场化农业用地类型，表现出高集约化的趋势。因此，相对于城市建设区和乡村地区，绿色空间范围的土地利用类型十分丰富。

多样性也体现在用地空间分布混杂交错上。由于城市建设用地的跳跃扩张以及道路交通对城市用地的导向作用，绿色空间用地形态往往呈现城市型用地与农村型用地混杂交错的现象(图 2.4)。另外，土地权属也相对复杂，城市建成区是国有土地，而绿色空间以集体土地为主。

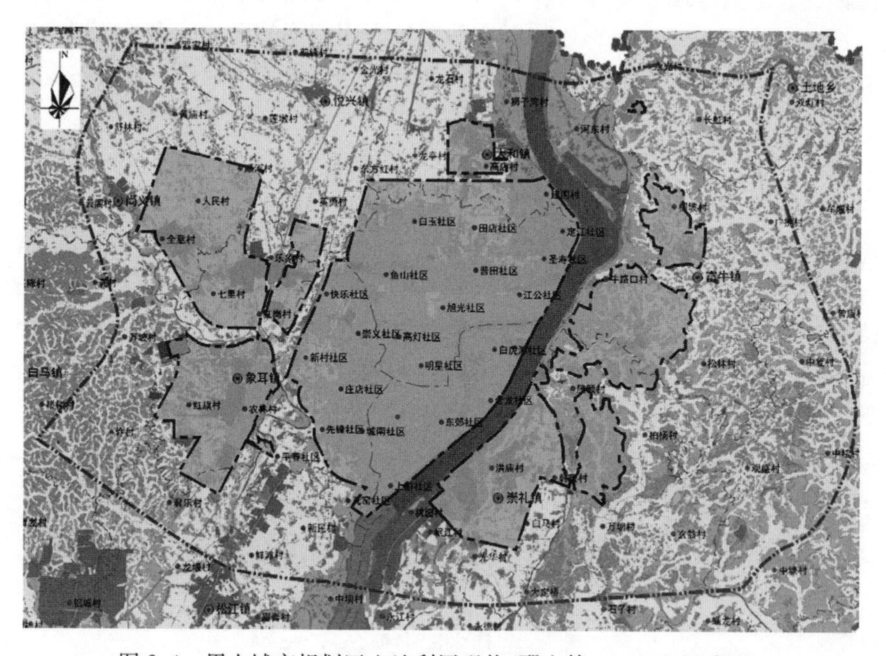

图 2.4 眉山城市规划区土地利用现状(邢忠等，2015)(见彩图)

(2)土地利用结构的动态性。

绿色空间土地利用结构具有极强的可塑性：一方面，绿色空间土地不断随着建设区规模的扩大被“同化”，从农业用地转变为非农业用地；另一方面，农业用地、非农业用地类型由于经济效益的差异明显，土地不断向利益高的类型“转移”，进行内部的优化与整合。陈佑启等(1998)将土地利用“同化”和“转移”过程总结为浅变质、中变质和深变质三个阶段，在深变质阶段，农业用地向非农业用地转换强烈，农民以非农经营为主，生活方式与城市居民接近。

2)经营景观特征显著

Forman(1986)按照景观塑造过程中的人类影响强度，划分了自然景观、经营景观(managed landscape)和人工景观(man-made landscape)。自然景观的特点在于原始性，如荒野地区、自然保护区的核心区和缓冲区；人工景观是自然界原先不存在、完全由人类所创造的景观，如城市、水利工程；经营景观介于自然景观和人工景观之间，受到较强人工干扰(肖笃宁等，2003)。绿色空间是经营景观的特殊类型，包括人工自然景观和人工经营景观①。总体上，经营性景观在绿色空间综合表现出如下特征。

(1)景观类型复杂性。

景观变化与土地变化紧密相关。绿色空间经营景观以农业景观为主，森林、河流、农田、果园和草地等与居民点、工业、矿产和道路等人工景观高度融合，相互交织，难以剥离，塑造丰富的景观类型。各类景观斑块数量、大小和形状的复杂程度和景观组分的丰富度，决定了生物和人为活动的多样性。

(2)景观功能多样化。

绿色空间既有城市的文化支持功能，也有乡村的生产和生态功能以及对城市环境的保护和净化作用。因此，理想的绿色空间景观在功能上应该体现出提供农产品的第一性的生产功能，其次是保护及维护生态环境功能和文化支持的功能以及作为一种特殊的旅游观光资源的四个层次功能(肖笃宁等，2001)。

2. 衍生社会属性

1)产权复杂利益多元

由于边缘性，城市政府、投资人、乡村集体组织、农户等多种利益主体均在绿色空间施加影响(叶林，2013)，特别在城市预期拓展范围和风景区等关键自然资源区域，为了公私利益进行此消彼长的博弈(李志勇，2008)。

所有利益均基于各种产权展开。产权包括财产的所有权、占有权、使用权、支配权、收益权和处置权等权力束。城市政府、城市投资人、乡村集体组织、个体农户均可能成为绿色空间产权主体，即产权拥有人。产权的各个权利项可以归属于一个或多个产权主体，这就会形成不同的权利组合关系，也即不同的产权结构，这是造成产权主体复杂的直接原因(崔宝敏，2010)。

我国实行土地国家所有和集体所有制。从国土管理角度来说，绿色空间是以农用地和

---

① 人工自然景观表现为景观的非稳定成分——植被被改造，物种中的当地种被管理和收获，如采伐林地、牧场、有收割的芦苇塘；人工经营景观表现为较稳定成分——土地被改造，典型的如农田、果园、鱼塘等农业景观。

未利用地为主，从城乡规划角度，绿色空间以非建设用地为主，是国家所有的城市建设用地之外的土地①，除法律规定属于国家所有或已依法征收的外，均属于集体土地。

现行的土地制度只是在法律框架中粗略指出了城市绿色空间的土地产权归属安排，但是实际中对各个权力束的配置较为模糊。最显著的体现是，国有土地产权和集体土地产权在法律上不平等，两者发生冲突时，立法优先保护国家土地产权(周训芳等，2006)。根据法律规定，城市政府可以利用国家权力限制集体土地处置权，在城市征地过程中，城市政府经常假借“公共利益”之名，通过征地制度低价甚至无偿取得集体所有的土地，侵犯了农民集体的公共利益(崔宝敏，2010)。另外，不同种类的土地使用权之间存在交叉，也使得绿色空间土地权属矛盾变得十分复杂，如森林公园内既有建设用地等国有土地，也可能有农田等集体土地。由此，绿色空间产权结构的复杂程度可见一斑。

2)公共物品特征

以集体土地为主的绿色空间从经济学上考虑，是典型的公共物品。

全社会的物品根据在消费上是否具有排他性和竞争性，可以划分为两大类：私人物品(private goods)和公共物品(public goods)。根据萨缪尔森(Paul A. Samuelson)的定义，公共物品同时具有非排他性(non-excludability)和非竞争性(non-rivalness)，一般不能或不能有效通过市场机制由企业和个人来提供，主要由政府来提供。

萨缪尔森定义的公共物品是“纯公共产品”，现实中，大量存在的是介于公共物品和私人物品之间的一种商品。有学者根据竞争性和排他性的有无将公共物品细分为三类(表 2.2)。第一类是纯公共物品，人人都可以自由获得、免费利用的；第二类产生的效益可以定价，在技术上可以选择部分受益者，如公办学校和医院等，称为俱乐部物品(club goods)；第三类在消费上具有非排他性，但达到一定使用水平后具有竞争性，如高速路、公共游泳池、电影院等，称为拥挤性公共物品(congestible public goods)。绿色空间的组成类型丰富，从实物性来看，既有河流、湖泊等没有明确权属的纯公共物品，也有农田、果园、产权林地等权属相对固定(未被征收或征用之前)、具有一定排他性和竞争性的半公共物品，也有森林公园、风景名胜区、自然保护区等权属复杂的拥挤性公共物品。另外，这些公共物品所生产的各类农林产品以及产生的环境、景观、生态、文化效益具有典型的纯公共性。

表 2.2　公共物品分类（陈喜红，2006）

竞争性		排他性	
		有	无
	有	私人物品	拥挤性公共物品
	无	俱乐部物品	纯公共物品

对于社会和消费者来说，公共物品的供给是必要的，但是，不可能通过自由竞争市场

① 《宪法》第九条规定：“矿藏、水流、森林、山岭、草原、荒地、滩涂等自然资源，都属于国家所有。”《宪法》(2004)第十条、《土地管理法》(2004)第八条规定：“农村和城市郊区的土地，除由法律规定属于国家所有的以外，属于集体所有……国家为了公共利益的需要，可以依照法律对土地实行征收或者征用并给予补偿。”

实现公共物品的最优配置，因为由私人提供公共物品会造成资源配置缺乏效率(周进，2005)。首先，私人必然要对其提供物品的消费进行收费，这将会阻止某些人消费这种物品，由此导致公共物品使用效率损失，如，风景名胜区通过高额门票来限制游客人数；其次，私人提供公共物品的数量和质量由其边际收益和边际成本来决定，而不管消费者的需求如何。

另外，由于公共物品具有非竞争性和非排他性，每一位社会成员都有使用权，但没有权利阻止其他人使用(即产权难以界定，或界定产权的交易成本太高)，作为理性人，每个成员都希望自己的收益最大化，从而造成资源过度使用和枯竭，造成“公地悲剧”[①]。这一理论对绿色空间中的环境问题具有较好的解释力，每一个对环境污染的微小行为集合后会造成巨大的破坏，当污染超过绿色空间环境承受力时，公地悲剧就产生了，环境污染问题就会愈加严重。

因此，政府必须进行有效的干预，一方面承担公共物品供给(不是生产)的责任，另一方面担负起对公共资源有效管治的职责，通过法律和制度手段使每一个社会成员都为保护有限公共物品和提高公共物品的使用效率做出贡献。如，政府主导，对绿色空间各类资源配置进行整体规划，协调保护与利用的关系，对农业保护区、森林公园、自然保护区、风景名胜区等重点公共资源进行最优化建设，充分培育和挖掘各类公共价值。

3)外部性特征

外部性(externality)的概念是由马歇尔(Alfred Marshall)和庇古(Arthur Cecil Pigou)在 19 世纪末 20 世纪初提出的，它指一个主体的行动和决策使另一个主体受损或受益的情况。

外部性分类较复杂(张宏军，2007；沈满洪等，2002)。根据外部性的影响效果，分为正外部性(positive externality)和负外部性(negative externality)。正外部性，是主体的活动使他人受益，并且受益者无须支付代价；负外部性，是主体的活动使他人利益受损，而造成此后果的人却没有为此承担成本。例如，湖泊的美景给周边居住区带来享受，但居民不必付费，这样，湖泊就给居民产生了正外部性。又如，上游工厂对下游农田的污染，这时，工厂给农田带来了负外部性。

另外，外部性具有时空特性，分为代内和代际外部性。代内外部性主要是从当时的利益考虑资源是否合理配置。在可持续发展理念(既满足当代人的需求，又不损害后代人满足其需求的能力)下，代际外部性问题被提出。代际外部性是指当前活动产生的收益或成本要在未来才能表现出来，而现在无法享受或不必承担，主要是要解决代与代之间行为的相互影响，特别是要消除前代对后代的不利影响(沈满洪等，2002)，如农田灭失、生态破坏、环境污染、物种丧失等。因此，在考虑绿色空间外部性的时候，不能仅局限于某地区、某时期，而应从整体、长远利益出发保护和控制不可替代资源。

绿色空间属于公共物品，由于公共物品的消费是非竞争性的、受益是非排他性的，所

---

① 1968 年英国加勒特·哈丁教授(Garrett Hardin)在 *The Tragedy of the Commons* 中首先提出“公地悲剧”理论模型。他指出，公共物品因产权难以界定(界定产权的交易成本太高)而被竞争性地过度使用或侵占是必然的结果。

以必然对其供给者产生负外部性。首先，从公共物品消费者角度，消费时总想“搭便车(free rider problem)”①，一方面，个体会认为自己即使不付费也能消费公共物品，从而大大削弱个体为公共物品付费的动机，鼓励“搭便车”；另一方面，个体会担心自己在提供公共物品时，他人会“搭便车”，这同样削弱了个体付费的动机，最终导致公共物品无法被提供或处于供应不足的状态。其次，从公共物品供给者角度，假设公共物品可以通过市场由企业提供，由于其消费上的非竞争性，当“搭便车”成为主流时，供给者成本得不到补偿，就不会有更多的公共物品被提供出来。这就决定了市场无法有效提供绿色空间这一公共物品，出现市场失灵，需要政府通过规划、政策、法规等手段进行干预。

2.1.3　绿色空间的经济属性

人们通常只能看见绿色空间的市场价值，并且还是占其中很少部分的可货币化的实物生产价值，如向城市供给粮食、木材、花卉、水果等实物性产品，但是，这部分价值在城市总体经济中所占比例一般较少。根据北京2004年数据，郊区农业占全市国民生产总值的比例仅为2.6%。由于绿色空间公共产品特征，提供公共服务的那部分非实物生产价值(生态和社会效益)具有巨大的外部性，无法形成需求市场，更谈不上竞争市场，从而使这部分巨大价值难以货币化、市场化，属于非市场价值。

Krutilla(1967)认为资源非市场价值源于公众对保护资源有支付意愿(willingness to pay)或接受意愿(willingness to accept)。非市场价值不是个体概念，是不满足市场价值定义的一系列价值类型的集合，公众认同某种物品的内在属性，它与人们是否使用没有直接关系。忽视绿色空间的非市场价值，必然会低估其利用和保护的效益，以此制定的规划和建设政策也会发生扭曲。城市绿色空间非市场价值作为目前无法在传统市场经济中体现而又客观存在的部分，可以通过观察消费者表现出的需求意愿，采用替代的评估方法估算其价值。

借鉴环境资源价值评估经验，用来评估城市绿色空间非市场价值的方法主要包括条件评估法(CVM)、特征价格法(HPM)和旅行费用法(TCM)(吴伟等，2007；科奈恩德克，2009)，这些方法具有评估不同效益的能力，如条件评估法是当前用于评价环境物品非市场价值最流行的研究方法之一，而且被认为是生态系统服务价值评估的唯一方法(陈琳等，2006；蔡银莺等，2008；吴伟等，2010)；特征价格法和旅行费用法主要用来评估景观资源的休闲、美学效益。

20世纪80年代以来，对绿色空间价值评估的实证研究逐渐丰富。实证表明，城市森林、湿地、滨水区等绿色空间的非市场价值主要体现在地产价值和政府财税、旅游游憩、景观舒适等方面，特别是城市之间为吸引投资，绿色空间成为必不可少的商业和市场手段(Luther et al.，2001)。1995年，美国的两家公司做的调查表明，购房者把自然开放空间、步行道和自行车道排在了他们认为最重要的因素的前4位(任晋锋，2003)。另外，美

① “搭便车”理论首先由美国经济学家曼柯·奥尔逊于1965年发表的《集体行动的逻辑：公共利益和团体理论》(*The Logic of Collective Action: Public Goods and the Theory of Groups*)一书中提出。其基本含义是不付成本而坐享他人之利。“免费搭车”是指不承担任何成本而消费或使用公共物品的行为，有这种行为的人或具有让别人付钱而自己享受公共物品收益动机的人称为免费搭车者。

国州长环境委员会(BNPS, 1990)报告指出，新英格兰地区的 5 个州长都表明，各类绿色空间为当地带来迅速的经济增长和几十亿美元的旅游收入(兰德尔·阿伦特，2010)。

农用地的非市场价值也十分可观。台湾学者萧景楷(1999)以 1997 年价格为基准，评价出台湾农用地每公顷每年可产生 26 万元的环境效益。就农用地的景观游憩价值，蔡银莺等(2008)通过测算武汉都市休闲农业指出，相对传统农业而言，休闲农业单位土地经济产值是传统种植业产值的 5.4 倍，单位游憩价值和保留价值分别是传统种植业收益的 85.96 倍和 8.27 倍。另有一些学者评估了农用地对附近房屋价值的正外部性的环境景观贡献，结果表明：若将 1 英亩的农用地转化为低密度的居住区，将使周围的房屋价格平均降低 1530 美元，而转化为商业或工业使用，则将使周围的房屋价格平均降低 4450 美元(Irwin, 2002)。因此，农用地提供的舒适环境、景观等非市场价值远远高于其传统的经济产出价值。

通常，农用地、森林等绿色空间的市场价值，只有通过对其破坏(如开发、采伐)才能获得；相反的，非市场价值只有通过实行保护才能获得。两者是绝对不调和的(岸根卓郎，1999)。理解和测算绿色空间非市场价值，是推动人们对城市绿色空间价值的直观认知，避免在现行的资源价值核算体系中将非市场价值遗漏，从而避免造成既有或未来福利的损失，并力图建立起将绿色空间非市场价值和外部效益市场化和内部化的机制。必须通过科学的空间规划管制和公共政策设计才能保障非市场价值的可持续再生产，前者将非市场价值制度化保存，如引入规划、财税政策；后者将非市场价值货币化，将利益归还给资源的所有者或管理者，如建立生态补偿机制。

另外，可持续的享受非市场价值带来的效益需避免短视的一次性消费行为，如当前新区建设中普遍存在的住宅开发对城市森林公园外围环境的占用，开发商通过住宅商业开发将公园外部效益一次性卷走，而不是通过房地产税等政策为城市提供可持续的税收支持。

2.1.4　绿色空间的复合功能

上文已述，多维属性使得绿色空间的功能是多样而丰富的。按照千年生态系统评估(millennium ecosystem assessment, MA)工作组指出的自然生态系统服务功能，绿色空间的主要生态服务功能由四类组成，即产品提供功能、调节功能、文化功能、支持功能[①](图 2.5)，相关内容的研究已十分丰富，此处不再赘述。

2.2　外在复杂结构认知

外在结构是绿色空间的组分在空间上的排列和组合形式，是人们通常认知绿色空间可见的具体实体形态，是绿色空间发展中可供人们建设管理的基本空间要素。

① 其中，产品提供功能即自然生态系统生产或提供的物质产品；调节功能即自然生态系统调节人类生态环境的生态服务功能；文化功能即人们通过精神感受、知识获取、主观印象、消遣娱乐和美学体验等方式从自然生态系统中获得的非物质利益；支持功能则是保证自然生态系统提供的其他生态服务功能得以实现所必需的基础功能，其对人类社会的影响相对产品提供功能、调节功能及文化功能对人类社会生产、生活的影响是间接的，在较长时间内才能得以体现。

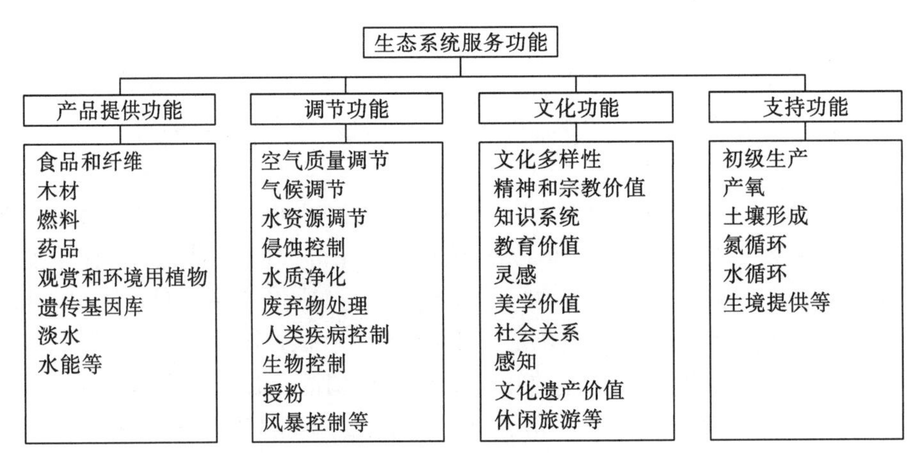

图 2.5　生态系统服务功能类型(MA，2003)

2.2.1　自然系统的空间结构

城市绿色空间自然系统具有非常复杂的组成结构，既包括动植物等生命系统的分异变化，也包括对生命系统有直接影响的非生命系统的分异变化，因此，要对绿色空间自然系统进行严格分类，难度较大。G. Angus Hills(1961)指出，从土地潜力划分用地的三个核心环境因子是“地貌、土壤和植被”：土壤的组成决定了土地利用潜力；地貌则是土壤构造的一种外在表现，促进了各种水文和光热条件的形成；植被则由地貌、土壤和气候决定。可以选取地貌、地表水文、植被这三个具有显著空间识别特征的环境因子来划分绿色空间基本单元。

1. 地貌单元

Swanson(1998)指出，地貌单元有其主要的物质运转过程或动态贮存特征，因为地貌具有较强的调节土壤和沉积物移动速度和位置的能力。伊恩·伦诺克斯·麦克哈格(2012)也认为，地貌特征也许是生态研究中最好的单位，因为同一地貌单元中有着明显的一致性，而不同的地貌单元之间有着显著的区别。

地貌要素包括相对高差、海拔、坡度、坡向、坡位、起伏度等，它们通过改变光、热、水、土、肥等生态因子而对自然环境的物质运动和能量流动产生影响(Swanson，1998)。地貌是可以识别和操作的“硬”边界，一般具有明显的分界线。以山地为例，在城市尺度上，山地地貌是由分水岭(山顶、山脊)、坡地(山腰、山崖)和谷地(山脚、山麓、盆地)组成。

1)分水岭单元

山体的山脊、山顶及与之相邻的属性相似的缓坡地带组成分水岭，是相邻两个流域之间的界线。

山岭可以是孤立的，如喀斯特地貌中的孤峰，也可以是连续的如“树枝状”。这类基本单元相对于山地区域而言犹如海洋中岛屿浮出水面的部分，水热条件、大气流动状态、表层土壤、动植物分布都具有显著的“岛屿性”，其地面物理属性和生态属性较稳定，生物多样性相对斜坡、谷地单元低。

2)坡地单元

坡地是山地中最为复杂的单元，因坡地组成成分、坡度、坡向、形态的差异而导致地表水热环境的差异，形成不稳定物理属性，各区域具有多样的生态属性，动植物分布丰富(图 2.6)。

坡度 25°(47%)以上陡坡地区是我国法定的退耕还林还草区[①]，禁止开展建设活动，其原因在于陡坡地地表成分不稳定，土层较薄，透水性强，极易形成滑坡、崩塌、泥石流、水土流失等山地灾害。据研究，崩塌一般发生在陡坡，滑坡一般发生在中坡，蠕动一般发生在缓坡，水土流失可发生在各种坡面(中科院水利部成都山地灾害与环境研究所，2000)，泥石流则具有较长的发生轨迹，从上游的陡坡通过中游的中坡堆积在下游的缓坡。

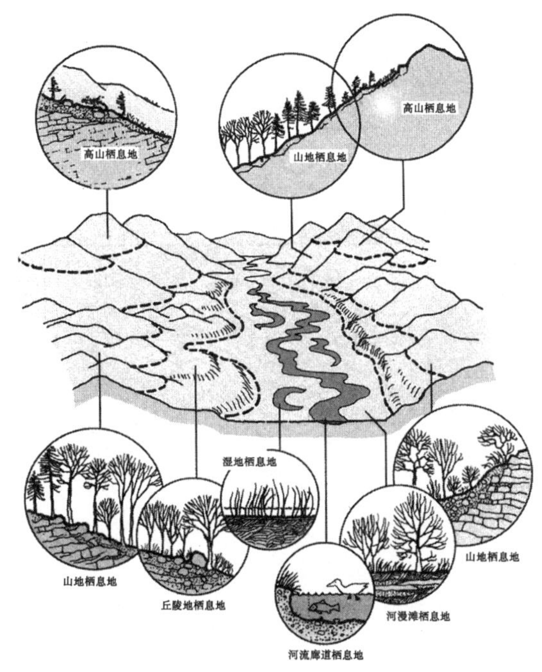

图 2.6　从坡地到河谷的栖息地分布(威廉·M. 马什，2006)

3)谷地单元

谷地是丘陵、山岭、阶地、台地等高出地面的正地形所夹峙的负地形，相对低平，在山区分布发达，可分为山谷地和河谷地。在重力作用下，分水岭和坡地单元的土壤、水分、养分等各类物质容易向谷地汇集，具有显著的聚集性，也是各类动植物分布集中、生物多样性最高的区域，是维持山地生态系统稳定的关键。

相对平坦的谷地与山坡地交接的过渡地带称为山麓带，是坡地物质向谷地汇集的必经之路，可发现不同的物种组成和丰度，具有显著的“边缘效应”。另外，山麓带是减轻坡地灾害对谷地破坏的重要屏障，如山体地表水分以较大的势能倾泻而下，经过山麓带植被、地表的缓冲而减小对谷地的冲击。

① 2000 年 1 月 29 日发布的《中华人民共和国森林法实施条例》第二十二条明确规定：“25 度以上的坡地应当用于植树、种草。25 度以上的坡耕地应当按照当地人民政府制定的规划，逐步退耕，植树和种草。”

4)盆地平坝单元

盆地平坝区是山地除山体(分水岭、坡地)、谷地外的地形单元。山间盆地是山体物质的汇集区，土壤肥沃，水源充足，自古便是人类聚居选址地，聚落规模随平坝用地充盈程度而大小不等，规模小至山间村落；规模大至城镇，如重庆、昆明等。云南绝大部分县市城镇均位于盆地中(叶文等，1994)。

山间盆地往往会被河流、冲沟、台地、岗地丘陵、山谷及隘口等分割(明庆忠等，1995)，在平面上，依其地形起伏自外向内依次为山前台地、冲(湖)积平坝和湖泊(河流)(图 2.7)。山前台地和冲积平坝尤其与城镇建设息息相关，是城市建设较理想的用地，同时也是农业生产的重要基地。

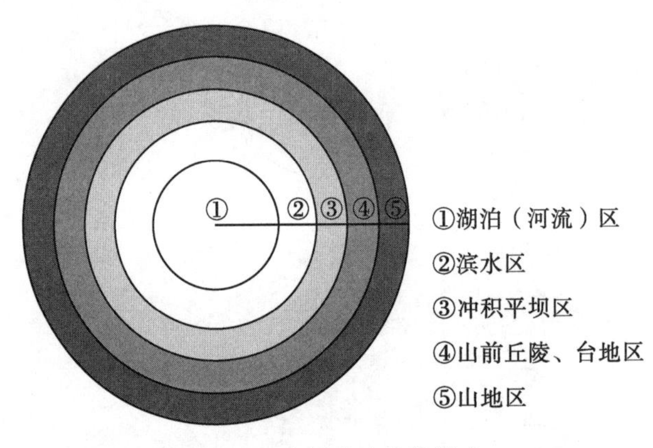

图 2.7　山间盆地地貌模式

2. 地表水文单元

雨水到达地面后，一些被植被表面截留，一些渗入土壤，一些被洼地集蓄。剩余部分沿地表流动，最后汇集到沟渠和河道，形成地表径流。

每一河流都有自己的汇水范围，即流域。尽管河流获得的水量补给不仅来自地面径流，还有地下径流，一般可用流域代指河流的地面集水区域。在没有外力扰动条件下，天然的流域可以看作是内部同质性较强，处于动态平衡状态的系统。

一般而言，相对于河流等级可将河流流域分为五个等级的管理单元，即流域、子流域、流域单元、子流域单元、集水区(图 2.8)。在一个流域内，相同等级的管理单元是并列关系，而相邻等级的管理单元在空间上则是包含关系。

小流域是大流域的构成单元，因此流域的规划和管理必须从小流域开始，并且最高级别的流域应该得到最优先的管理。小流域范围一般较小，国内小流域面积大都小于 $100km^2$，以 $5\sim30km^2$ 为主，也有学者认为小流域通常是面积小于 100 英亩[①](约 $0.4km^2$)的区域[②]，可见，小流域是一个空间跨度较大的概念。本书以城市区域作为研究尺度，因

① 1 英亩=0.404686 公顷。

② 产生地表径流和短暂渠道水流的外围高地的汇水区，包含众多冲沟；位于流域上游，汇集来源于高地径流的一片低地或集水区；输导区包括河谷和河流水道，以及小范围的河漫滩，作用是把集水区的水输送到高一等级的水道中。

此，本书所指小流域是 100km² 左右的低级别流域。

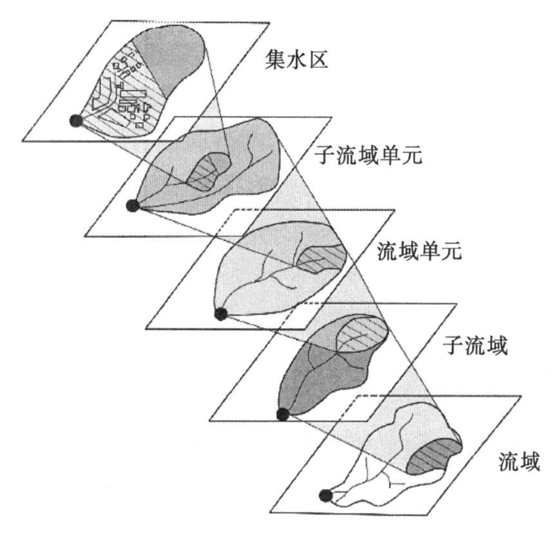

图 2.8　流域管理单元分级

小流域一般由水源区、汇水区和输导区三个相互联系的水文分区构成(图 2.9)。这三个分区之间没有明显界线，每个分区的地表径流除了受气候和人类活动因素影响外，地表覆盖物(植被和土地利用)、基底和土壤组成、地表坡度等下垫面形态也是主要影响因子。通常，地表径流随着坡度增加而增加，随着土壤有机质含量和粒径的增加而增加，随着地表硬化程度提高而增加，随植被的增加而减少，从而使得不同水文分区呈现出各异的环境特征。

源于乡村地区并流向城区的小流域具有显著的环境渐变特点，从乡村的林地、草地、耕地等软性景观向城市的道路、建筑等硬化景观变化，集水区和输导区通常延伸到城市，成为连接乡村与城市的关键性开放空间和生态廊道。

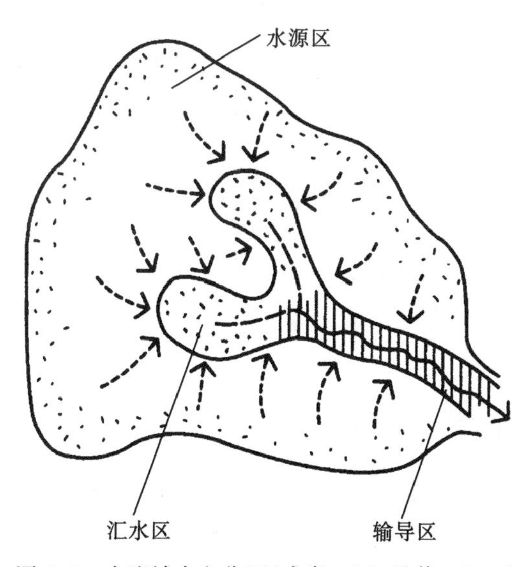

图 2.9　小流域水文分区(威廉·M. 马什，2006)

3. 植被单元

植被是土地利用和环境变化结合最为紧密的景观元素，是环境敏感的“指示器”（威廉 · M. 马什，2006），其变化及对环境变化的反应较之其他元素更迅速、更直接，能够直观地对大部分环境的现状和变化趋势起到一定的指示作用。土壤、地貌和气候相结合，决定了植被的生态位和栖息地的发生和分布。

植被与土壤是自然环境最活跃的因素，直接反映自然环境的特征(任美锷，2004)。它们共同受水、热条件及其他自然地理因素的制约，彼此联系紧密，分布规律也比较接近。从这个意义上，把握植被的空间分布特征能够认识土壤分布的一般规律。植被系统结构与功能的好坏，直接影响到整个地区生态系统的结构与功能，植被成为划分生态系统的重要标志得到学术界的一致认同。

植被扮演稳定土壤与地形、调节微气候和水文循环、栖息繁衍动物的角色，因此，规划师凭借对某一地区植被的把握，可进一步分析该地区作为动物栖息地的可能性。一般可以选取常见的集中分布的植被类型进行空间单元划分，如林地与灌丛单元、湿生植被单元。

4. 复合生境单元

为了便于在复杂的研究背景中清晰地提取出组成绿色空间的要素，上述分类只是从某一个单因子角度进行梳理，这并不意味着本研究的要素只具有某一种特定功能，或要素之间是绝对割裂没有联系的。事实上，自然环境具有系统性、复杂性、多样性，各类自然因子只是自然系统中的极小局部，以单一因子划分空间必然造成自然系统破碎化，割裂连续的生态过程。同时，从单一因子出发划分的各种功能空间存在重叠，如坡地与林地的重叠，湿地与植被的重叠等。因此，必须以维持某一或某些生态过程相对完整的复合生境作为划分自然环境的基本单元。

景观生态学理论中，理查德 · 福曼和米切尔 · 戈登(Michel Godron)提出用斑块(patch)、廊道(corridor)、基质(matrix)三种空间结构元素来描述上述空间，这一模式以生态过程完整性为基础，是可规划操作的空间语言。按照“斑块－廊道－基质模式”，各类自然生境必然落在某一结构要素内。

如前文所述，地形地貌是生态过程组成和分异的主导因素，另外，植被可视为各单一因子相互作用的综合反应，在实际操作中可以把地形地貌作为基本线索，以植被为标志划分生境。如果以城市边缘区广阔的农业用地为基质，典型自然廊道包括山体廊道、山谷廊道、河流廊道，典型自然斑块包括塘库湿地、植被群、动物栖息地等，这些是可作为规划管理的基本自然生境单元。

2.2.2 社会系统的空间结构

社会系统包括人类在绿色空间开展的一切活动及其遗留痕迹，体现在社会的知识、制度和文化等架构中，落在土地空间上，集中表现为农业生产、用地保护、景观资源、城乡建设等不同的土地使用方式。

1. 农业生产区

农业生产区是通过传统农业或现代农业技术为城市提供食品、原料生产的农用地区域。按照《土地管理法》和《土地利用现状分类》的规定，农用地是“直接用于农业生产的土地，包括耕地、林地、草地、农田水利用地、养殖水面等”。耕地又分为基本农田和一般农田，其中，基本农田的划定和管理制度严格，国土部门是执行主体，规划部门有执行的义务。

农用地是城市外围分布最广、连续的用地类型，是城乡生态、空间和景观系统中不可或缺的部分。霍华德(Ebenezer Howard)在“田园城市”中指出，环境优美、交通便捷的近郊农田穿插于城市组团之间，极大地丰富了城市居民的日常生活，并改变了人们的居住方式(周年兴等，2003)。

正如蕾切尔·卡逊(Rachel Carson)在《寂静的春天》一书所描绘的，当前农田生物多样性匮乏已经成为十分严峻的问题。人类通过化学手段加速目标生物生长和控制非目标生物生长，造成土壤污染、盐碱化、荒漠化、水土流失、水环境污染和农产品有毒物质超标等一系列问题；追求规模集约化、机械化、精细化生产方式，将原本小块农田平整为大面积农田，使农田斑块的数量减少，基质变单一；将农田之间的田埂、灌木丛、绿篱、池塘、湿地破坏掉，减少了各类生物栖息生境总面积，增加了生境斑块之间的距离，切断农田之间、农田与城市和林地之间的生物廊道。农田生态过程的自然联系被割裂，加剧了人工化趋势，正在失去生物多样性和景观吸引力(Naveh，2010)，这在耕作条件好的平原地区尤其明显(图 2.10)。国内外的一些研究证明，农田景观结构影响物种的生物数量和密度，对物种多样性维持和保护有很大作用(Naveh，2010)。

图 2.10 眉山郊区农田景观单一

资料来源：作者眉山调研。

另外，一些本地典型的农作物品种生存在有限范围的特殊地域环境中，一旦生境丧失，这些品种再难保留，对城市食品安全构成威胁。据估计，自 20 世纪 50 年代以来，中国单蔬菜品种丢失率达 40%(姜俊红等，2005)。

2. 保护性用地区

保护性用地(protected areas)是基于一些特定的保护目标，在空间上划定较为明确的范围，是经过选择的特定类型土地，具备特有的功能(祁黄雄，2007)。世界自然保护联盟(IUCN)(1994)将保护性用地划分为 6 个类型：严格自然保护区(Ia)、荒野保护地(Ib)、国家公园(Ⅱ)、自然纪念地(Ⅲ)、栖息地/物种管理地(Ⅳ)、陆地/海洋景观保护地(Ⅴ)、资源保护地(Ⅵ)。这一分类体系具有广泛性、概括性，是多数国家保护性用地类型划分的重要依据，并成为一些国家立法及国际协议的基础。

我国法律法规明确规定的保护性用地主要包括自然保护区、风景名胜区、森林公园、地质公园、水利风景区、水产种质资源保护区等，并已建立了相应的法律制度。

国内保护性用地体系日渐完备，以风景名胜区和森林公园为例，自1982年我国正式建立风景名胜区制度以来，至2012年，共设立国家级风景名胜区225处，省级风景名胜区737处，面积达19.37万km^2，占陆地总面积的2.02%①；1982年我国首个国家森林公园在湖南张家界挂牌成立至2011年底，国内已建立国家级、省级和县(市)级森林公园共2747处，其中国家级森林公园746处，总面积达17万km^2，占陆地总面积的1.77%②。

3. 风景游憩区

根据《旅游资源分类、调查与评价》(GB/T 18972—2003)，游憩资源是指“自然界和人类社会凡能对旅游者产生吸引力，可以为旅游业开发利用，并可产生经济效益、社会效益和环境效益的各种事物和因素”。根据《风景名胜区规划规范》(GB 50298—1999)，风景资源是指“能引起审美与欣赏活动，可以作为风景游览对象和风景开发利用的事物与因素的总称”。两者极为相似，并没有明显的区别。笔者建议可借鉴《旅游资源分类、调查与评价》中的分类，风景游憩资源分为6主类、31亚类和155基本类型。

4. 城乡建设区

城乡建设区是城乡各类建设开发活动的区域。包括城镇集中居住区、乡村聚落，以及道路交通、港口机场、公用设施及廊道、水利工程、工矿企业等区域。建设单元的分布方式总体上呈现出从郊区松散—城市集聚的态势(图2.11)。

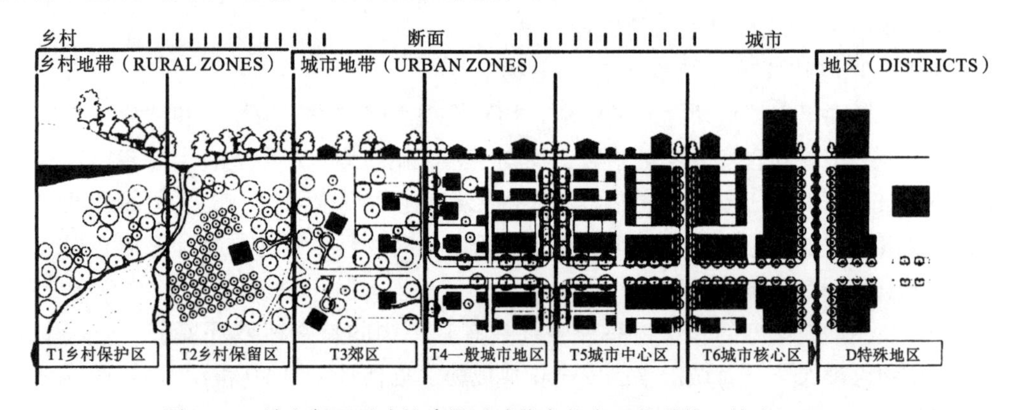

图2.11　城乡断面反映的建设活动分布状态（菲利普·伯克，2009）

2.2.3　经济系统的空间结构

绿色空间的经济活动多元丰富，呈现出渐变特征。从产业类型来看，绿色空间经济活动在快速城镇化进程中表现出如下空间分异特征。

特征一：农业产业和非农产业的融合。

绿色空间是在原有以农为主的地域，受到来自城市的非农产业活动的影响，其经济系

---

① 据住房和城乡建设部2012年12月4日发布的《中国风景名胜区事业发展公报》。

② http：//news. ifeng. com/gundong/detail _ 2012 _ 09/20/17765481 _ 0. shtml.

统是在原有农业经济的基础上叠加城市经济要素，形成一种由农业和非农产业共同构成的综合型产业结构。非农产业则是给绿色空间带来巨大变化的产业活动，非农产业作为新生力量逐步发展壮大，而传统农业则逐渐减小，双方在协调与竞争中以复合型特征支撑着绿色空间的发展。

特征二：农业产业的复合功能趋势明显。

在城市市场、科技、交通和资金优势的推动下，绿色空间的农业内部结构呈现出不断调整的特征，形成了以现代化都市型农业为主的区域化发展格局，从过去的主要为保障城市供应的单一生产功能，向同时兼顾生产、生态、文化、教育和旅游功能转变。特别是近郊旅游业、乡村旅游业的兴起极大地带动了绿色空间农业向景观化、生态化、精品化的发展。

1. 环城农业空间结构

1)经典分布规律

德国经济学家杜能(Johann Heinrich Von Thunen)在 1826 年提出的城市外围农业土地利用基本模式——“杜能环”，将城市周围地区农业土地利用类型划分为六个圈层，揭示了在距离因素下，城市周围地区所呈现的产业类型地域分异规律。美国学者辛克莱尔(Robert Sinclair)对杜能模型进行了修正，于 1967 年提出将城市的周围划分了五个同心圆环——“辛克莱尔环”(图 2.12)。

该模型中，第一、二环内的土地、人口与产业活动的城乡过渡趋势强烈，可以认为属于绿色空间范围。第一环位于建成区边缘，为城市农业区，土地或者是已经转为城市用地，或者被开发商、投机商购买并进行早期开发；有些农民尽管不愿出卖土地，但因较高的城市税收与其他原因而被迫终止农业活动。第二环主要是空闲地，农业活动基本停止，土地为投机商所有，农民为了牟取暴利，有时也保存土地使用权，但并不耕种，或者是荒芜，或者租让他人从事短期的粗放式农业。环城农业基本上位于第一、二环内。

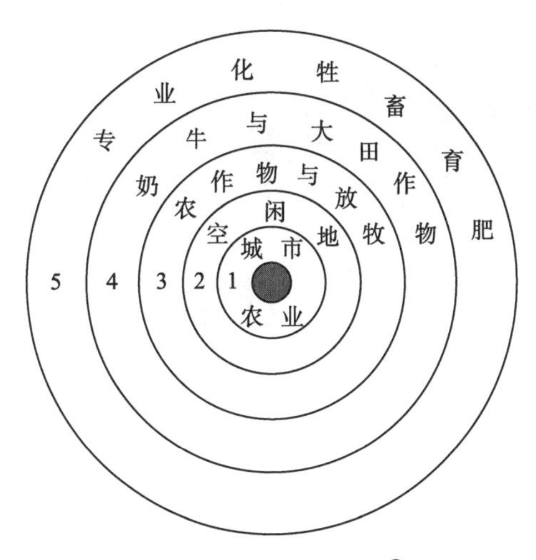

图 2.12　辛克莱尔环①

① http://baike.baidu.com/link.

2)都市农业模式

加拿大专家穆杰特(Luc J. A. Mougeot)(2003)将都市农业定义为:“位于城市内部或边缘,循环利用自然资源,同时充分利用城市人力资源、产品和服务,为城市生产、加工或销售各种食物、非食物产品或服务的产业”。本书所指都市农业是位于绿色空间这一特定范围。

都市农业与乡村农业有显著区别,因为都市农业与城市经济和城市生态系统有着十分紧密的结合(徐梦洁等,2006),体现在以下方面:配合乡村农业,提高营养丰富但却易腐烂的食物供给,确保城市食物安全;为市民提供新的就业机会,增加额外收入;提高城市有机废物的处理效率;为市民创造观光、游憩、体验等丰富的休闲活动;维持城乡生态平衡,建立人与自然、都市与农业和谐的生态环境(蔡建明等,2004)。

世界各地实践着多种都市农业发展模式。根据其功能,有高度专业化集约化、以经济功能为主的美国模式,有偏重生态、社会功能的中西欧国家模式,有兼顾经济、社会与生态功能的日本、新加坡模式。后两种重视多功能的模式值得国内借鉴。

法国巴黎大区是高度城市化地区,有 1.2 万 km^2,拥有超过 1190 万的居民,占法国总人口的 19%,但它的农业仍然非常发达。巴黎大区注重农业发挥景观、教育、休闲复合功能(图 2.13):利用农业区控制城市的扩张;农业区隔离中心城区和卫星城,防止粘连;将高速公路、工厂等地区和居民区分隔,营造宁静、清洁的生活环境;种植蔬菜、花卉等高附加值农产品,既生产又休闲,作为城市景观。

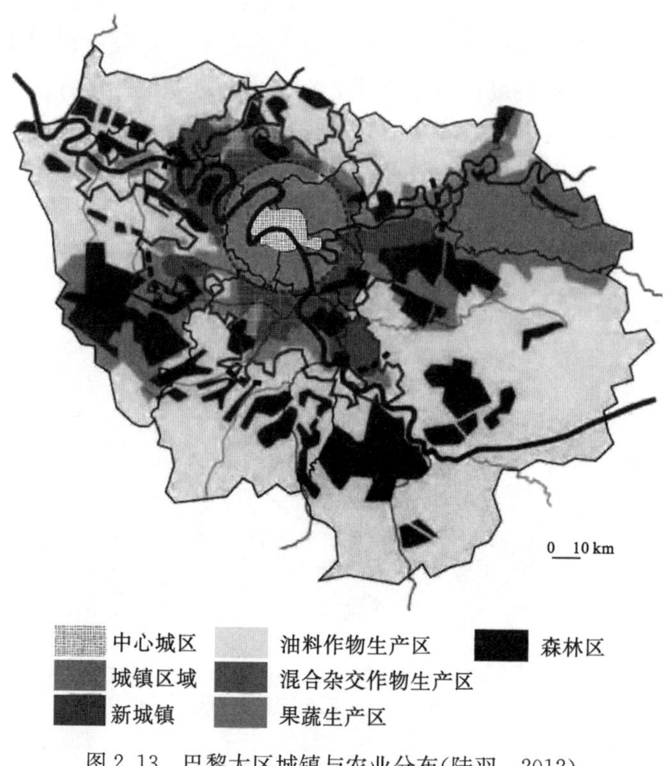

图 2.13　巴黎大区城镇与农业分布(陆羽,2012)

巴黎郊区设置了农业保护区，用以保护农田、村庄、文化景观遗产等。在农业生产和保护的基础上适度进行经济开发，如建设大型教育农场。如今，整个巴黎大区的外围乡村农业用地的面积占48%，森林面积占24%，非城镇或非人工区域的开放空间占了大区面积的72%(陆羽，2012)。

日本是在分散、小农经营的基础上发展高尖端农业，国内蔬菜自给率达90%以上，拥有众多国际知名品牌。都市农业主要集中在东京、大阪和名古屋三大都市圈，兼顾多功能：一是运用高科技与先进农艺技术，建设现代设施农业；二是发展观光农业，蔬菜、稻田、果园等景观化，吸引游人体验参观；三是发展特色精品农业，依托高新科技开展深层次开发，增加附加值。

3)国内发展态势

20世纪90年代以来，北京、上海等大城市逐步探索推进都市农业发展的途径。1994年上海市政府提出具有世界一流都市型农业的构想，在《上海市城市近期建设规划(2003—2007)》中，提出在市域范围内形成“建设用地、农业用地、生态绿地各占1/3的大格局”。无锡市2004年制定《无锡市现代都市农业发展规划纲要》，从产业规划、空间布局等方面对都市农业进行规划。成都把建设“世界生态田园城市”作为都市农业发展目标。经过多年实践探索，各地都市农业发展取得了一些成效，据《关于都市农业发展情况的调研报告》(2012)，武汉主要“菜篮子”产品自给率达到68%；成都通过建设现代农业园区，形成休闲观光农业基地220个，年接待游客超过5000万人次；南京2011年休闲农业全年季节性用工达12.99万人次，帮助增收707万元，带动农户数5597户，帮助带动当地农产品销售额达1.2亿元以上[①]。

在城乡规划层面，对都市农业认识不足，导致规划思想的滞后，这是世界范围的普遍现象。据英国政府经济和社会研究顾问组(ESRC)的调查显示，有47%的规划师对都市农业不了解，只有22%的人比较清楚(蔡建明等，2004)。另外，多部门管理、政府职能不明确、产权制度不完善等阻碍将都市农业纳入城乡规划安排。

2.环城游憩空间结构

按世界旅游组织(UNWTO)标准，人均GDP达3000美元，社会对休闲消费产生强烈需求；达到5000美元，休闲需求和消费能力呈现多元化趋势。另据国家统计局数据，2013年我国人均GDP已超过6000美元，发达地区更达到了9000～16000美元，标志着全国性旅游产业的大发展时期已经到来。

1)经典分布规律

交通条件的改善和市民休闲需求的增加，带来密集、高频的出行机会和空间活动。这种以城市居民为主，并拉动相当数量外来旅游者参与的游憩活动和支持这种活动的游憩设施和游憩土地利用，除部分发生于城市内部空间外，更多的是推向城市郊区，在环绕城市外围、处于近城乡镇景观之中、与中心城市交通联系便捷的区域，形成了具有观光、休

① 关于都市农业发展情况的调研报告．农业部市场与经济信息司，http：//www.moa.gov.cn/ztzl/jlh/.

闲、度假、娱乐、康体、运动、教育等不同功能的环城游憩带（recreational belt around metropolis，ReBAM）。

20 世纪 80 年代以来，北京、上海、深圳等大城市周边地区相继出现 ReBAM 现象。吴必虎(1999)以上海为例指出，总体上居民游憩活动呈同心圆状圈层结构，以中心城区为内核，通过三个环带向外扩散，在某些资源或游憩服务集中的地方以及交通干道沿线，有明显凸出(图 2.14)。吴必虎(2001)指出，这种格局是在土地租金和出游成本共同作用下形成的，是游憩者和投资者之间的一种妥协。

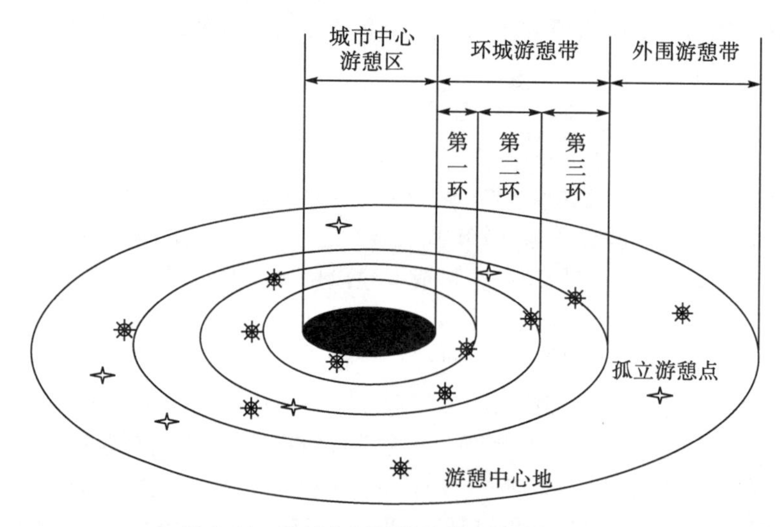

图 2.14　大城市环城游憩带空间结构示意

另外，国内外学者还提出了“星系模式”、Clawson & J. knetch 模式、Б. Б. 罗多曼模式等，这些模式均指出，环城游憩带是大城市郊区发展的共同趋势，它与城市游憩区共同构成城市游憩体系的两个重要组成部分(王淑华，2006)。环城游憩带的半径目前尚存争议，受城市规模、出行便捷性和旅游景点分布等影响，范围在 15～100km。

2)游憩空间建设

20 世纪 30 年代开始，西方发达国家从区域角度组织环城游憩系统。如德国鲁尔在距离城市中心 20～30km 的环带内建立了 6 个主要游憩中心，每个 20 多平方千米；荷兰西部设计了高环境容量的一日游游憩中心；巴黎在位于市中心 20～40km 的范围内设计了 12 个用地规模在 18～40km^2 的游憩地，其中有 3 个位于新城，目的是通过游憩地的规划增加新城区的吸引力。20 世纪 60 年代中期，欧洲许多城市更是将环城游憩系统规划作为都市区域规划的一项重要内容，包括从区域到邻里的游憩空间等级体系及连接各类游憩空间的游憩通道。

1976 年香港制定《郊野公园条例》，目前已建成 24 个郊野公园，总面积达 43455hm^2，占香港约四成的土地面积，2011 至 2012 年度吸引游客约为 1330 万人次。可见，环城游憩产业作为城市郊区的重要产业类型已经与绿色空间布局紧密联系，并成为绿色空间未来发展的支柱产业，对提升绿色空间的外部性和外溢价值十分重要，也是绿色空间获得公众认同并得以保存下来的重要原因。

3)都市农业旅游

20 世纪后期，都市农业旅游在发达国家和地区兴起，是农业与旅游结合的产物，被认为是全球性的“朝阳产业”。都市农业旅游的表现形式是以现代都市农业的生态景观、生产劳动、生活场景和农村风貌等为旅游资源，以观光农园、农业科技园、农业主题公园、农业会展、农事节庆活动、民俗旅游村、综合度假村等为旅游吸引物(张蓓，2012)。其作用在于：提高农业经济价值和服务效率；提高农村生产力水平，优化产业结构，延伸产业链；促进城乡文化、社会、技术交流；推动农村主动保护生态环境、改善环境质量。

国内外都市农业旅游的类型可以分为六大模式：第一，保护和欣赏遗产形态的农业生活、生态和生产式，参观、逗留、融入和品味当地的乡村历史文化与传统生活为目的的乡村文化旅游模式；第二，体验传统农业生活乐趣，增加农业生产者的收入，创造新的就业机会，推动乡村产业发展的乡村农业旅游模式，如法国的葡萄园旅游、中国的农家乐旅游等；第三，参观高科技农业生产过程，宣传、普及农业知识的高科技农业园旅游模式；第四，开展农业教育和主题游览娱乐的农业主题公园旅游模式，如新加坡农业科技公园等；第五，农民新村旅游模式，如江苏江阴华西村、四川成都三圣乡(图 2.15)等；第六，以乡村风光为背景开发收益较高的涉农旅游模式，如乡村会议度假村等，上海申隆生态园和北京的蟹岛绿色生态度假村。

图 2.15　成都三圣乡幸福梅林的乡村旅游模式

资料来源：作者成都调研。

2.3　自然与非自然演进动力认知

城市绿色空间具有的多维属性和复杂结构体系是绿色空间各种内在演进机制的直观表现，其演进过程是在区域自然演替干扰(自然力)和人类活动(非自然力)的有意识改造、诱导或无意识(不自觉)破坏、扰动下引起的绿色空间结构(稳定或不稳定)和功能(复合或单一)的变化。

2.3.1　自然力的作用

自然力对绿色空间形态具有直接的控制引导作用。在自然力作用下，城市建设基本遵循先利用平缓便利地段、逐步改造陡坡等复杂地段的规律，反向地间接遗留下山体、陡坡、林地、湿地等不利于城市建设的土地作为非建设区，恰好为绿色空间的建设提供关键的绿色斑块。需重视的是，土壤侵蚀、滑塌、滑坡和泥石流等自然灾害是自然力表现的特殊形式，人为外力的介入可不同程度地影响或改变地形地貌的稳定，这些区域也是绿色空间必然的首选地。

地形地貌在水平方向上的分异性及其产生的地理力以引导、聚合、阻隔和限制作用促使城市外部结构的形成，如河流、山脉、高地、陡坡、谷地等正负地形会对平面形式和空间高度上的形态产生重要影响，使得局部城区具有聚合特征，而整体上呈分隔态势。这种分隔、限制作用在塑造丰富的城市外部形态的同时，间接地将城市边界限定在某些特定区域，不仅利于增大城市建设区与绿色空间的接触面长度，更利于增大绿色空间进入城市中心区的纵深度(图 2.16)。

另外，廊道效应、岛屿效应和边缘效应所产生的生态力对绿色空间形态的影响十分复杂，它通过水文、植被、动物、土壤及生态气候等环境因素的综合演替过程产生影响，并极易受到人类活动的干扰。

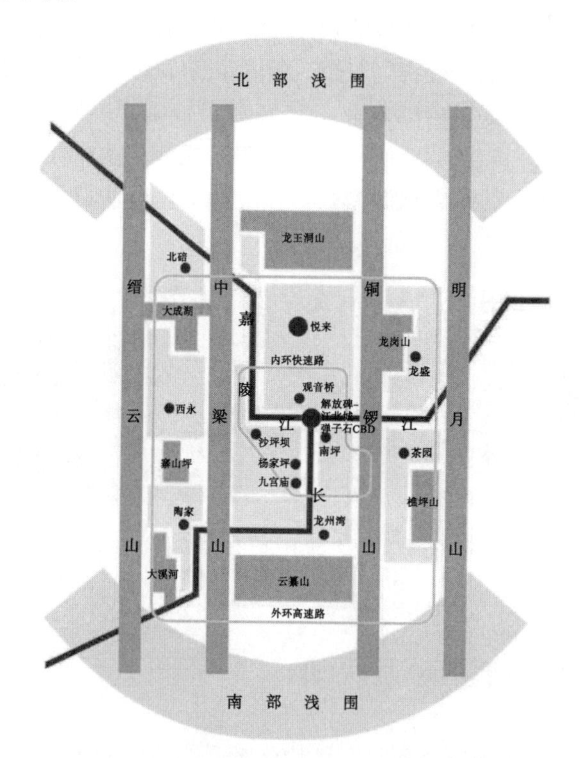

图 2.16　重庆都市区山水结构与组团形式①

2.3.2　非自然力的作用

随着经济与技术的进步，影响绿色空间发展的因素也在不断变化，包括国家政策、土地市场、交通条件、技术条件等诸多因素的影响。借鉴对城市发展动力机制分析的结论，总体上可以概括为政府力、市场力和社会力的综合影响(郭广东，2007)。其中，宏观上政府力从外部推动绿色空间演化，微观上市场力在内部促成这种演化，而社会力介于两者之

① 资料来源：重庆市规划设计研究院.重庆市都市区美丽山水城市规划[R]，2014.

间。相对而言，政府力具有更强的政策性，而市场力存在盲目性，社会力目前力量和作用稍显薄弱。

1. 政府力的作用

城市政府是组织实施城乡规划的主体，政府力主要指当时当地政府采用的发展政策与实施调控手段。正如《城乡规划法》第一条所指出的，政府力的作用在于“加强城乡规划管理，协调城乡空间布局，改善人居环境，促进城乡经济社会全面协调可持续发展”。实际上，政府是公共性与自利性的矛盾统一体，作为“经济人”，政府往往违反市场准则，为了自利而进行不平等竞争。

1)政府经济职能掩盖绿色空间公共属性

在“唯 GDP 至上”的观念下，城市公共利益被异化为经济增长，并成了部分地方公共利益的代名词(彭海东等，2008)。当前，土地财政对城市经济增长影响很大，追求土地价值最大化成为城市政府在城市规划中的核心利益。城市政府屡屡干预市场竞争，往往与各资本集团结成“增长联盟”，推动城市规模的非正常扩大、主导城市向区位优越、交通便捷、环境良好的城郊绿色空间地区蔓延。

绿色空间是公共物品，是全民公平共有的资源。只有政府处于完整的行政主体的时候，这种公平性才能得到完整的体现(杨培峰，2010)，既然政府也参与了市场行为，那么重经济性而轻公平性的本质不可避免，导致“自然环境(水、大气、绿色空间等)往往成为不适当的规划管理的第一个牺牲品”。

2)政府考核制度忽视绿色空间长远价值

城市政府实行任届干部轮换制度和定期职责考核制度，缺乏上下届政府施政政策延续机制的保障，每届政府都按自己原则办事(杨培峰，2010)。在这种情况下，形象直观的城市建设活动成为体现政绩的突出指标而备受各界政府青睐，“一届政府一个规划”，快速改变城市面貌往往成为获取利益的投机手段，而更多体现渐进效益的绿色空间建设少有问津，自然缺乏资金与政策的支持。

3)城乡二元管理导致规划应对缺位

我国采用城、乡分割管理体制，城区、城市规划区及城市行政区管理范围不一致。二元管理体制的职能和权限在绿色空间范围互相交织，造成具体管理操作叠加、模糊和混乱，反而成为各自管理的薄弱区：该城市管的城市不便管，该村镇管的村镇管不了，使得绿色空间如同一些无人管理的公共廊道，成为各家各户藏污纳垢的场所，或者被过度使用和侵占，造成“公地悲剧”。

管理职能不清导致法定城乡规划没有主动响应绿色空间建设存在的土地、生态、生产和生活问题，绿色空间宏观管制、土地利用和项目建设具有很强的盲目性和不确定性，导致绿色空间成为违法违规建设行为最集中的区域，擅自调整破坏规划、未批先用、违法侵占基本农田等问题十分突出。

2. 市场力的作用

市场力来自市场机制协调下的多元复合利益主体，包括政府、企业、投资人、村民、集体经济组织、市民等。亚当·斯密认为，市场是一个伟大的“组织者”，它的指挥棒就是价格，反映了资源的供需关系。在假设的完全市场条件下，市场机制的自发作用会使资源配置达到帕累托最优状态，并通过具体的城乡规划措施实现资源在空间上的高效、集约配置(聂仲秋，2008)。但现实是，每个利益主体都在追求私利，一般并不主动增进公共利益。

1)现行土地制度缺陷导致利益寻租

以用途管制为基础的土地制度造成城乡土地收益差异巨大。根据《土地管理法》要求，农村集体土地只有转换为国有土地才能进入土地市场，这使得政府在征地过程中处于强势地位，而农村集体经济组织和村民往往丧失话语权，只是被动地接受土地转换，失去了合法争取转换补偿的机会，所获补偿难以填补村民失去的财产权利，而城市政府却从廉价补偿款与高额土地拍卖金之间获得丰厚利润。于是，一方面，绿色空间(特别是耕地)在几乎零风险的背景下极易被征用为国有土地；另一方面，农村集体经济组织和村民在绿色空间中的原有利益丧失或被削减，不得不采用各种扩建、乱建方式以图获得更多补偿，或千方百计破坏管制规定。

2)开发商或企业等资本牟利失控

开发商或企业等是城市最积极、最活跃的经济实体，市场逐利本性决定了他们更关心投资成本、预期效益等私利，不会主动关心城市的公共利益。他们在项目类型、用地选址、开发强度、规划执行等方面拥有很大的影响力，希望在城市建设开发过程实现其利益的最大化；当城市规划的内容与其利益相违背时，他们甚至会打破法规来攫取利益，如漠视自然承载力，在绿色空间内超强度、超范围开发，将非经营性功能变更为经营性功能等手段。事实上，在当前很多城市动辄上百平方千米的新城拓展项目中，开发商或企业发挥了推波助澜的作用，甚至是始作俑者，如某些山地城市的“削山造城”“削山造地”运动。

3. 社会力的作用

社会力主要包括社会公众、社区组织及非政府机构，也包括历史积累随社会进步而不断发展的各种风俗习惯、文化、技术等。社会公众是社会力最基本、最广泛的组成，是社会力的最直接表现，是相关利益主体中的一个重要而又广泛的构成要素(翟国强，2007)，他们是绿色空间合理、有效建设以保障公众利益的最基础、最坚实的捍卫者和监督者。

1)利益主体目标各异难以协调

绿色空间内产权结构复杂，各主体利益目标大相径庭，这决定了他们各自在绿色空间中的需求差异极大，从而导致各自为政的概率很大，行为方式难以协调(叶林，2013)。城市政府既需要向上负责完成农地等重要资源的保护计划，向下推动保护任务的执行，又要有推动城市经济发展的原始动力，还要兼顾社会公平；投资者追求成本最低、利益最大化；农村集体组织或是村民主要是在眼前与长远利益、个体与公共利益之间抉择。

2)公众参与度低造成实施难度大

总体上，在S. Arnstein提出的公众参与阶梯中，目前国内公众参与方式处于“公众完全被动的阶段”到“受约束的尝试阶段”的初级过程。

社会公众包括市民个体与市民共同体两个层面，现行的城乡规划制定机制尚未能有效保障公众参与的权利。一方面，市民个体基于自身利益(耕地丧失、工作无着落、住房拆迁)对相应的城乡规划方案做出表述或提出意见时，政府或专家处于强势地位，代为做出选择，市民个体则“为国家利益或全局利益牺牲个人利益”；另一方面，规划与市民的意愿不一致时，公众利益也往往因相关管理政策的缺失而使问题得不到解决。

虽然《城乡规划法》第八条规定“城乡规划组织编制机关应当及时公布经依法批准的城乡规划”，但这仅仅是批准后的参与，参与层次较低。同时，社会公众与政府之间信息不对称，在获取政府有关规划信息和表达意见等方面没有明确和畅通的制度渠道。再者，当前忽视了社会团体的介入，个人对事物认知总是有限的，反映问题是片面的，一些国家和地区成功经验表明，富有成效的规划过程往往需要社区、企业、非营利组织等非政府部门的参与。

公众在城乡规划制定过程中的有效参与度很低，规划的权威性和法律地位受到公众质疑，没有权利就没有义务，在规划的实施过程中必然阻力很大。

2.3.3 力的不均衡作用

自然力、非自然力(政府力、市场力、社会力)几方是相互作用的。自然力是非自然力的基础，可以被非自然力克服，但不能超越；政府力服务于市场力，同时又制约着市场力；市场力服从于政府，同时又干预着政府的行为；而公众，则从始至终都贯穿于绿色空间建设的每一个环节中，它通过公众参与的形式推动着绿色空间有序进行。

力的相互作用会产生一种合力效应，可以用“综合模型”进行解释(张庭伟，2001)(图2.17)。综合模型所代表的基本含义是：现实中四种力的权重不一，对绿色空间发展的意图或影响程度各异，形成最后的决策主要反映主导力的意图。为整合其他力的诉求，主导力会在某些方面做调整，调整的程度取决于力的权重大小。

四种力之间“作用-调整-整合”的过程始终处于动态变化中：生产力和技术手段低下时，自然力往往占有绝对优势，顺应自然规律是传统城市成功建设的宝贵经验，四种力之间达成微妙的平衡。现代技术条件下，新的平衡关系被重构：自然力往往被忽视，若以政府力、市场力为主导通常会追逐经济利益而忽视社会效益，若以市场力、社会力为主导可能导致效率低下、公共利益被侵害。因此，尽量协调四种力的平衡点始终贯穿于城乡规划师的工作中。

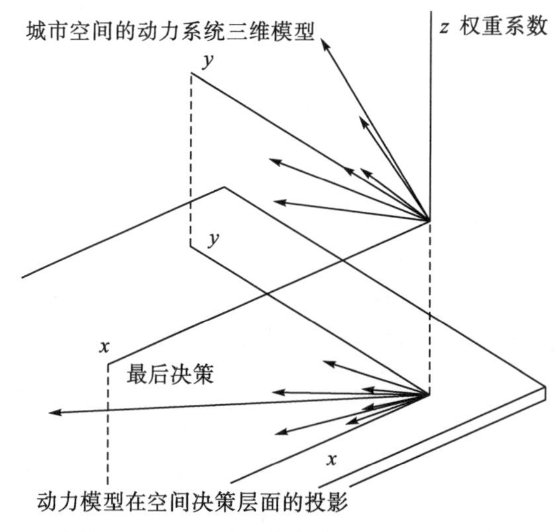

图 2.17　演进动力综合模型(侯鑫，2004)

2.4　绿色空间规划的社会政策局限认知

绿色空间规划作为将多维属性和复杂结构转译为空间语言的公共手段，以及承接、协调各种作用力的政策平台，是全社会对绿色空间总体认知状态的直观体现。其中，前者更多表现为规划范式，即规划秉持的价值观念、基本观点，以及解决实际问题的模式和方法，是形而下，是果；后者更多表现为社会赋予绿色空间规划的公共地位和法律权利等，决定了规划范式，是形而上，是因。本质上，社会政策和规划范式融入城乡规划制定的各个环节，社会政策的局限性和规划范式的不适应性是导致城乡规划对绿色空间内在多维属性、复杂空间结构应对不足的深层原因。当前城乡规划对绿色空间应对不足问题是客观存在的(3.1 节)，把握城乡规划中的社会政策，能更深入理解规划应对的困境。

在当前行政体制下，城乡规划自上而下的特征决定了政府力占绝对主导作用，四种力的不均衡作用明显倾向于政府决策，并导致绿色空间规划制定中存在如下问题。

1. 政府主导规划偏重市场经济效益

当前的现实是，政府制定的各项政策对绿色空间那部分无法在交易市场中得到体现、但有巨大潜力的非市场价值重视不足，或根本无意识，从而偏向于通过对其破坏(如开发、采伐)以期短期内获得尽量多的经济收益。面对这种情况，城乡规划应做的工作，首先是运用法律赋予的空间资源配置权利对宝贵资源进行保护；其次是通过有效规划手段和政策将舒适环境、景观等非市场价值最大化显现出来。目前，前者已积累较丰富的规划编制经验，但执行效果不十分理想；后者还需要进一步探讨，特别是不能再落入“重建设空间轻绿色空间”的传统窠臼，要将规划目标指向从只重视经济效益转为“社会－经济－环境”效益并重。

2. 多部门条块分割管理缺乏协同

城市建设规划、国土、农林、环保、水利、交通等部门都在绿色空间行使管理权，涉及此范围的国家和部委发布的法律法规、规章、标准规范众多(表 2.3)，但大多孤立存在，缺乏协调性、一致性，甚至有相互矛盾的地方(姜允芳，2015)，导致各部门权责不清、进行多头条块管理，甚至存在部门间的竞争。

表 2.3　绿色空间相关的重要法规文件

类型	相关文件
法律	城乡规划法(2008)、环境保护法(1989)、水土保持法(1991)、矿产资源法(1996)、防洪法(1998)、海洋环境保护法(1999)、森林法(1998)、水法(2002)、环境影响评价法(2003)、土地管理法(2004)、文物保护法(2007)、水污染防治法(2008)、防震减灾法(2009)
行政法规	城市绿化条例(1992)、自然保护区条例(1994)、森林公园管理办法(1994)、地质遗迹保护管理规定(1995)、基本农田保护条例(1998)、地质灾害防治条例(2003)、水利风景区管理办法(2004)、风景名胜区条例(2006)、规划环境影响评价条例(2009)
部门规章	城市绿线管理办法(2002)、城市规划强制性内容暂行规定(2002)、城市紫线管理办法(2004)、国家城市湿地公园管理办法(试行)(2005)、城市蓝线管理办法(2006)、城市规划编制办法(2006)、土地利用总体规划编制审查办法(2009)
技术标准、规范	城市用地分类与规划建设用地标准(1991)、城市规划工程地质勘查规范(1994)、防洪标准(1995)、风景名胜区规划规范(2000)、城市绿地分类标准(2002)、全国土地分类(2002)、历史文化名城保护规划规范(2005)、国家园林城市标准(2005)、城市抗震防灾规划标准(2007)

各部门编制了不同的发展计划，由于分属不同的法律授权，编制技术标准、目标、重点、深度、调控手段均存在很大差异，“自成体系，互不衔接”。即使在同一空间上也存在不同的管理部门，如农田，集体土地向国有土地转换必须通过国土部门的安排，土地上的农作物和农业经营行为受到农业部门的指导，农村土地使用权流转也受到农业部门的指导；森林、林地属于国家或集体所有，土地上的林木属于国家或农村集体和村民，林中的游憩设施和道路必须通过建设部门的审批，有重要影响的建设行为还需通过环保部门同意。总体上，各类发展计划采取“开发”与“保留”两种针锋相对的政策(叶林，2013)，导致绿色空间在各类规划中的定位、职能、边界和规模上普遍存在冲突，基层管理部门难以操作、执行。

另外，城乡土地和空间资源矛盾一直存在于规划部门和相关部门之间，由此引发了绿色空间地区建设混乱的局面。城乡规划法的提出旨在打破目前的城乡分割界限、对城乡空间资源统一配置，但目前各部门处于平行状态，城乡规划部门的规章很难协调、整合这些部门职权，部门条块分割管理的状态势必会长期存在，难以形成城市绿色空间的统筹协调管理机制。

3. 法律授权限制规划发挥管控能力

该问题表现在《城乡规划法》的制度安排赋予城市规划的管理空间和行政权力范围有限。《城乡规划法》第二条规定“制定和实施城乡规划，在规划区内进行建设活动”，第四十二条规定“城乡规划主管部门不得在城乡规划确定的建设用地范围以外作出规划许可”。

因此，城市规划管理的法定职能范围是城市规划区，并且行政许可权限定在“建设用地”。在“建设用地”与“规划区”之间的区域，即绿色空间范围，这是一个法律授权规划部门参与管理的范畴，……其他政府部门也承担着这一空间范围的管理工作，在这个范围内，城乡规划是唱配角的，甚至是无权的(石楠，2008)。对没有设立规划许可管理的非建设用地，如森林、农田、水域、风景区等，管理权分属于国土、农林、水利等部门，规划行政主管部门几乎没有管理权限，但有执行相关法律法规和协调相关部门管理的义务，如保护基本农田(叶林，2013)。

4. 缺乏有效的规划实施和监督机制

缺乏有效的规划实施和监督机制的原因主要有 3 个方面：一是如前述，城乡规划机制缺乏对实施的充分考虑。国内针对绿色空间的规划还处于探索阶段，大多提出生态保护或安全防护的目标，但并未深入考虑实现这些目标的有效途径。如《成都非建设用地规划》提出建设“两环八斑十四廊”的非建设用地系统，但没有具体实施措施。二是绿色空间具有强烈的公共物品性质，政府和市场作为规划实施的主体在以经济利益为重的社会背景下并未将绿色空间作为城市建设的重点，实践证明，绿色空间建设更多是发达城市发展到一定阶段的需求，并未得到大多数城市和城市各方的一致认同，因而缺乏整体政策的支撑(朱查松等，2008)。三是缺乏高效的监督机制，当前绿色空间并非城乡规划管理的重点，也非监测和监督的重点。特别的，绿色空间中的居民等作为直接利益方，在一定程度上更是侵蚀绿色空间的获益者，难以主动参与规划监督(盛洪涛等，2012)。

5. 缺乏明确的规划与管理法律地位

当前，除了广东省、重庆市、深圳市、成都市等个别地区[①]，各地城市绿色空间规划和管理尚缺乏法律依据。一方面，绿色空间规划类型属于非法定规划，规划的强制力不足，必须与总体规划密切配合，并通过法定控规予以落实；另一方面，城市绿色空间涉及多部门管理范围，规划部门组织编制的规划需要与其他部门协调，取得认同和配合才能避免职能上的“侵权”行为。

2.5 本章小结

绿色空间本体认知是开展适应性规划的前提。绿色空间由若干相互联系、相互作用的“自然-社会-经济”要素在一定的时空尺度上发生一定的过程关系，显示出内在多维属性，组成具有特定功能的外在结构形式，把握这些内在运行机制，是反思和完善绿色空间规划范式的基础。另外，绿色空间在自然力与非自然力的不均衡作用下，展现出当前建设与实施管理中的基本态势，为理解绿色空间规划提供了深层社会背景。

---

① 广东省 2003 年以部门规章的形式发布了《广东省区域绿地规划指引》和《广东省环城绿带规划指引》；并于 2010 年发布了《珠三角区域绿道(省立)规划设计技术指引》；重庆市 2007 年以政府立法的形式发布了《重庆市“四山”地区开发建设管制规定》；深圳市 2006 年也以政府立法的形式发布《深圳市基本生态控制线管理规定》；成都市 2010 年以部门规章的形式发布了《成都市健康绿道规划建设导则》。

绿色空间规划作为社会公共政策和规划管理技术文件，应对绿色空间特殊性和复杂性不足的诱因主要来自两方面：一是受到政府主导的社会政策(公共地位、管理机构、法律授权、实施监督机制)的局限，随着政府职能改革、唯 GDP 施政理念转变和“经济人”身份蜕变，这一局限将逐步改善；二是自身规划范式(价值观念、基本观点、规划模式方法)的不适应，这正是第 3 章重点探讨的内容。

第3章　绿色空间规划范式导向与应对思路

我国传统的城市规划是城市建设规划，包括绿色空间在内的非建设用地只是作为背景绿底出现，忽视了大地景观是一个有机的整体系统。尽管《城乡规划法》《城市规划编制办法》等法规已经推动传统规划范式的转换，但传统规划途径的许多弊端仍会延续一段时期(俞孔坚等，2005)。在城市发展转型期，我国城市规划编制管理的重点从确定开发建设项目，逐步转向各类脆弱资源的有效保护利用和关键基础设施的合理布局(仇保兴，2004)，这是城市规划编制理念、技术方法和管理制度必然的调适方向。基于国内外相关规划范式的总结，可以为探索适应城市绿色空间内在运行机制的规划措施提供应对思路。

3.1　绿色空间规划范式导向

“范式”(paradigm)一词源于希腊文，原意为“显示”，引申为“模式”“范例”等意。在《科学革命的结构》(1962)一书中，美国著名科学哲学家库恩(Thomas Kuhn)首次提出范式的概念。通常认为，范式就是科学共同体所共有和公认的一套规则。范式包含三个层次：最高层次的是世界观或价值观，共同的价值观念和标准使得范式得到公认；第二层次是某一特定时代、特定领域中的基本定律和基本理论，它们构成范式的特定思想内容，为研究活动提供了共同的基本理论、观点和方法，以及如何研究和解决问题的模式或范例；第三层次是模式、方法和技术，是基本的定律、定理和假设应用于各种场合中。

荷兰教授法鲁迪(Andreas Faludi，1973)认为，城市规划理论包括“规划的理论”和“规划中的理论”。前者位于规划范式的第一、二层次，是规划自身的理论，讨论规划价值观和规划过程；后者是规划范式的第三层次，是规划工作中的理论，带有较多的技术成分。张庭伟(2008)进一步将“规划的理论”分解为规划范式理论、规划程序理论和规划机制理论三个部分[①]。本书第3章至第6章将讨论城市绿色空间规划范式理论，第7章将讨论相关规划程序理论和规划机制理论。

3.1.1　国内外规划实证

城市绿色空间规划范式就是在城市规划区这一特定区域内，绿色空间规划建设的价值

① 规划范式理论是为了建立城市规划自身的价值观，讨论规划工作的目标“应该”是什么，好的城市规划“应该”符合什么标准；规划范式理论受到社会文化制度和习俗的长期影响，以及当时社会政策的短期影响。规划程序理论关注规划编制和实施的过程，特别是公众和规划师在规划过程中各自的角色和参与的途径，以及公正合理的规划编制、实施程序。规划机制理论探讨中央、区域、城市和社区各个层面规划工作的职责和规划立法问题，特别是规划实施中的公众监督机制问题。规划程序理论和规划机制理论更多受到社会传统结构和当时当地经济发展阶段，以及国内外规划实践经验的影响。

观念、基本观点，以及应用这些观念和观点解决实际问题的模式和方法。

从城市外围背景到城市组成部分，再到主导城市发展的关键因素，绿色空间与城市之间的关系从“分离到融合”体现着显著的阶段性。从开放空间角度，温全平(2009)认为，19 世纪中叶以来的开放空间规划，从规划目的、服务对象、规划范围、功能安排、规划方法等方面进行考察，分别经历了园林花园、城市公园和生态规划范式。张虹鸥等(2007)指出，开放空间规划目标导向经过了美学价值观、城市绿化美化、生态与环境保护、多元价值观的持续发展。

Maruani 等(2007)根据不同的规划研究角度和产生途径，把开放空间的规划范式划分成两大类：一类称为“需求导向类”(demand-approach)，关注人们对休闲、娱乐和环境质量的需要；另一类称为“供给导向类”(supply-approach)，关注开放空间的保存以保护其景观和自然价值。同时，Maruani 等指出两类导向包含随机型模式、定量空间标准模式、公园系统模式、田园城市模式、形态相关模式、视觉景观模式、景观生态决定模式、景观保护地模式和生物保护地模式等 9 种。作者认为，在“需求”与“供给”之间必然存在着兼顾两者的“复合导向类”，而这正是城市规划区绿色空间的多维属性所决定的，“需求”与“供给”之间的微妙平衡关系需要通过适应的规划范式进行协调(表 3.1)。

表 3.1　3 种导向下规划范式的比较

相关内容	规划范式		
	需求导向	供给导向	复合导向
空间特征	邻近城市使用者； 可达性； 可见性	高质量、独特的自然价值区； 生态敏感性、脆弱性； 具有视觉景观价值； 生态过程或生态系统重要	邻近城市使用者； 可达性； 可进入性； 与其他开放空间连接
活动类型	满足城市不同人群的休闲、娱乐和农业等使用	限制人类活动干扰或引导活动与保护目标趋近	在必要的保护范围外引导与规划目标相一致的使用活动
规划原则	满足高频率使用活动； 充分的人工维护管理； 多样的设施	最低程度的人为干扰； 限制人类进入； 减少人工维护管理； 较少的设施	保证必要的使用活动和设施； 以人工维护管理为主

上述 9 种模式中的前 7 种广泛运用于绿色空间(张虹鸥等，2007)，这 7 种规划模式在主导思想、应用范围、主要特点、核心功能、应用难易程度等方面存在明显的差异(表 3.2)，相互之间没有绝对替代，新模式出现的同时，仍然残留若干旧模式的痕迹，因此，在实践中也常常被综合应用，以取长补短。

表 3.2　7 种开放空间规划模式比较（闫水玉等，2008，有修改）

规划模式	主导思想	应用范围	主要特点	核心功能	应用难易程度	典型案例
随机型模式	随机应用，增加人口高度密集区的绿地	城市建成区	具有应急性和偶然性。大小随机、接近人群、使用效率高	休憩	易	19 世纪英国海德公园

续表

规划模式	主导思想	应用范围	主要特点	核心功能	应用难易程度	典型案例
定量空间标准模式	根据特定指标、人口数量确定某区域各类绿地的数量与分布	从场地到整个城市	绿地空间与使用人数匹配。接近人群、多样性高、使用效率适宜	休憩	易→难	我国传统的绿地系统规划
公园系统模式	空间布局系统化与绿地种类、等级系统化	从场地到整个城市	空间布局的系统化，常与定量空间标准模式结合使用。接近人群、多样性高、使用效率高	休憩、生态	易→难	19世纪末波士顿的“翡翠项链”项目
田园城市模式	田园城市理论的推广与衍生	整个城市、特别是新城	结构性要求较高，在建成区基本难以实施，很难在市场经济下有效运行。接近人群、多样性高、使用效率高	休憩、生态、环境、产业、导控城市形态	中等难度	目前没有非常成功的例子
形态相关模式	绿带、绿楔、绿心、绿道等形态概念	城市或区域	强调适应城市建设用地形态。缺乏坚实的科学研究基础，容易受到蚕食而消失	导控城市形态、生态	易→难	大伦敦环城绿带；荷兰兰斯塔德地区绿心
视觉景观模式	绿地与自然、文化景观保护协同	特定区域	将有美学价值的自然景观、有文化价值的人工景观，以及周边一定范围纳入绿地体系。人群亲和力低	保护景观、历史文化、生态、休憩	易→难	20世纪60年代，菲利普·刘易斯所做的美国威斯康星州历史步道规划
景观生态决定模式	保存重要的、高价值的自然区域	城市或区域	运用景观生态学等多学科知识对城市土地利用方式进行深刻的解析。接近人群，多样性高，使用效率高	生态、休憩	难	1963年麦克哈格所做的沃辛顿河谷规划；美国马里兰州绿图计划

我国正处在城市化的加速阶段，这一阶段城市扩展的必然性，以及所造成的一系列不可持续问题已为大家所认识。参考国外经验，结合国情，北京、上海、广东、成都、重庆、深圳等地基于不同空间尺度、规划目标、管理要求、技术路径提出了非建设用地、禁限建区、基本生态线控制线、城市绿地与区域绿地等规划类型(表 3.3)，取得了一定的成效。从规划范式来讲并未脱离前述国外 9 种模式中前 7 种模式的核心思想。

表 3.3　国内相关规划类型比较（叶林等，2014）

规划类型	规划类型	规划范围	规划目标	主要规划内容	规划案例
城市绿地系统规划	法定规划	城市非建设空间和建设空间	构建城市绿地空间；保护城市生态环境；优化城市人居环境	根据城市总体规划，制定各类城市绿地的发展指标，安排城市各类绿地建设和市域大环境绿化的空间布局	—
区域绿地规划	非法定规划	城市非建设空间	管制城乡非建设空间；保护生态环境；协调区域发展	区域绿地分类、分级、分区管制；区域绿地维护、经营与恢复、重建	广东省区域绿地规划指引(2003)
城市禁限建区规划	非法定规划	城市非建设空间和部分建设空间	管制城乡建设与非建设空间；保护生态环境；满足基础设施和公共安全要求。	划分限建单元和分区，并制定导则和图则	北京限建区规划(2006)

续表

规划类型	规划类型	规划范围	规划目标	主要规划内容	规划案例
绿化隔离带规划	非法定规划	城市规划区内各组团之间的非建设空间	管制城乡建设与非建设空间；保护生态环境	划定绿化隔离地区的范围，确定绿化隔离区的功能与结构，据此制定建设控制内容和指标	北京第二道绿化隔离地区规划(2002)；重庆市“四山”管制分区规划(2008)
城市非建设用地规划	非法定规划	城市非建设空间	管制城乡建设与非建设空间；保护生态环境	划定城市非建设用地分类、分布与空间范围，并制定实施与管理政策	成都市非建设用地规划(2003)，杭州城市非建设用地控制规划研究(2004)
绿带规划	非法定规划	城市建设区外围非建设空间	优化城市结构；保护生态环境	绿带空间格局(界限、形态、宽度)、规模和用地类型；绿带用地管制；绿带维护、建设和管理	广东省环城绿带规划指引(2003)；成都市“198”地区控制规划(2006)
绿道规划	非法定规划	串联城市内外的带状非建设空间	优化区域景观格局；协调区域发展；提升生产生活质量	绿道分类与空间布局；标识、服务设施和基础设施建设要求	珠江三角洲绿道网总体规划纲要(2010)
生态基础设施规划	非法定规划	城市外围非建设空间和部分建设空间	优化城市结构；保障生态安全	通过宏观、中观、微观三个尺度建立生态基础设施，以此引导城市各个建设规划阶段的空间形态和格局	台州市生态基础设施规划(2005)
基本生态控制线规划	非法定规划	市域非建设空间和部分建设空间	管制城乡建设与非建设空间；保护生态环境	划定以生态敏感区为主的控制线范围，并制定实施与管理政策	深圳市基本生态控制线管理规定(2005)
风景名胜区规划、自然保护区规划	法定规划	风景名胜区和自然保护区	保护和合理利用风景名胜资源，保护重要自然资源	—	—

绿地系统规划是上述类型中唯一的法定规划，其余非法定规划多以专项规划方式深化、补充法定规划的部分要求。作者认为，鉴于非法定规划在实施管理中的弹性、灵活性和目标聚焦的特点，未来一段时期内，它们将成为绿色空间规划研究的重要模式。

3.1.2 需求导向的规划范式

此类范式以满足城市不同人群的休闲、娱乐和环境等使用需求为目的，建设的绿色空间具有邻近性、可达性和易识别性，需承载一定程度的活动强度。

1. 环城绿带规划

英国绿带是指环绕城市建成区的乡村开敞地带，包括农田、林地、小村镇、国家公园、公墓及其他开敞用地。绿带一般由城市规划确定其范围，绿带内的开发建设受到严格的限定(倪文岩等，2006)。1944年，在著名建筑师阿伯克龙比(Abercrombie)帮助制定的大伦敦规划中，在距伦敦中心半径约48km的范围内划设绿带。

1955年，绿带首次在国家政策中被正式提出，《1955年政府政策指引》指出，允许政府建立绿带，以阻止绿带内建成区进一步扩张，防止同邻近几个城镇连成一片，同时保存乡村特色。1994年，《可持续发展：英国的战略》的报告指出建设紧凑型城市的倡议，并把绿带作为维持城市紧凑的重要控制手段。

1995年修订至今仍在使用的绿带规划政策(PPG2)对设立绿带的目标进行了总结：限制城市的蔓延、保护自然或半自然环境、提升城市空气质量、保证城市居民便捷进入乡村地带获得足够的教育和休闲机会、保护乡村社区免受城市蔓延侵扰、保护视觉景观等。因此，实现复合功能是绿带设立的基本方针，注重保护的同时，更强调对城市可持续发展的促进作用。

绿带政策忽视了自然本底和城市发展规律，导致实施中存在一些问题，正如2002年英国皇家城镇规划学会(RTPI)指出：绿带政策没有与变化的规划政策相适应；绿带的职能和目的与公众认知越来越与实际脱节；绿带政策实施中存在相互冲突的目标和目的(主要表现在住房和绿化带保护之间)(贾俊等，2005；谢欣梅等，2012)。因此，有学者认为环城绿带是规划师头脑中“理想城市形态”的一种抽象表达(温全平等，2010)。但是，对绿带政策的质疑并不是要彻底否定它，而是要修正它，使之与社会经济需求相适应，这是未来研究的重点。

绿带政策在国内的实践主要集中在北京、上海、成都、广州等大城市。1993年，北京提出在中心城区与边缘集团之间，以及各边缘集团之间分别设置第一道(约240km^2)和第二道(约1650km^2)绿化隔离带，以形成“分散集团式”的布局，但实施效果不理想。1994年，上海市在《城市环城绿带总体结构规划》中提出环城绿带建设工程(规划约6208km^2)。2012年，成都市开始沿中心城区绕城高速两侧建设约187km^{2}的环城生态区。2003年，广东省制定并颁布了《环城绿带规划指引》，开创了国内绿带系统建设的先河。

绿带能否完全阻止城市扩张还值得商榷，但它的确对保护生态环境、提升城市环境质量起到了重要作用。绿带规划以形态为重点来适应城市空间发展，对社会经济和生态环境要求不高，操作相对容易，被许多城市所采用。绿带规划作为一种基本模式，可以单独或结合其他模式使用。

2. 区域绿地规划

区域绿地是伴随着城市市域规划和都市圈、城市群规划实践在国内日渐出现的规划类型，其着眼于区域与城乡协调发展需要，关注生态环境保护与开发的可持续性发展。1995年，《珠江三角洲经济区域城市群规划》中就率先提出“开敞区”和“生态敏感区”的概念，并进行了初步规划和划定，形成了国内早期区域绿地的雏形(图3.1)。2002年颁布的《城市绿地系统规划编制纲要(试行)》明确要求城市绿地之上“构筑以中心城区为核心，覆盖整个市域，城乡一体化的绿地系统”，提升了区域绿地规划的地位。

区域绿地实践在广东、上海等地相继开展。2003年，广东省颁布了《区域绿地规划指引》，明确区域绿地是“在一定区域内划定，并实行长久性严格保护和限制开发的，具有重大自然、人文价值和区域性影响的绿色开放空间，以保障区域生态安全，突出地方自然人文特色和改善城乡环境景观”。该《指引》从宏观上对区域绿地的编制审批、总体技术思路、实施策略方面进行引导，为国内区域绿地建设开启了先河。

目前，城市绿地和区域绿地规划正面临着变革，需要解决若干重要的议题(刘滨谊等，2007；张晓佳，2006；金云峰等，2009)，可以归结为一个根本的原因——绿地规划的目标指向偏重于城市绿地配置(游憩、景观、防护、隔离)的主观需要，而对支持城市可持续发展的考虑相对较弱。从这个角度来说，绿地概念必须摆脱就“绿地”论“绿地”的思路。

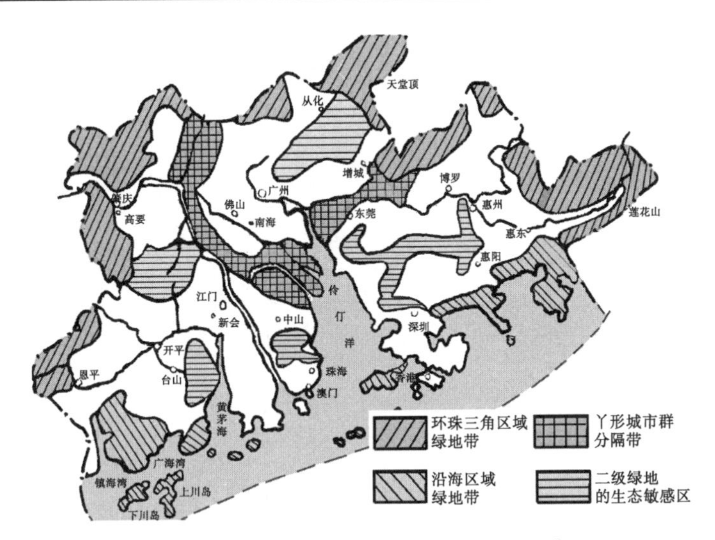

图 3.1　珠江三角洲区域绿地布局示意①

3.1.3　供给导向的规划范式

该类规划范式以保存、保护绿色空间的景观和自然价值为目的，保护的绿色空间具有生态敏感性和景观多样性，一般限制人类活动干扰或引导活动与保护目标趋近。

1. 生态与绿色基础设施规划

生态基础设施（ecological infrastructure，EI）与绿色基础设施（green infrastructure，GI）都属于景观生态决定模式，这种模式将生态学理论与技术运用到绿色空间规划中。

“生态基础设施”概念源于联合国教科文组织的“人与生物圈计划”（MAB），是生态城市规划的五项原则之一②。生态基础设施本质上是城市的可持续发展所依赖的自然系统，是城市及其居民能持续地获得自然服务的基础，这些生态服务包括提供新鲜空气、食物、体育、游憩、安全庇护以及审美和教育等（刘海龙等，2005），各类生态敏感区和农田、森林、生态游憩区、文化遗产等都是 EI 的重要组成。

不同地区的学者从生物和环境资源的保护与利用角度对 EI 进行了多方面探索（Ahern，1995），总体上，北美学者多关注乡野地区的自然保护区及国家公园的网络建设，而西欧学者主要关注在高度开发的土地上建设 EI 的现实意义，特别是如何削减城市化及农业发展对生态环境造成的负面影响（陈爽等，2003）。

美国学者多采用绿色基础设施的概念，与 EI 的概念趋于一致（刘海龙等，2005），表示连续的绿色空间网络，本质上是城市系统所依赖的生态基础部分（Schneekloth，2003）。马里兰州的绿图计划（Maryland’ s Green Print Program）（图 3.2）被认为是最好的 GI 规划，该项计划始于 2001 年，其首要目标是建立“保护最为重要的、相互联系的，对当地的乡土植物、野生动物的长久生存以及对以清洁的环境和丰富的自然资源为基础的产业发

① 资料来源：珠江三角洲城市化专题规划（2006）[R]. 广东省政府网站. http：//www. gd. gov. cn.

② 在联合国教科文组织 1984 年的报告中提出了生态城市规划的五项原则：生态保护战略；生态基础设施；居民生活标准；文化历史的保护；将自然引入城市，这五项原则奠定了后来生态城市理论发展的基础。

展具有至关重要作用的自然网络。”

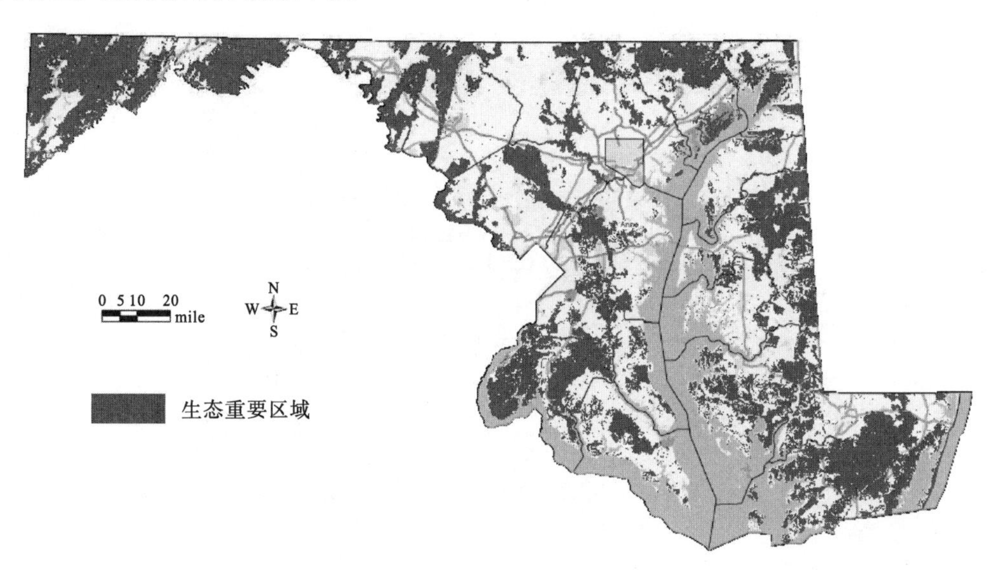

图 3.2　马里兰州的绿图计划①

注：1mile=1.609344km.

多尺度和多层次性是EI和GI的重要特征。欧洲国家已经接受了建立整个区域乃至大陆范围内生态网络的构想，在1995年提出了泛欧洲生物和景观多样性战略，并在各个国家具体执行。美国也逐步在州乃至更大的尺度上制定连续、系统的在GI网络。

EI和GI乃至于景观生态决定模式具有比其他模式更扎实的理论基础和分析技术手段，与其他模式可以兼容使用。但是这一套理论的基础是基于动植物生态的景观生态学，将城市和人类的位置完全放在从属地位，忽视了对城市本身政治、经济、社会发展规律的研究以及对城市居民生态环境需求的研究。此外，由于该模式的正确使用需要较多的生态专业知识、大量的基础资料分析工作，以及指标评价的主观性等问题，推广起来尚有许多障碍(闫水玉等，2008)。

2. 禁限建区规划

住房和城乡建设部(住建部)在2006年实施的《城市规划编制办法》中，要求中心城区“划定禁止建设区、限制建设区、适宜建设区和已经建设区”。由此可见，禁限建区是在城市总体规划阶段必须划定的特殊空间管制区域，应当从城乡区域层面从生态环境、自然资源、历史文化、公共安全、区域基础设施布局等方面协调考虑各类资源配置和引导分区开发，具有多方面的规划目标(李博，2008)。

我国学者从城市规划、土地规划和生态规划等不同角度提出了新的禁限建途径，至今形成的相关概念主要有：法定的城市禁限建区、城市四线(绿线、蓝线、紫线、黄线)、绿化隔离地区、生态控制线等。

---

① 资料来源：Maryland’s Green Print：State guidance for natural resource planning Applications[OL]. http：//acwi.gov/monitoring/conference/2012/K4/K4ConnV4.pdf.

2005年，北京在国内率先探索采用“规划支持系统”（planning support system，PSS）用以辅助开展类似规划。规划综合了大量数据信息，以16大类56个建设限制要素信息为基础，以140多个相关法规文件、规划成果为参考，对要素类别、空间分布、限制要求等属性进行综合分析。借助PSS，通过限建分级、限建要素叠加、限建单元处理等，最终划定六大建设限制分区，并提出相应的规划策略、法规依据、主管部门等规划导则，为快速城镇化时期的北京城市空间发展提供了合理的规划与决策依据（龙瀛等，2006）。

3.1.4 复合导向的规划范式

此类规划兼顾城市需求与自然供给，协调利用与保护的微妙平衡关系，实现“在保护中利用，在利用中保护”，推动绿色空间承载生态、游憩、文化等复合功能。

1. 城乡绿道规划

1990年，查理斯·莱托（Charles Little）在其经典著作《美国的绿道》（*Greenway for American*）中系统提出了绿道概念。该书把绿道分为五种类型：城市河流绿道、自然生态型绿道、游憩娱乐型绿道、景观和历史型绿道、综合功能型绿道。Fabos（1995）认为绿道可以分为三种主要类型：生态型、游憩型和历史文化价值型。从概念和类型不难看出，绿道强调“多用途相容”，“是人们为了多重目标而规划、设计的土地网络”（Ahern，1995）；其次，绿道强调是人与自然的协调，“一方面要有‘绿’，即要有自然景观；另一方面要有‘道’，即要满足人游憩活动的需要，并不要求为了保护自然而完全限制人的活动”（刘滨谊等，2007）。因此，绿道设计不强调对景观的改变和控制，而将主要视角放在环境敏感区、文化和视觉价值地段，大大降低了规划获取土地的难度和对城市建设的副作用。

另外，绿道特别重视空间结构的“连接度”，适用于从场地到区域的各种尺度，被认为是一种高效的、战略性的以最少的土地保护最多资源的方法（Jongman，2004），这为应对城市“人—地”冲突的状况提供了思路。

国内绿道规划与建设方兴未艾，各地都有很多成功实践，由于对沿线土地使用限制较少，对沿途城乡绿色生产生活带动效果显著，涉及范围全面、投资低等因素，深受城市政府和居民的欢迎。2010年开始，广东省开展了国内第一个跨区域的绿道网络建设，编制了《珠江三角洲绿道网总体规划纲要》，指导珠三角地区绿道的总体布局、主要功能、线路走向、建设规模和设施配套等。

2. 非建设用地规划

2000年开始，国内成都、无锡、杭州、苏州等地展开非建设用地规划研究。《城市用地分类与规划建设用地标准》（GB 50137—2011）中明确，市（县）域范围内建设用地与非建设用地共同构成城乡土地，非建设用地包括水域、农林用地以及其他非建设用地。邢忠等（2006）认为非建设用地是广义上的城镇环境区，是城镇开发空间用地系统的基本载体。

非建设用地规划的基本思路认为，采用控制城市建设用地的方法应对城市无序蔓延的收效甚微，可以采用“逆向思维”，把建设和非建设用地视作城市的“图”与“底”，通过控制非建设用地来控制一定时期内城市土地开发总量与质量，进而达到管理城市土地的目的（王琳，2005；陈眉舞等，2010；罗震东等，2008）。

黄光宇先生领衔的技术团队从 1996 年开始就以生态城市和城镇生态化理论探索为宗旨，以广州、无锡、成都、重庆云阳、南阳、宝鸡等城市为重点，开展了城市非建设用地规划试点，进行理论和应用实践相结合的探索，在国内领先建构出《基于土地资源与环境保护的城市非建设用地规划控制技术》[①]（图 3.3），凝练出 4 点关键技术与方法：①耦合城市建设用地与非建设用地的规划控制技术；②以资源环境保护为导向的非建设用地分类空间布局规划技术；③城市非建设用地分级控制、分类保护的管理控制技术；④基于生态产业的“城市村庄”建设，城乡统筹发展的新模式。这些技术与方法为指导国内城市非建设用地生态服务功能的建设、非建设用地空间形态的构建、非建设用地的良性维持，以及生态产业支持下的城乡空间耦合发展提供了重要的技术支撑与实践指导。

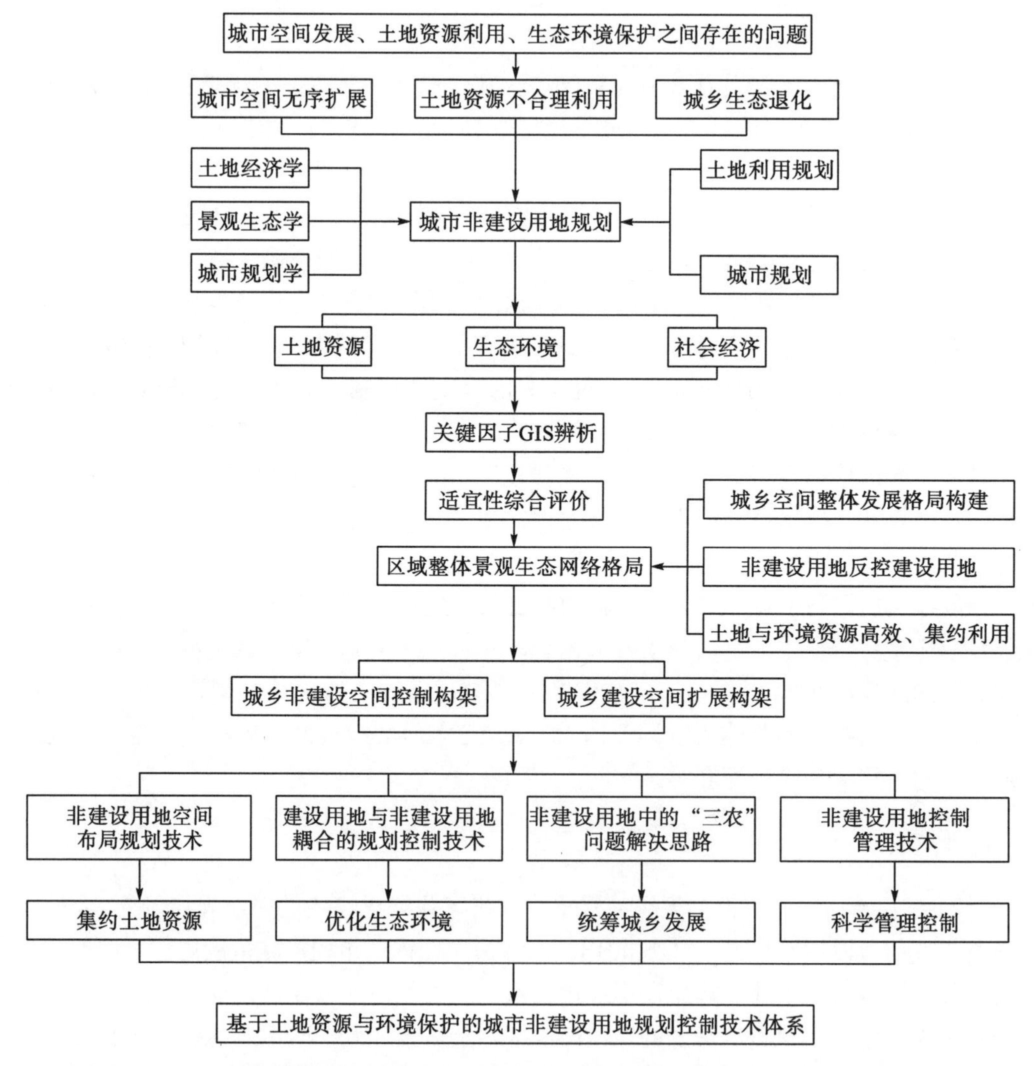

图 3.3　基于土地资源与环境保护的城市非建设用地规划控制技术体系（黄光宇等，2005）

① 该成果获重庆市科技进步一等奖(2005)，主要完成人：黄光宇，邢忠等。

综合需求导向、供给导向和复合导向规划范式的发展历程，规划范式的转换都是在城市发展到一定阶段，面对城市规划建设中出现的新需求和新问题，城市规划研究和实践所采取的主动调试行动。尽管不同发展阶段下不同规划导向处于主导地位，但在总体目标和空间结构上却颇为相似，在逐步完善中都体现出适应多尺度、多层次、网络化、功能复合的特点，都被看作是供物种(包括人类)生存和迁徙的基本结构和决定土地使用方式的科学方法(Jongman et al.，2003)。这些规划范式采用的规划形态和相应的规划方法仍然以各种各样的方式被应用于不同的国家和地区。

3.2 绿色空间发展趋势分析

3.2.1 国外经验借鉴

不同规划范式都适应着当地的社会传统和城市背景，一些通用经验可以为国内城市绿色空间规划提供重要借鉴。

1.适应城市整体空间战略发展需求

绿色空间作为城市整体空间结构的重要部分，其规划必须与城市战略相适应，灵活调整规划目标，延展和丰富规划手段，将区域对城市的影响，城市相关的社会、经济、环境建设要求纳入统筹考虑范畴内，整合相关法律法规内容、各行政部门意图和相关利益主体意愿，配套相关的政治、法律、经济支持政策，以保障绿色空间规划与城市总体战略相一致。2002年5月，英国皇家城镇规划学会(RTPI)指出“绿带政策的根本原则是要把绿带作为一种整体性的空间战略规划工具，不应该仅仅被简单地当作一种保护绿色的工具，而是积极灵活地去面对城市战略发展需求”。

英国绿带政策紧随着城市不同时期发展重点进行调整。理查德·蒙托恩(Richard Munton)认为，绿带政策开始时最重要的目标是限制城市特定地区的扩张，同时通过外迁计划将部分人口和城市拓展引导至预期的地区；随着发展背景的变迁，政府、学者、地方规划师赋予了绿带不同目标，如提供市民开放空间、保障宜人环境、保护农业用地、在各郡之间、城市住区之间设立控制线等。而这些目标在不同时代被重视的程度是不同的，如，在20世纪60年代，限制城市用地扩张是最重要的目标，而在20世纪70年代，保障宜人环境得到了公众支持(杨小鹏，2010)。可见，城市发展战略影响着绿带政策目标，从而形成绿带具体规划建设手段，形成不同的规模与形态。

2.用地选择内在需要管理控制区域

划定绿色空间范围不是简单的技术工作，必须综合城市规模、发展阶段、城市社会经济条件、自然环境资源、基础设施需求、相关利益主体意愿(特别是绿色空间内利益者)，通过科学评价和审慎协商而确定。随意或主观圈画的绿色空间由于缺乏公众的集体共识而难以有效实施。

荷兰兰斯塔德地区包括50多个城镇，总人口超过700万，占全国总人口的45%，人口稠密。各城镇围绕内部约 400km² 的农业区环状布局，形成独特的城市群形态，该农业区被称为“绿心”。实际上，“绿心”的形成有着很强烈的自然原因即地形和水（图 3.4）。

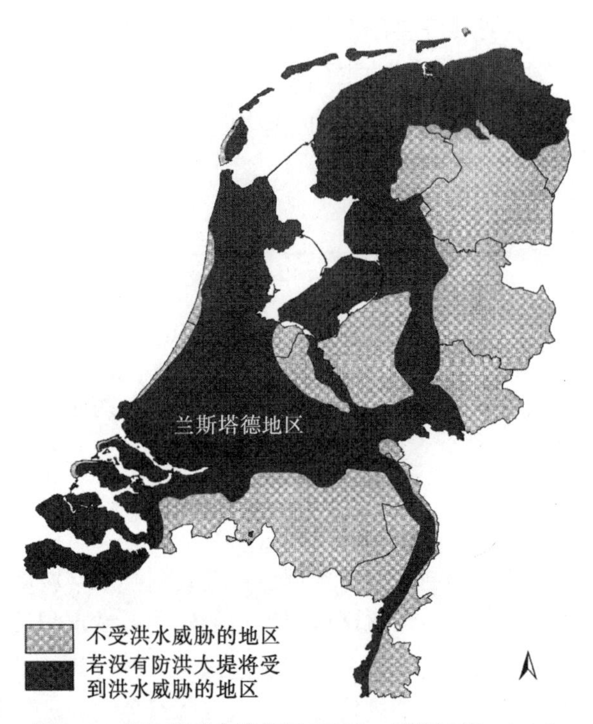

图 3.4　荷兰易受水淹地区(巴里·尼德汉姆，2014)

地形是荷兰的第一大问题。整个“绿心”属于荷兰低地区，最低位于海平面以下 6.74m。整个区域的泵水和泥炭土地质变化预计将持续 40 年左右，“绿心”海拔还会下降 40～60cm，下降幅度很大。城市开发与基础设施建设都只能环绕这些低洼地势开展建设，“绿心”由此得以保存(王晓俊等，2006)。其次，流经“绿心”的莱茵河、马斯河、斯海尔德河的洪水对沿线地区造成巨大影响。

从地形和水要素而言，周边城市建设区和小城镇继续向“绿心”蔓延无疑将是一个巨大而长期的冒险。因此，自然因素是促使兰斯塔德“绿心”形成和建设的最为直接、稳定的内在动力，为“绿心”的空间范围和规模框定了底线。另外，私有住宅的蔓延、城市群之间密集的高速路网和水利工程等国家基础设施穿越、干扰“绿心”景观生态功能等诸多问题，也促使政府将“绿心”保护上升为国家政策。

3. 兼顾“精明利用”和“精明保护”

绿色空间规划目标在城市不同阶段侧重点是不一样的，正如 Maruani 等(2007)所述，总体上不外乎两个：促进绿色空间“精明利用”和实现绿色空间“精明保护”（表 3.4）。

表 3.4 两类规划理念的比较（李博，2008，有修改）

理念模式	精明利用	精明保护
规划顺序	优先划定城市开发范围，边界之外作为城市的禁限建区	优先划定作为禁限建区的绿色空间用地，而不指定具体的建设用地
优点	促进城区紧凑开发，节省基础设施投资，控制城市蔓延，保护乡村土地资源	识别并保护最有价值的资源，具有环境、社会、经济多重利益，塑造可持续发展的城市形态
缺点	无法控制乡村低密度蔓延和解决城市拥挤与交通问题，难以准确划定边界	需要划定资源保护的底线，并明确缓冲区范围

一种规划工具制定只能针对特定的目标，要实现更多的目标就需要更多的工具相互配合。当前的规划实践已经趋向于把促进城市空间“精明利用”和实现绿色空间“精明保护”思想结合起来，共同阻止城市蔓延和保护土地资源(Benfield，2001)，因此，不同规划模式的交互运用可以实现这一目标(闫水玉等，2008)。如美国，传统上主要采取以农业和自然景观保护为主的政策，随着 1958 年的莱克星顿县规划中提出“城市增长边界”(UGB)概念，UGB 成为主动限制城市增长的策略而被广泛采用。UGB 总体上作为分区管制的依据，政府支持在 UGB 内高强度开发，在边界之外则严格限制，这将有助于保护开放空间与农田，保持乡村风貌。

欧洲部分国家传统上强调人为干预和保护相结合。从 20 世纪 60 年代开始，荷兰开展全国空间规划，2004 年编制完成第 5 次全国空间规划(并未批准实施)，与前 4 次规划不同，这一轮规划强调在必要控制的同时，实现保护和开发绿心并举(格特 · 德罗，2012)，其重要控制概念是“红线”和“绿线”：用“红线”划定城市建设范围，用“绿浅”划定“绿心”保护范围，“红线”和“绿线”范围之外的区域作为缓冲区域，共有 10 处(规模从 $3hm^2$ 到 $38700hm^2$ 不等)，承接开发压力并阻止城市之间粘连，允许进行部分有利于提高绿心潜力的开发活动。

4. 规划政策弹性与刚性结合

不同国家和地区实际情况差异较大，对绿色空间管理的动力及紧迫程度不一样，需要采取与特定时期的制度、社会、经济环境相适应的规划策略。

英国是最早完成城市化的国家，到 1911 年其城镇化率已经达到 78.1 %。20 世纪 40 年代，开始执行绿带政策时，英国已处于城镇化后期相对稳定状态，控制人们追求舒适生活而导致的城市郊区化蔓延，强调刚性控制。二战后，依托小汽车和高速公路，美国大量城市人口向郊区转移，由于没有严格规划控制，郊区建设用地呈蔓延式的膨胀，反思各种弊端后，美国同样重视对绿色空间的刚性控制。

绿色空间规划必须放弃保持“绿色”永远天然无损的理想。城市增长有不确定性，绿色空间为未来发展保留弹性也是必需的，“在城市与绿带之间规划预留用地满足长远发展需要”正是英国绿带划定的基本原则。绿带政策允许进行部分建设：与农业、林业、户外公共活动和娱乐活动等相关的设施建设；现存居住区的限制性扩建、变更和置换；地方规划允许的当地经济住房的供给等，但限制条款苛刻。

绿带内的土地大部分是农业用地，随着近年来传统农业收入下降，绿带中农民迫切需要多样化经营(如旅馆、商店、旅游等)以获得更多的收入，但苛刻的限制使这些要求不能得到满足。因此，一些学者提出采取更加灵活、动态的方式来实施绿带政策，例如，“战略空隙、农业缓冲区和绿楔政策(Strategic Gap，Rural Buffers and Green Wedges)”，这原本是在农村城镇周边实行的一种绿地模式，其主要区别在于地方政府可以自行修改相关绿地规划，以及时满足城镇建设需要，保证政策的弹性(贾俊等，2005)。

1960年，兰斯塔德“绿心”政策开始提上议程的时候，荷兰城镇化率为59.75%，仍处于快速发展时期。此时的“绿心”政策需要引导和疏解周边城镇强烈的空间扩张欲望，为新增居民提供充足就业岗位与舒适生活条件。然而，在20世纪60～90年代的快速城镇化期间，“绿心”政策将“保持绿色”作为唯一原则，实施效果不佳，“绿心”受到侵蚀，“绿心”内人口持续增长(吴之凌，2015)。1990年开始，在严格控制商业及居住发展的同时，政府鼓励在“绿心”内积极发展旅游、休闲等服务业，允许有条件地建设具有区域重要性或高经济效益的政府项目(王晓俊等，2006)。由此可见，绿色空间规划政策的刚性与弹性直接影响到规划实施的成效。

3.2.2　国内实践思考

尽管较早时候国内已经具有绿色空间规划意识，但近10来年随着城市问题日益突出和城市发展转型，相关系统研究才逐步开展起来。目前，国内相关研究还集中在认识层面上，如概念、功能、层次、结构、要素等的划分，以及一些国外的经验的介绍(张虹鸥等，2007)；实践运用在城市规划、景观生态、园林绿化等方面展开，宏观层次的结构框架和微观层次的环境设计占了大多数，中观层次的规划控制尚待加强(叶林等，2014)。总体上，国内研究还处于起步探索期，实施结果不尽如人意。早在1958年总体规划中，北京就提出在中心城区与边缘集团之间建设绿化隔离带，然而由于各种原因，原规划面积350km^{2}的绿化隔离带在《北京市绿化隔离地区绿地总体规划》(2000)中已经缩减为241.37km^2，中心城区与边缘集团的隔离已经不太明显，并有继续粘连之势。

实施效果不尽如人意的原因存在于城市规划“编制—审批—实施—管理”各环节，第2.3节已有涉及，此处重点讨论规划范式的问题。

1. 偏重单一目标难以适应复合需求

绿色空间承载着生态、生产、生活的复合目标，这些目标相互关联，在城市不同发展阶段的侧重点不尽相同：特大城市需要控制城市规模，中等城市需要合理拓展，小城市更关注农地与游憩地的结合等。城市规划是政府对市场行为进行约束与引导的公共政策，应该明确主要目标，但绝不是唯一目标，避免在实施过程中“一条腿走路”。

当前，往往单纯强调绿色空间生态保护。在自上而下的行政管理体制和土地公有制度下，规划技术上更多采取的是生硬的“一刀切”式的被动保护措施(如划定建设用地边界)，这些措施忽视了绿色空间复合功能，也漠视了相邻建设空间享用绿色空间外部价值的权力，往往难以适应当前城镇化过程中边缘区的灵活管理要求，势必使得规划走向“为保护而保护”的死胡同，难以在实践中真正推行。

《成都市非建设用地规划》(2004)是全国首个非建设用地规划，然而规划编制后却未实施，究其原因是仅从生态保护角度出发进行的规划方案无法真正解决当前保护与发展之间的尖锐矛盾，规划成果依然过于理想。尤其是在划为非建设用地的空间内部，实际上存在着大量的建设活动(如村庄等)，如不能正确对待、处理这些建设空间，非建设用地的保护基本无法实施(罗震东等，2007)。

2.缺乏全面和缜密的技术分析

绿色空间规划内在问题十分复杂。首先，问题来自绿色空间的社会、经济和环境属性，全面地分析它们之间的关系能够有效辨识问题出处、抓住规划焦点，当前规划偏重于相对确定的自然环境和空间形态问题，对城市社会、经济、政策、人口、基础设施等不确定问题较为忽视，而对后者的解答才是绿色空间规划动态适应城市空间战略发展需求的关键。城市化尚未达到稳定阶段，单从生态角度考虑是无法做出准确、合理的判断的(罗震东等，2007)。

其次，缺乏针对绿色空间复杂性和特殊性的分析技术，当前大多数分析评价技术都是围绕建设用地进行的。而城市绿色空间最基本的属性是自然生态和景观属性，而非建设属性。造成哪些用地和资源具有保护价值、控制范围需要多大、可利用的土地上的建设强度多大、如何引导等问题没有从技术上根本解决，规划的科学性难以支撑，不具备充分的说服力。例如，2005 年深圳在全国率先划定了“基本生态控制线”，但实施过程中一直饱受生态线的科学性与合理性质疑(盛鸣，2010)。

3.“宏中微观”规划意图缺乏连续

通常的规划研究与实践聚焦于城市建设空间，绿色空间没有获得与城乡建设用地同等重要的地位，规划政策没有贯穿于“宏观－中观－微观”各个尺度，这是绿色空间规划实施失效的一个重要原因。宏观层面应突出绿色空间与城市发展战略和城市结构框架的结合，中观层面应强调绿色空间的用地布局和功能组织，而微观层面应细化规划控制措施。

在既有“市域城镇体系规划－中心城区总体规划－详细规划”法定规划体系中，绿色空间未被具体讨论，仅停留在总体规划阶段。但总体规划也只是原则性提出划定“四区”、城乡水源地、河流水体、重要林地农田、各类风景区等的控制范围和保护原则，可操作的限制和约束规定则需要下一层次法定规划——控制性详细规划予以落实(叶林等，2014)。由于管理部门没有在建设区外编制控规的动力和义务，绿色空间的规划管理依据实则模糊，因此，以建设用地控制为主的控规对绿色空间的管理几乎是空缺的，上层次规划提出的各项措施实则无从落实(朱查松等，2008)。英国绿带政策中，管理意图贯穿于整个规划体系(国家政策—区域规划—结构规划—地方规划)，被逐级细化和层层落实，保证了政策的顺利贯彻(杨小鹏，2010)。目前，深圳、武汉、重庆等已经认识到这个问题，尝试编制了控规对绿色空间细化控制。

4.缺乏适用的规划利用分类标准

《城市用地分类与规划建设用地标准》(2010)中，将市(县)域范围内所有土地分类划为城乡用地和城市建设用地两个层次，在用地范围上与国土部门的土地利用总体规划进行了衔接，落实了城乡用地的统筹考虑。但该标准仍有不足之处，首先，将绿色空间在地域上分割为建设区和非建设区，割裂了绿色空间的生态系统性和区域整体性，不利于绿色空间的统一建设；其次，尽管采用了“非建设用地”这个名词，但具体内容缺乏新意，语焉不详，如水域、耕地、园地、林地、草地、沼泽地、沙地、裸地等分类仍然延续了1991版标准和国土部门《全国土地分类》的类别，只强调了土地使用的单一功能(耕地、园地、林地等)或土地自身的物理表象(水域、草地、沼泽地、沙地、裸地等)，而忽视生态、景观等复合功能，同时，一些极为重要的国家战略性自然资源密集区域，如风景名胜区、地质公园、水源涵养区、自然保护区等在新标准中难觅踪迹，集体缺位。

目前，许多城市已经开展一系列对“两规合一”的实践工作，其中，一项重要内容就是研讨“两规”之间实现用地分类和规划技术手段的协调。为了在“两规”阶段统一规划控制技术手段、协调各部门的管理政策，切实保护城市绿色空间，笔者认为，应参照各地实践经验及时建立统一的绿色空间分类标准。

5. 缺乏适应环境约束的要素控制体系

要素控制体系的目的在于凝练规划控制指向、促进规划意图在实施管理中得到贯彻，使规划管理日常化和条理化。与城市建设用地较为完备的规划控制要素体系(如容量控制、用地控制、开发控制等)不同，城市绿色空间要素控制体系严重匮乏：城市总体规划只能粗略划定绿色空间的结构，而城市详细规划(特别是控规)基本上忽略了绿色空间的存在。杭州、成都、无锡等城市非建设用地规划实施效果不尽理想，其中一个原因就在于缺乏适宜的要素指标来落实容量、用途、边界等控制要素(陈眉舞等，2010)。特别在受到自然、景观、人文、灾害及建设环境约束的关键控制区，需要从定量、定形、定性、定位、指标和关联边缘效应控制等方面开展适应性研究。

3.2.3 绿色空间发展趋势

由于不同国家、地区城市发展状态和绿色空间的特征存在差异，西方规划范式能否适应我国绿色空间范围内土地、人口、经济高度融合的特征(详见3.2.1节的麦吉城乡融合区思想)还需进一步验证。Yokohari等(2000)以泰国曼谷、日本东京、韩国首尔为例指出，西方绿色空间规划范式在亚洲城市并非最佳途径，并且实践大都不成功，但经验已表明，片段化、隔离、被动限制的规划手段正逐步向整体化、融合、积极引导方向转化，这是必然趋势。

借鉴国际经验，结合国内城镇化发展阶段和城镇化建设要求，作者认为，国内城市绿色空间现在和未来发展必然具备如下趋势：

(1)城乡一体化。

城市的可持续发展越来越依赖并寻求区域(特别是广大乡村地区)的支撑，“工业反哺农业、城市支持农村”是未来新型城镇化的必然途径，以生态环境为支撑，以绿色产业为重心的区域统筹视野是城乡规划编制的必然要求。城市绿色空间规划应强化区域空间资源配置职能，在整个城市区域或更大范围建立城乡互动、城乡融合的绿色资源供给系统，实现城乡社会、经济、环境和土地空间发展的有机结合。

（2）全域生态化。

“将生态文明理念全面融入城市发展，构建绿色生产方式、生活方式和消费模式”①，建设生态城市已然成为城市发展的趋势，包含了自然生态化、社会生态化、经济生态化、环境生态化、基础设施生态化等内容。绿色空间是城市以生态环境为基底的综合服务功能区，实现生态化的基本策略包括：生态保护战略（包括自然保护，动、植物区系及资源保护和污染防治）；生态基础设施（自然景观和腹地对城市的持久支持能力）；居民的生活标准；文化历史的保护；将自然融入城市等（联合国 MAB 报告，1984）。

（3）功能复合化。

绿色空间的自然、社会、经济多维属性必然反馈为多样而丰富的功能，承载和发挥着千年生态系统评估（MA）工作组指出的产品提供功能、调节功能、文化功能和支持功能，可概括为“生态－生产－生活”复核功能。这些功能既与城市区域的宏观发展问题密切相关，也与每位相关利益者的个体利益相关。它们在空间上相互交织、融合，相互关联，不可截然分开。

（4）格局网络化。

绿色空间的布局形态受到自然与非自然力综合作用而形成众多网络：①生态网，依托“山水林田湖”生命共同体，以及道路、绿篱形成“绿带”“绿道”等网状结构，或围绕大片农田、郊野公园形成“绿心”和“绿指”；②产业网，叠合环城游憩产业和农业圈层结构，绿色空间综合呈现出“网络＋圈层”的格局，游憩上则可提高各个公园绿地可达性，形成人行活动游憩的绿色网络，使各方面效益得到更好的协调。③生活网，既包括城乡人口交流带来的机动交通流和非机动交通流，也包括人口迁移带来的生活用地的空间重组织。

（5）空间产业化。

国内外建设经验证明，无论是基于保护还是发展目标的“一刀切”的规划控制措施都不利于边缘区绿色空间规划建设和持续管理②。为了吸引政府、投资人、村民、集体组织等相关利益人主动参与绿色空间建设与维护，在保护关键生态与景观资源等禁止建设空间的前提下，重视一般限制建设空间的经济回报，将一定比例的经济利益反馈给相关利益人。其中，产业化是一条重要的途径，包括农业产业化和游憩服务业产业化，特别是在最严格保护耕地、土地流转、城乡土地增减挂钩等土地政策背景下，城市边缘区农业用途土地资源的规模化整合具有巨大的潜力，转变传统的小农生产方式将极大推动城郊农业与游憩服务业的产业化升级。

（6）技术地域化。

不同区域城市所处自然环境的多样性与复杂性客观上要求必须采取适应性规划方法和技术手段，既尊重自然环境的生态过程，又统筹兼顾社会经济发展需要，在地域资源调查和规划指标确定等定量分析方面运用 3S 信息技术厘清现状、明确规划指标，在空间结构、

---

① 2014 年 3 月 16 日，新华社发布的《国家新型城镇化规划》（2014—2020）第十八章第一节。

② 英国区域研究联合会于 1989 年出版了一本名为《超越绿化带：管理 21 世纪的城市增长》的报告，对城市绿化带政策进行了批判和反思，认为环城绿化带限制了一些地区的经济发展，因为绿化带主要是一种自然规划政策，脱离了经济发展的实际情况；城市绿化带影响了城市的经济效率，增加了城市发展的经济成本。

产业布局等定性分析方面运用多学科理论统筹安排，实现多种效益的综合平衡。

(7)多系统协调。

绿色空间规划的主体是一个复杂系统，由生态环境、经济产业、休闲游憩、居住生活、社会文化、基础设施等系统组成，每个子系统都有自身的发展规律，它们对用地、空间组织和建设都有相应的要求。规划必须在“编制—审批—实施—管理—反馈”的全过程保证各个子系统对空间配置要求的最大化满足，同时发挥综合协调作用，避免各子系统在有限的空间上的矛盾和冲突，保障各子系统和整体系统的连续性和完整性。

3.3 生态整体规划应对思路

当现有的规划范式不能恰当地解释新问题的时候，科学的思考方法将发生周期性的改变，形成一种新范式以解决现有问题，即范式的转换(paradigm shift)。新范式取代旧范式，如此循环往复，构成规划学科的变革和进步的过程。

针对国内规划实践存在的问题，为了顺应绿色空间发展趋势，理性应对“生态－生产－生活”问题，需要有一种共同的规划范式。这种范式必须能够超越不同认识的隔离，将各类可用思路整合起来，能够协助规划师进行系统的分析，进而做出因地制宜的决策和规划方案，并具有现实可操作性。

作者整合既有绿色空间规划范式，借鉴城乡融合规划思想、城市复合生态系统理论和规划不确定性理论，融合城市规划生态化方法、四维整体规划方法和不确定性规划方法，尝试提出了“生态整体规划”的应对思路。

3.3.1 生态整体规划的认识论基础

1. 城乡融合规划思想

受欧文(R. Owen)、傅里叶(C. Fourir)等空想社会主义的影响，马克思、恩格斯在西方城乡矛盾最为激化的时期较早提出了“城乡融合”的概念，认为城乡融合就是把城市和乡村生活方式的优点结合起来，以避免二者的片面性和缺点(曾长秋等，2013)；指出人与自然的和谐，是实现城乡融合的最终归宿。

随后，霍华德的田园城市(garden cities)、刘易斯·芒福德的城乡整体规划思想、亨利·赖特的区域统一体(regional entities)、斯泰因的区域城市(regional cities)、T. G. 麦基的城乡融合区(desakota)、岸根卓郎的城乡融合设计等都对城乡融合概念做出了解析。

1)芒福德的区域整体规划思想

芒福德通常把城市赖以生存的环境称为区域。他认为，区域作为一个独立的地理单元是既定的，而作为一个独立文化单元则部分是人类深思熟虑的愿望和意图的体现。因而，他所指的区域也可称为人文区域(human region)，它是地理要素、经济要素和文化要素的综合体，与出于政府或经济开发的局部利益而任意划定的地区(如行政区，作者注)大相径庭(金经元，2009)。

区域观是芒福德最重要的贡献之一，他视城市与区域为一个有机整体。他认为区域是一个整体，而城市是它其中的一部分，所以真正成功的城市规划必须是区域规划；区域规划的第一不同要素需要包括城市、村庄及永久农业地区，作为区域综合体的组成部分，主张城市与乡村的结合，人工环境与自然环境的结合(吴良镛，1996a)。芒福德要求地域化、差异化的开展城乡区域开发，同等对待大地的每一个角落并不意味着要用同一种手法对待每一种用地，而是要按照用地的特点区别对待，因为每一个地方都有它自身的合理容量和合理形象，因而也应该有各自的选择性控制(金经元，2009)。

针对城市居民的户外休闲活动，芒福德指出，要使整个区域的绝大部分都处于自然生长和适用的文化状态向大部分人口开放，这将足以适应我们新型的休憩需要，要使整个区域的风景都变成供人们周末休憩的风景公园。针对郊区农业，芒福德认为，在每一个不断增长的城市中心周围和边远地区，公众最重要的任务是保护永久的户外空间可以继续用于农业、园艺栽培以及有关的乡村工业，建立这些地区必须使相邻的城市不至于连在一起(金经元，2009)。

在他的影响下，霍华德通过“田园城市”结构模式来统一城市与乡村，田园城市的重要意义不在于有农田和绿地，与别的模式全然不同之处在于，它通过一个组合体对错综复杂情况加以合理而有序的处理，以建立平衡和自治，维持内聚力、保持和谐(黄光宇，1996)。

2)麦吉的城乡融合区思想

20 世纪 80 年代中期，加拿大学者麦吉(T. G. Mcgee)研究发现，亚洲部分国家城乡之间存在一种 Desakota(国内学者也将其翻译为城乡融合区、灰色区域等)的地域结构(图 3.5)。Desakota 是一种以区域为基础的城市化现象，与西方社会历史经验中的城市和乡村相比存在着明显的差别(王羽强，2012)，其主要特征是高强度、高频率的城乡之间的相互作用，混合的农业和非农业活动，淡化了城乡差别。具体表现为：①相当密集的人口、分散的农户经营方式和季节性传统农业生产方式；②Desakota 区域是由原中心城市的工业向外扩散和乡村地区非农产业的发展而逐步形成的；③Desakota 区域内农业、副业、工业、住宅及其他各种土地利用方式的交错布局，混杂特征极为突出；④密集的交通网使其与周围地区的联系极为方便，人员和货物具有很强的流动性和迁移性；⑤农业从狭义的水稻种植扩展到蔬菜、水果和家禽的种养殖业，服务业部门也相应地得到扩大；⑥这一地

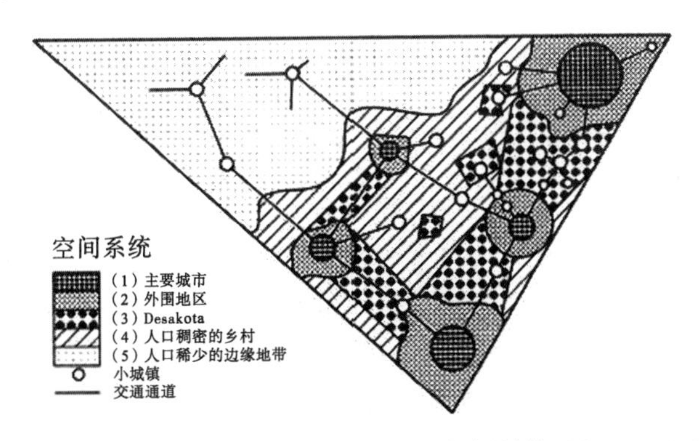

图 3.5　麦吉提出的亚洲国家 Desakota 空间结构(Mcgee，1991)

区管理上成为薄弱环节，非正式部门(informal sector)的普遍存在使 Desakota 成为一种“灰色区域”(史育龙，1998)。

麦吉将国内的四川盆地、长江三角洲地区归为 Desakota 区域，尽管这些地区的情况并不完全支持麦吉的研究，但他的思想仍给我们提供了几点极具价值的启示(史育龙，1998)：第一，麦吉着重于探讨城乡之间相互依赖、相互影响的双向交流引起的空间与社会、经济结构的变化(张沛等，2014)，这一点对于组织城乡经济活动、开展绿色空间建设具有重要的启示意义；第二，对城市边缘“灰色区域”的规划建设和管理工作要纳入规范化；第三，Desakota 区域的繁荣，并不是对农业粮食问题重要性的否定，相反，足够的粮食是至关重要的发展基础；第四，混合型的土地利用方式维持了 Desakota 区域经济繁荣，但必须控制经济活动对环境的影响强度，避免土地过度使用和环境污染带来的问题。

3)岸根卓郎的城乡融合设计思想

1985 年，日本学者岸根卓郎基于国土规划研究提出城乡融合设计思想。他以日本为例指出，以工业化程度指标衡量国家成就的结果是出现了“繁荣的工业，衰退的农业”的局面(顾孟潮，1991)，在农村地区表现更为明显。一是导致农村丧失了文化功能和生活功能，农村社会自身无力维持其生活环境，无力保存和继承地域文化；二是农村丧失了生产功能和经济功能，农村社会自身无力有效地利用地域资源(森林、水等天然资源和土地、劳动力等生产要素资源)，更不能将这些同合理的、有效的农林业生产结合起来；三是丧失了居住功能和生计功能，农村社会自身无力量更有效地发挥地域特性，并将地域特性创造地域居民就业机会紧密结合起来，而这些问题也正在我们国内继续发生着。

针对如此严重的后果，他认为 21 世纪的国土规划应集合城市和乡村优点。他提出的“新国土规划”试图超越城市、农村界限，是自然、空间、人工系统综合组成的三维“立体规划”，其目的在于建立“同自然交融的社会”，亦即“城乡融合社会”(图 3.6)。实现

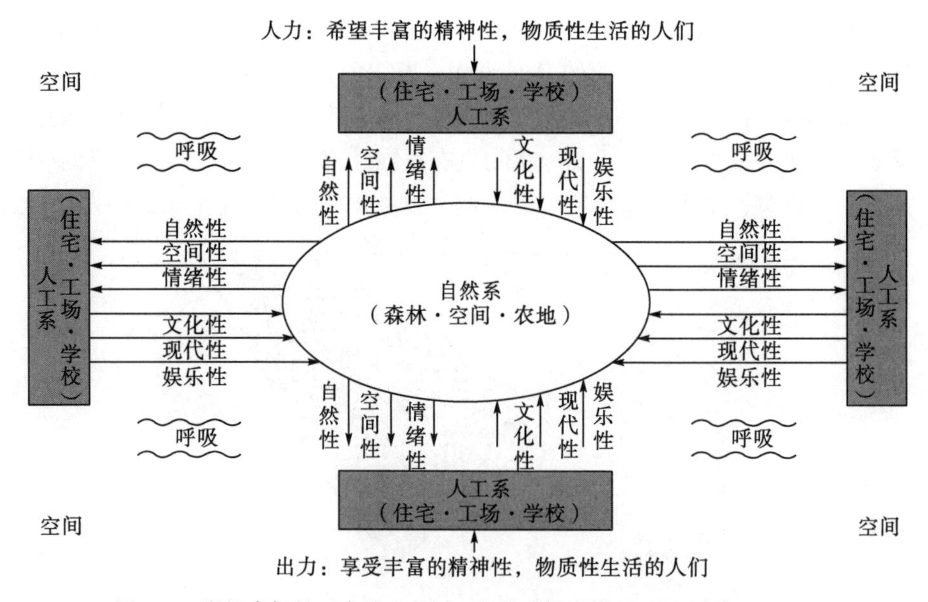

图 3.6　岸根卓郎的“自然-空间-人类系统”模型(岸根卓郎，1999)

这一目的的具体方法是“产、官、民一体化地域系统设计”，即将不合理、低效率、外公益利用的各种国土资源功能进行分类，再从国土规划的角度出发，以规模、效率、公益性实现最大化为目的，重新组合被分离的功能，发展经济、公益价值的同时，协调扩大再生产的社会系统。

岸根卓郎所构想的国土计划理想状态必须是以自然系统产业的农林水产业为中心，在绿色葱郁的田园、山间地带和海滨，自然调和地配置校园、文化设施、先进的产业，并与民宅、自然、学术、文化、产业、生活浑然一体，完全融合的物心俱丰的复合社会系统(岸根卓郎，1999)。作者看来，岸根卓郎思想对本书的重要指导意义在于：基于城乡融合目标的设计过程要求超越条块管理的狭隘视野，兼顾资源的经济价值和公益价值，以取得环境与经济的调和；其次，从城市和乡村两个空间维度考虑地域环境系统，特别是城市与农村混杂区(城市边缘区)要重新谋求农业利用和城市利用的调和，向着自然、生产、生活的整个环境得以保护的目标发展。

2.城市复合生态系统理论

1984 年，马世骏和王如松提出了复合生态系统观点，认为它由社会、经济和自然三个系统组成，并且三个系统间具有互为因果的制约与互补关系。王如松随后针对城市，对复合生态系统进行了改进。他明确提出：城市是一个以人类行为为主导、自然生态系统为依托、生态过程所驱动的“社会-经济-自然”复合生态系统。城市可持续发展的关键是辨识与综合三个子系统在时间、空间、过程、结构和功能层面的耦合关系(图 3.7)。

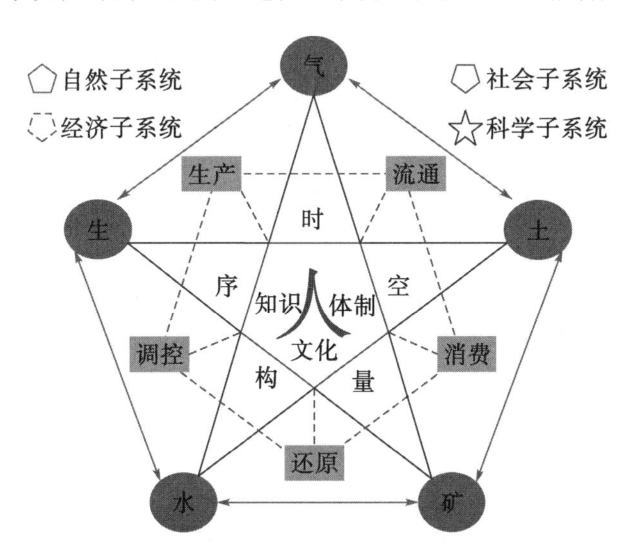

图 3.7　王如松的城市复合生态系统示意(王如松等，2012)

生产、生活和生态是城市复合生态系统的三大功能[①]。城市复合生态系统理论的核心

① 生产功能不仅包括物质和精神产品的生产，还包括人类本身的生产，不仅包括产品的生产，还包括废弃物的生产；生活(消费)功能不仅包括商品的消费和基础设施的占用，还包括无劳动价值的资源与环境消费、时间与空间的消费、信息以及作为社会属性的人的心灵和情感的耗费；生态功能，包括资源的持续供给能力、环境的持续容纳能力、自然的持续缓冲能力及人类社会的自组织与自调节活力。

在于“生态整合”（王如松等，2012），包括“结构整合：城乡各种自然生态因素、技术及物理因素和社会文化因素耦合体的等级性、异质性和多样性；过程整合：城乡物质代谢、能量转换、信息反馈、生态演替和社会经济过程的畅达、健康程度；功能整合：城市的生产、流通、消费、还原和调控功能的效率及和谐程度”。

王如松等(2012)认为，城市复合生态系统理论在城乡建设上的应用就是复合生态规划与管理。城市复合生态规划与管理的实质是人类生态关系的管理，其三大目标或支柱是生态安全(饮水、食物、空气、交通、住宿、防灾的安全)、循环经济(资源节约、环境友好、经济高效的生产、消费、流通、还原、调控活动)与和谐社会(社会公平、景观和谐、政治稳定、民心安定、文化传承)(王如松等，2014)(图 3.8)。其中，应对城市生态安全，需要从区域生态服务、产业格局和生态文明建设入手，改变传统经济增长方式和消费模式，调整产业结构和布局，强化生态服务功能建设，改进和完善城市生态基础设施、生态交通、生态代谢和生态健康技术。

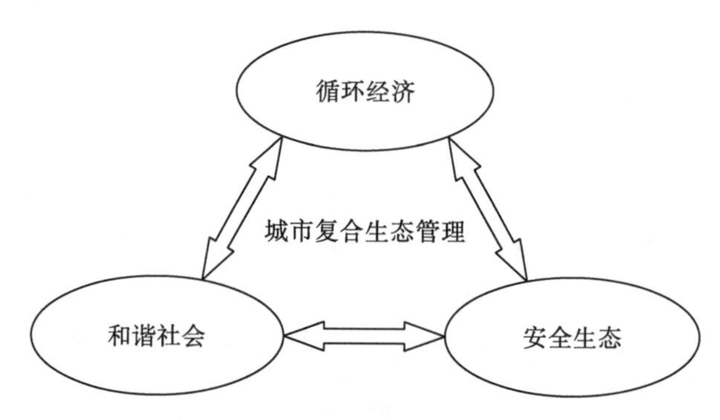

图 3.8　城市复合生态管理的三角支柱

3. 城市规划不确定性理论

1998 年在《确定性的终结》一书中，比利时科学家普利高津(I. llya Prigogine)首次明确提出不确定性思想。之所以会存在不确定性，一种可能是因为这一事物的运行本身就是随机的，没有规律可言；另一种可能是事物运行存在某种规律，但是人们对于事物运行的内在规律还没有完全掌握，无法对事物的发展做出准确可靠的预测；第三种是事物运行存在规律，但是人们对事物运行规律的认识存在着偏差。

城市复杂巨系统的开放性、复杂性、多样性决定了城市发展运行过程的难以预测性(赵珂等，2004)。城市规划是对未来的一种预期，一种期望结果的预先安排。规划的这一本质特性决定了规划是针对普遍的未来不确定性而展开的工作(孙施文，2007)。

John Friend(1969)认为，就城市规划本身而言，抛开科学技术和认知能力的限制，各利益主体和个人之间在规划过程中潜藏着三种不确定[①](图 3.9)：工作环境的不确定性、指导价值的不确定性和相关政策方案的不确定性。

① 工作环境的不确定性，即参与决策或规划的人员需要通过调查，测量，研究和预测获得更多的信息和资料；指导价值的不确定性，是城市规划中应考虑和执行的政策不明确；相关政策方案的不确定性，指的是来自不同决策者所制定的政策之间的协调问题．资料来源：于立. 城市规划的不确定性分析与规划效能理论[J]. 城市规划汇刊，2004(2)：37-42.

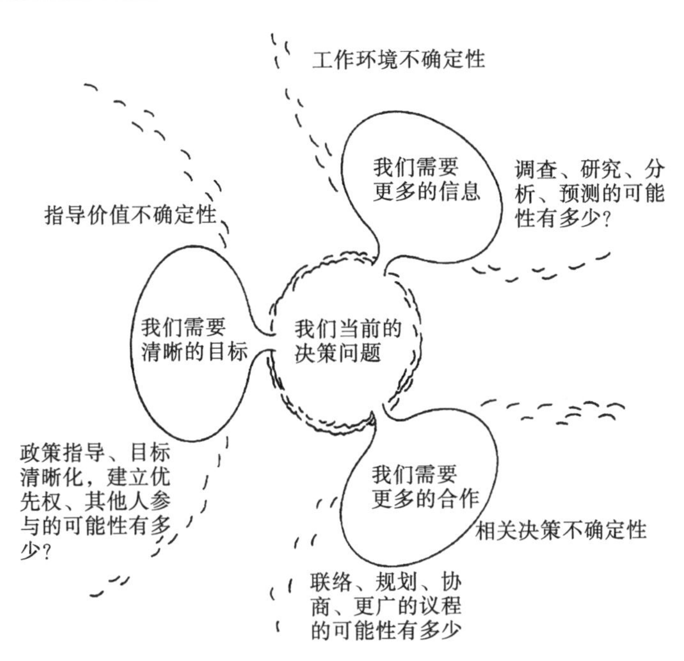

图 3.9 John Friend 对不确定性的分类(麦贤敏，2011)

就城市绿色空间而言，“城市边缘区”这一特殊区位造成了规划中的诸多不确定性，并在“山水林田湖”环境下将这些不确定性进一步放大。按照 John Friend 的分类，绿色空间规划的不确定性在“工作环境”和“指导价值”方面最具有特殊性。

工作环境不确定：由于绿色空间的复杂社会经济系统和复杂自然环境特征，城乡建设的各要素之间始终处于动态非平衡过程，城市各功能区向绿色空间拓展方向和拓展方式、村民聚集方式、生态网络构建、环境保护力度受区域社会经济发展条件、生态环境多样性和自然灾害频繁度的影响。

指导价值不确定：现阶段规划中，部分地方政府仍过度看重 GDP，但绿色空间“生态优先、宜居生活、绿色生产”的价值取向正逐步取得共识，“生产空间集约高效、生活空间宜居适度、生态空间山清水秀”总体指导能否真正落实到城市土地使用政策中还值得期待。

3.3.2 生态整体规划的方法论基础

1. 城市规划生态化方法——规划价值观的指导

生态学是研究生物与其环境之间的相互关系的科学，它将科学、人文和艺术综合为一个整体，将人与环境紧密联系在一起。20 世纪以来，生态学思想极大地提高了公众环境意识，人与环境的关系得到重新认识和反思，运用生态学思想推进各学科的研究是当代科学发展的重要趋势。沈清基(2000)指出，在全球环境危机背景下，现阶段的许多城市规划之所以缺乏深度、力度和生命力，甚至有一些规划设计造成了对城市生态系统的严重破坏以致生态灾难，其原因之一是缺乏生态学的理论指导。黄光宇(2006)也认为，城市规划与设计的生态化已成为城市规划学科发展的重要基础理论之一，必须改变一切不符合城市生态化原则的规划建设手段，推进可持续的生态化规划建设理论和技术的研究。

城市规划生态化(ecologization of urban planning)是指生态价值观及生态学理论方法在城市规划、开发、建设、管理以及城市规划理论等方面的广泛应用(沈清基，2000)。与传统的规划方法相比，城市规划生态化方法不仅强调了人类对可得性资源的利用，更强调了自然环境和自然资源的约束。从9个方面与传统规划方法进行对比(表3.5)可见，城市规划生态化方法要求改变传统城市规划的过程和方法。

表3.5 传统规划方法与生态化方法比较(黄光宇等，2002，有修改)

	传统规划方法	生态化方法
哲学观	主宰自然	与自然协调共生
规划价值观	掠夺自然(扩张型)	人一自然和谐(平衡型)
规划方法	物质形体规划	生态整体规划
规划内容	形体+经济(城市)	人+自然(城乡)
学科范畴	独立学科	交叉、融贯学科
规划程序	单向、静止	循环、动态
规划手段	手工、机械	智能计算机技术
规划管理	行政	法律
决策方式	封闭、行政干预	开放、社会参与

“城市规划生态化”有广义和狭义之分，本书取狭义的概念。

广义的城市规划生态化是指生态城市规划，是以建设生态城市为目标，对城市复合生态系统全面规划，综合考虑安排各项组成要素(包括自然生态化、社会生态化、经济生态化、环境生态化、基础设施生态化等)，从生态系统功能优化出发，制定整体系统以及系统各组分的目标。生态城市规划涵盖内容过于全面，需要多学科、多专业的协同合作，是十分复杂的规划过程。

狭义的城市规划生态化偏重于王如松所指的“生态安全”，以及城市自然生态化、环境生态化和基础设施生态化。这是在城市规划中融合生物生态学、景观生态学和环境生态学的基本原理和方法，生态系统的空间分布、结构、功能及演替规律，人类与自然环境的协调机制等，就自然资源利用的决策提出可能的机遇和约束。

以景观生态学与城市规划的融合过程为例，以麦克哈格于1969年出版的《设计结合自然》(*Design With Nature*)为标杆，分为3阶段。

(1)前麦克哈格时代：从19世纪后半叶开始，基于自然系统保育思想，查尔斯·埃利奥特、帕特里克·盖迪斯和沃伦·曼宁(Warren H. Manning)等景观规划师通过实践将自然系统的科学知识引入规划，在公园系统规划中尝试，促使城市规划逐步摆脱了由主观意识描述指导设计实践的局限，转而形成了更加科学的、有既定步骤和流程的操作方法与原则。但早期的规划仍然偏重于感性的判断，缺乏系统的理性分析。

(2)麦克哈格时代：20世纪60年代，随着环境问题的加剧，融合生物生态学原理，劳伦斯·哈普林(Lawrence Halprin)、乔治·希尔(George Augus Hill)、菲利普·列维斯(Philip Lewis)、伊恩·麦克哈格等逐步建立起在系统分析基础上的生态规划方法，提出环境限制规划理论和土地适宜性评价体系(图 3.10)，完善了地图叠加技术，使场地现状的调查与分析得以进一步量化，从而为城市规划提供科学合理的参考依据。这一时期的规划强调对数据的全面收集、系统分析，对问题的准确判断和对最优解决方案的追求，强调系统的、理性的规划过程，对城市规划学科的影响一直延续至今。

自然过程观察与描述
生态因子勘测与调查
生态因素分析与综合
生态规划结果的表达
自上而下
垂直流动
单一目标
线性结论
调整、优化、适应、健康

图 3.10　麦克哈格生态规划框架
(于冰沁，2012)

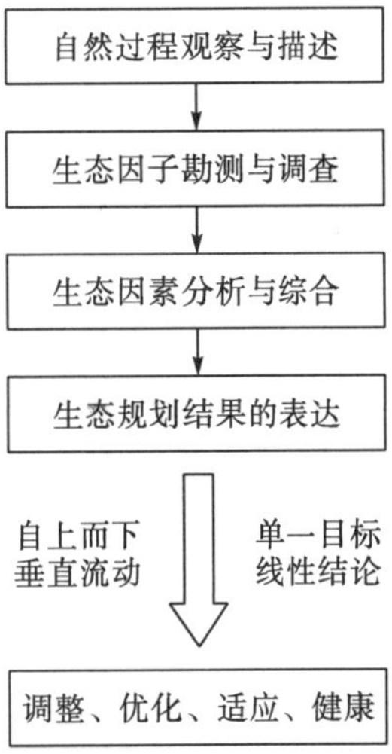

(3)后麦克哈格时代：20 世纪 80 年代后引入景观生态学，卡尔·斯坦尼兹(Carl Steinitz)、弗兰德里克·斯坦纳(Frederick Steiner)、理查德·福尔曼(Richard T. T. Forman)等分别从不同的角度更新并发展了规划方法，使其由单一的生态因子决定模式转向多方面利益与因素综合的决策过程，也突破了地图叠加技术的机械性和局限性，使生态思想在城市规划中由科学量化的基础向综合化、多解化、多元化的发散性方向发展。

理查德·福曼被称为景观生态学之父。在 1995 年出版的著作《土地镶嵌——景观与区域生态学》中，系统地总结和归纳了景观格局的优化方法，并强调景观空间格局对过程的控制和影响，克服了地图叠加技术限于垂直过程而缺乏对水平过程的关注的局限。景观生态规划模式是继麦克哈格之后，又一次使城市规划方法论在生态规划方向上发生了质的飞跃(俞孔坚等，1997)。

土地嵌合体(land mosaics)是景观生态规划模式中核心的概念。景观生态学把整个“城市-区域”视为一个土地嵌合体，用斑块、廊道、基质三种空间元素来描述在区域及景观尺度里空间模式的过程与变迁。“斑块-廊道-基质模式”(图 3.11)为规划操作提供了一种通俗、简明和可操作的“空间语言”(俞孔坚等，1997)。

自然植被斑块
基质
踏脚石
自然植被廊道
河道
植被覆盖的河流廊道

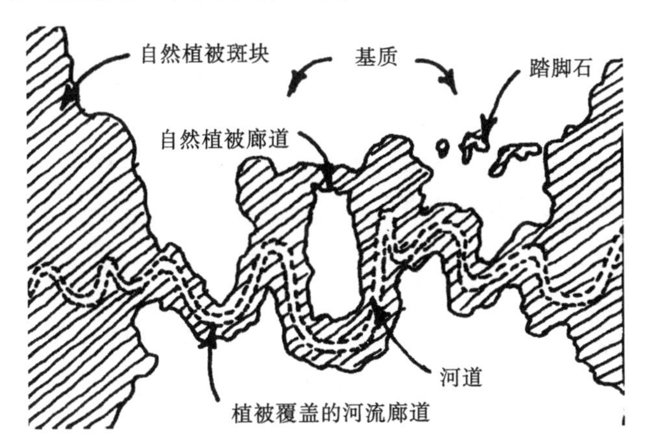

图 3.11　斑块-廊道-基质模式(德拉姆施塔德，2010)

根据景观生态学的一般原理，福曼提出了一个城乡土地规划中协调保护与开发矛盾的“空间解决途径”，即优化景观生态格局，包括“不可替代格局”(indispensable pattern)、“聚集间有离析的格局”(aggregate-with-outliers pattern，AWO)及“战略点”(strategic points)等优化手段。

按照福曼的理论，对于优化景观格局有四种土地使用模式不可或缺(杨沛儒，2010)：

(1)对少数超大尺度生态斑块的重点保护；
(2)边界空间的保护与恢复；
(3)足够宽度的廊道，以廊道或踏脚石系统增进大型斑块之间的连接性；
(4)通过提高各斑块的边界长度，形成一个细致纹理的多样化地区。

2. 四维整体规划方法——规划系统观的指导

整体规划方法由波兰科学院院士彼得·萨伦巴(Piotr Zaremba)教授提出。是针对传统规划视野局限在城市边界范围内、规划工作时间冗长、追求最优方案而非最合适(最满意)方案、规划缺少机动性和弹性等问题而提出的。他提出将规划中的空间、功能、时间、地域和部门以及有关的一切因素结合成一个整体系统来考虑。包括四个方面的结合(图 3.12)。

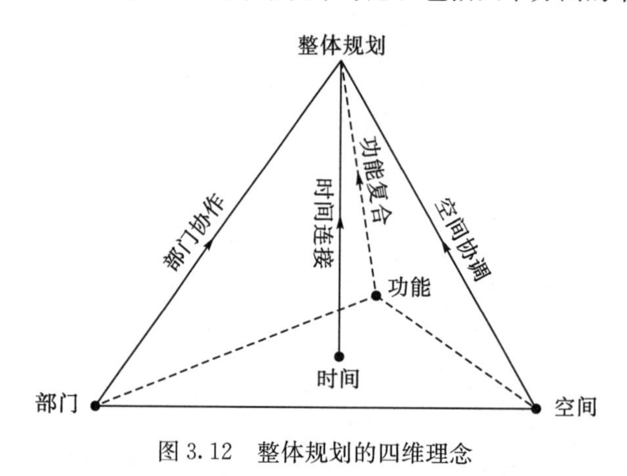

图 3.12　整体规划的四维理念

1)空间维度上的结合

城市、区域，乃至国家不同地域空间层次的结合。即要求城市规划不能局限在城市边界范围内进行，而应将工作在空间上的外延扩大，要求城市的规划在区域规划的指导下进行；从保护生态环境的角度及人类未来对游憩的要求出发，将城乡土地及绿色空间加以统筹安排，以保持经济和城市不断更新发展的需要。空间协调是这一结合过程的核心。

2)时间纬度上的结合

包括规划阶段、规划时限、规划工作时间和同步性等规划的基本问题。各种城市规划均可以分为远景、长期和短期 3 个阶段，各阶段的目标、任务、内容、深度等必须很明确，层层递进，相互衔接，以确保长期目标和短期目标的结合。
连续规划是这一结合过程的核心。

3)功能上的结合

把物质环境规划和经济、社会等发展结合起来，形成一个整体的方案。本质上是与城市复合系统对“社会-经济-环境”系统协调共生思想一致的。功能复合是这一结合过程的核心。

4)部门和地域的结合

将相关职能部门的规划与地域空间的规划结合起来。每个部门都有各自的一套计划，这些计划必须在统一指导思想下协调起来，打破条块分割局面，并通过城市规划整合成为具体规划手段，运用到地域空间中。部门和地域公平是这一结合过程的核心。

整体规划方法对当前我国的城乡规划编制体系及编制过程具有重要指导意义，特别对城市绿色空间的复杂性问题提出了针对性解决思路，从空间协调、功能复合、动态管控和利益公平以及规划管理等角度整合了较为系统的方法思路。

3. 不确定性规划方法——规划新思维的指导

城市规划是一个包含“编制—实施—管理—反馈”的全过程。就规划编制过程而言，Christensen(1985)提出不确定性可能面对的四种情况(表3.6)：A、技术方法明确，目标一致；B、技术方法不明确，目标已达成一致；C、技术方法明确，目标不一致；D、技术方法不明确，目标不一致。需要注意的是，由于规划必须面对现实中的各种偶然性，A中一致的目标和明确的技术方法只是暂时的。

表3.6 规划编制中的不确定类型(赫磊等，2012)

不确定层次	第一层次	第二层次	第三层次	第四层次
未来可预测程度	未来足够明确	未来存在几种明确的可能	未来是分布在一定的范围之内	未来难以预测
不确定类型	A	B	C	D
特征	技术√ 目标√	技术？目标√	技术√ 目标？	技术？目标？
规划策略	常规方法	探索方法，试错反馈	谈判协商，达成共识	试错反馈与谈判协商结合
规划期限	近期	中远期	远景甚至更远	

情况A是属于第一层次的不确定性，采用已有的规划技术方法即可解决。因此，处理情况B，C，D的思路便是使其向A的方向发展(图3.13)，即通过谈判协商来聚焦目标，通过试错反馈来选择方法，这也是处理中远期规划不确定性的思路(赫磊等，2012)。

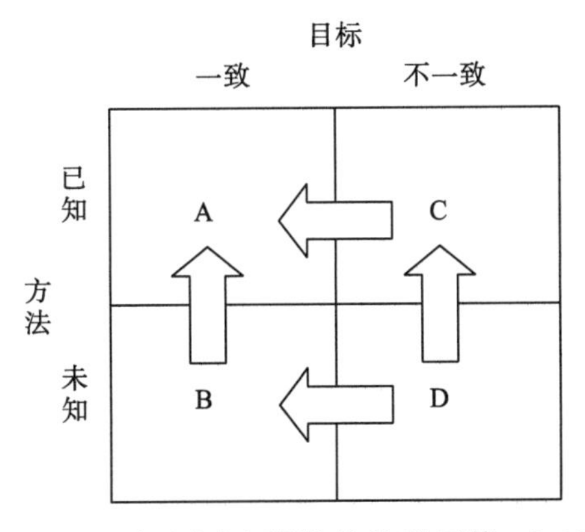

图3.13 对不确定问题的处理(赫磊等，2012)

另外，麦贤敏(2011)提出应对不确定性的三方面策略：增强认知能力、引导合理行动、协调各方价值(图 3.14)。

总之，应对不确定性的规划方法的核心是强调“变化、动态和弹性”的思想观(赵珂等，2004)。一方面，通过回顾历史中的重大、关键性的变化，把握不确定性因素，采取针对性策略；另一方面，采取渐进式连续性规划手段，分期动态适应不确定性因素，提供阶段性方案；再者，规划应为城市不确性保留充分的弹性空间，运用刚性与弹性结合的规划措施协调城市当前目标和长远目标。

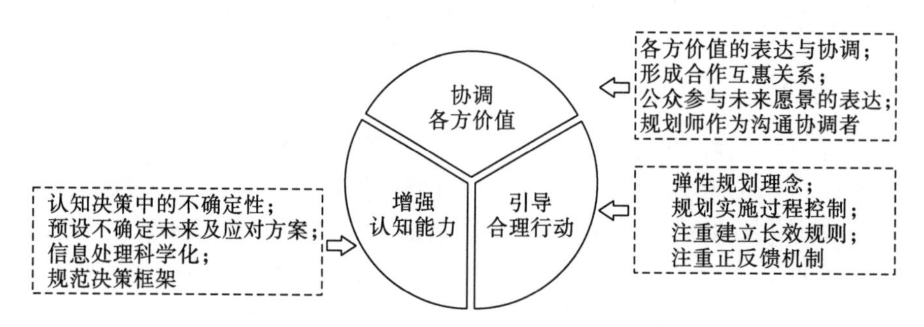

图 3.14　应对规划不确定性的决策方法(麦贤敏，2011)

3.3.3　生态整体规划思路的适应性

1. 黄光宇先生的生态整体规划理念

我国著名城市规划学者黄光宇开创性地提出了“生态整体规划理念”，在其 2002 年出版的著作——《生态城市理论与规划设计方法》中指出“生态整体规划设计是以社会-经济-自然复合系统为规划对象，以人-自然整体和谐的思想为基础，应用城市规划学、生态学、社会学、经济学等多学科知识和多种技术手段，去辨识、模拟、设计和调控生态城市中的各种生态关系及其结构功能，合理配置空间资源、社会文化资源，提出社会、经济、自然整体协调发展的时空结构及调控对策”(图 3.15)。

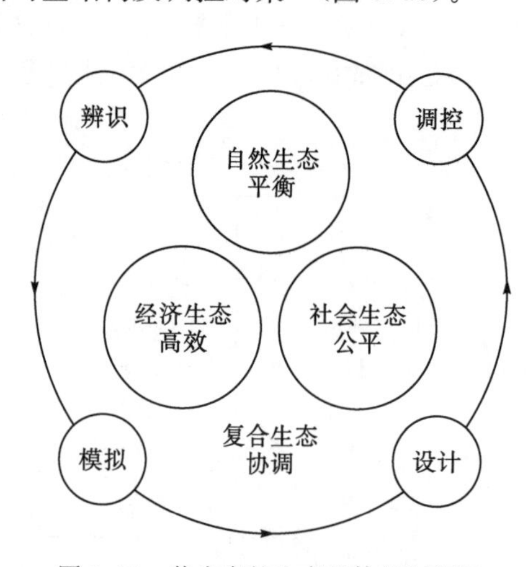

图 3.15　黄光宇的生态整体规划框架

生态整体规划理念遵循社会生态公平、经济生态高效、自然生态平衡，以及复合生态协调原则。复合生态协调是指协调社会、经济、自然三系统相互之间的冲突和矛盾，在三者间寻求平衡。这一原则是规划的难点和重点。

黄光宇(2002)指出，在实现人与自然公平、协调发展的过程中保障城市社会、经济、自然系统的发展，以取得最大的整体效益，这是生态整体规划的最高目标。他同时指出，生态整体规划不是简单的非此即彼的理性规划，是一个多目标、多价值决策的过程。一方面，是一个协调、解决矛盾的过程，要协调可能出现的各系统目标之间的矛盾；另一方面，生态整体规划也是一个创造的过程，通过一定时空下的整合而使多目标(价值)趋向于相对整体的平衡发展。

2. 生态整体规划理念运用于绿色空间的调适

黄光宇先生的方法重点从宏观层面探讨了生态价值观对传统规划目标的纠正、城市复合系统思想对规划内容综合性的影响，以及3S等新技术在规划方法中的运用。为应对当前绿色空间具体建设特征，该方法应聚焦于绿色空间“城乡一体化、全域生态化、格局网络化、空间产业化、技术地域化、多系统协调”的发展趋势，从如下几个方面进行调适。

1)获取“生态-生活-生产”整体效益的规划

黄光宇先生对该方法冠以“生态”作为前缀，但这个前缀并非限定词，而是形容词，强调该方法是对传统物质形体规划的超越。生态整体规划理念既不是以消极、被动地限制人类利益的方式保护生态环境(即环境中心主义)，也不是以人类利益为前提来开发自然环境(即人类中心主义)，而是在实现人与自然公平、协调城市复合生态系统各要素的过程中，整合“生态-生活-生产”空间的结构、过程和功能，通过“有效保护、持续利用和合理开发”以取得最大的整体效益，这是绿色空间规划的最高目标。

2)建设与非建设用地的全覆盖规划

城乡用地包含建设用地与非建设用地两大系统。绿色空间是相对于建设区而言，不能脱离建设用地孤立的讨论绿色空间。另外，绿色空间虽然在研究的广域层面是非建设用地的范畴，但也不排斥分散其中的建设用地。城市绿色空间规划首先应该满足一定区域内各类建设用地与非建设用地的协调演进，必然要涉及对水体、山林农田等与城镇建设用地、历史文化空间等的协作研究，关注绿色空间体系与环境发展的协作演进(姜允芳，2015)。

3)空间尺度上的递进规划

按照景观生态学观点，尺度(scale)反映景观的等级组织和复杂性，是自然界所固有的特征和规律。空间尺度和分辨率是表达尺度的常用概念，其中，尺度表示研究区域的大小或需要考虑的时间长短。尺度分为宏观、中观、微观，至少对应于三个规划分级：

第一级规划，战略规划(strategy plan)，是指导宏观区域尺度土地利用分布、类型的非常笼统的规划，划定土地利用政策区，也是中观和微观尺度规划的起点。

第二级规划，结构规划(structure plan)，是对中观尺度土地利用的考虑，不提供针对特定场地的描述，但会增加更加详细的、实体的意向。第一级规划和第二级规划偏向于政策考虑，一般在 20 年或更远的时间内指导用地管理。

第三级规划，详细规划(detailed plan)，是以结构规划为依据，对城市局部地区的土地利用所做的具体安排，细化用地类型、边界和诸多使用规则，应当满足近期或当前的要求。

4)时间尺度上的连续规划

1973 年，M. C. 布兰奇对城市规划所注重的终极状态进行了批判，提出连续规划理论，理论指出，成功的城市规划应当是统一地考虑总体的和具体的、战略的和战术的、长期的和短期的、操作的和设计的、现在的和终极状态的等等(孙施文，2007)。这与彼得·萨伦巴的时间持续性理念基本一致。

根据该理论，城市规划是连续行动所形成的，应该从现在向未来发展的过程中推导出来。在推导过程中，不是对所有的内容都以统一时间为界限，应当明确区分城市中的哪些因素需要长期的规划，哪些因素进行中期规划，哪些不需要去规划。如道路等基础设施和严格管控生态区应当规划至未来相当长的时间，因为这些因素具有全局性，十分稳定；某些特定地区的土地使用，如一般农田、游憩服务设施等，不需要规划太长时间，这类因素随市场变化相当迅速。

5)多学科跨部门的协作规划

绿色空间规划工作不只是技术问题，不能由单一学科背景的规划师来单独完成，需要多学科参与。在学科综合上，城乡规划学、建筑学、景观生态学、恢复生态学、经济学、社会学、农学、林学、水文学等与“生态-生产-生活”直接相关学科的理论和方法是最为重要的，因为这些学科的成果将直接作用于生态网络的组织、布局、恢复和重建。同时，单一部门难以完成如此繁杂的规划建设任务，需要国土、规划、农业、林业、水利、环保等部门通力协作。

6)弹性与刚性结合的引导规划

处理好弹性把控与刚性约束的关系。按照不确定性理论，绿色空间规划必须考虑城市边缘区发展的动态性，对自然、社会、经济发展进行预判，在此基础上形成绿色空间总体结构框架。这种框架应是弹性的，能够经受多数突发事件的冲击，保障基本底线；同时，应优先刚性保护重要资源，通过积极的空间管制政策和建设措施进行正向引导。

3.4 绿色空间规划框架体例

绿色空间规划框架体例包含规划的四个基本问题。

3.4.1　规划的三个空间层次

空间层次是规划的核心问题，是城乡规划的工作范畴在具体空间上的表现，一般包括宏观、中观和微观层次。城市绿色空间规划的空间层次包括城市规划区层次，在设有中心城区的城市，由于城市规划区与中心城区规模往往差异较大(如四川眉山城市规划区 855km^2，内含中心城区 248km^2)，针对问题和目标也不同，因此，需要增设中心城区层次。

另外，城市规划分为总体规划和详细规划，详细规划分为控制性详细规划和修建性详细规划，城市绿色空间规划为进一步落实空间管控和建设引导措施，在重要节点必须引入详细规划控制内容，反馈到空间层次上就是用地单元层次(图 3.16)。

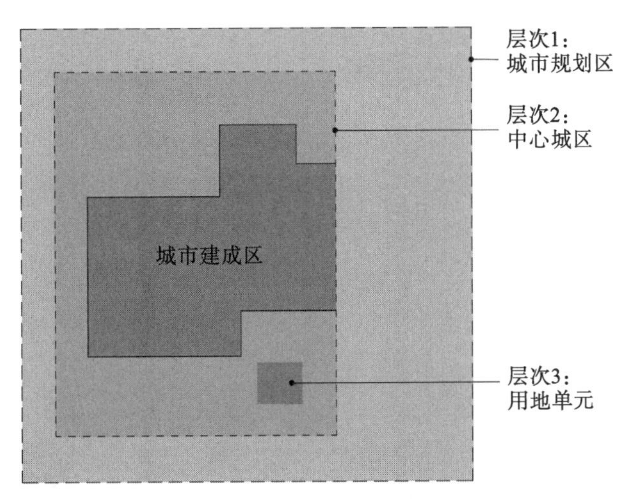

图 3.16　绿色空间规划的三个空间层次

3.4.2　规划的三个阶段及核心技术

城市规划总体分为两个阶段：城市发展战略和建设控制引导。在法定规划编制体系中，城镇体系规划和城市总体规划属于发展战略层面，反映的是城市政府在城市土地空间上的政策意志，应当体现城市远期，甚至更长一段时间的连续要求；详细规划属于建设控制引导层面，反映的是城市局部地段及其相关利益者之间各种利益相互平衡的关系，应当符合近期发展的要求。这两个阶段的规划，除了规划空间范围大小和编制深度不同外，其本质则是反映两种不同意志力(吴志强等，2003)。

依据绿色空间的工作空间层次，对应于法定规划编制层级，可以将其细分为战略考量与结构规划、功能组织与用地布局规划和用地详细规划(表 3.7)，本质上来说还是“总体规划—分区规划—详细规划”这一由上至下的计划式、愿景式的规划思路。战略考量与结构规划掌控全域建设政策，功能组织与用地布局规划整合复合功能与用地配置，再通过下位详细规划逐步传递局部地块建设要求。并形成由“面”至“点”的核心技术框架，即宏观空间管制分区指引—中观用地布局规划集成—微观关键控制要素体系(图 3.17)。

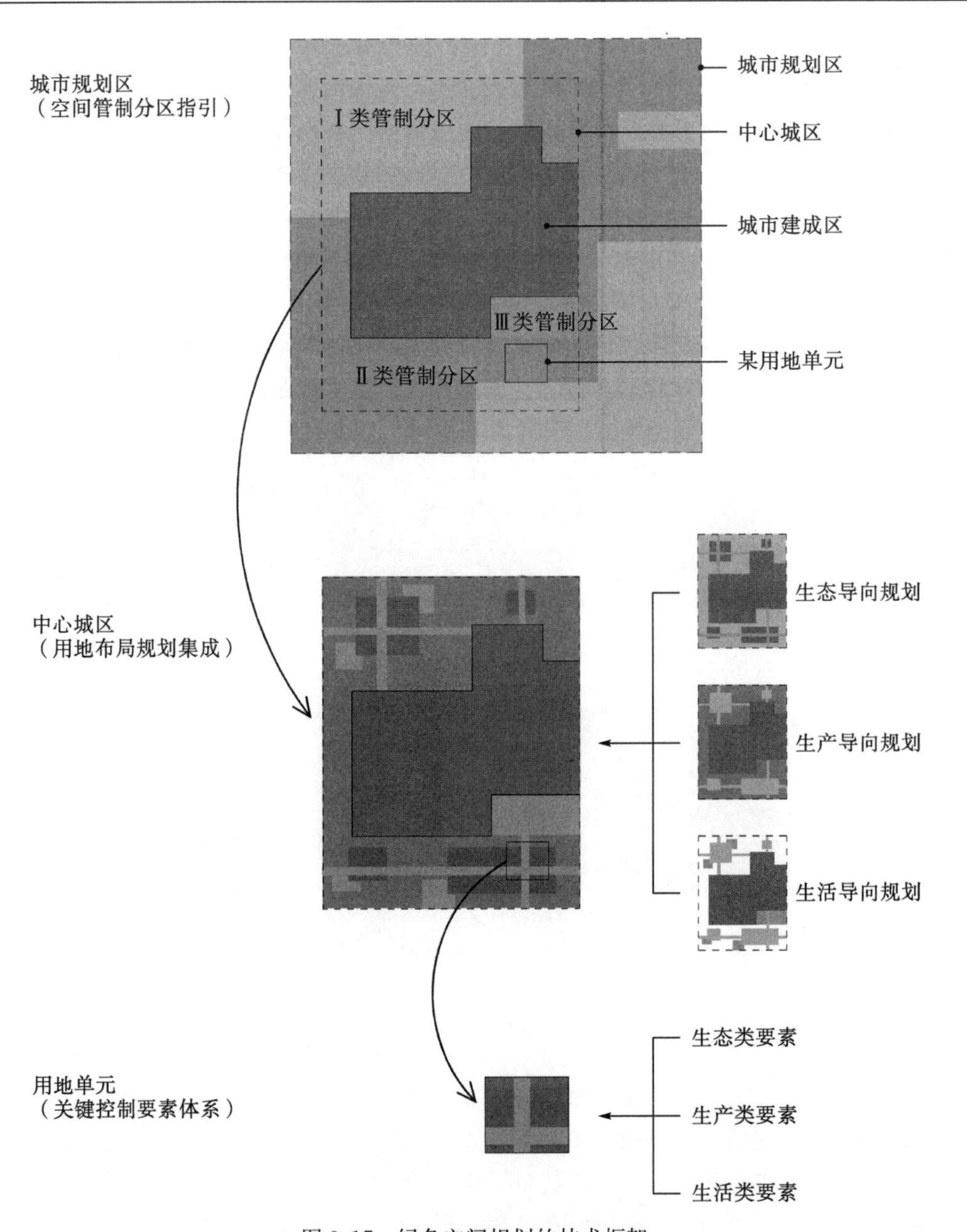

图 3.17　绿色空间规划的技术框架

表 3.7　绿色空间规划的阶段及核心技术

规划层面	空间层次	规划时限	规划阶段	核心规划技术	对应城乡规划层级	相关部门规划
发展战略	城市规划区	10～20 年	绿色空间战略考量与结构规划	管制分区政策指引	城市总体规划（市域城镇体系规划和中心城区规划）、分区规划	社会经济发展规划、土地利用规划、主体功能区划、环境保护规划、产业区划等专业规划
	中心城区		绿色空间功能组织与用地布局规划	用地布局规划集成		
建设控制引导	用地单元	5 年	绿色空间用地详细规划	关键控制要素体系	详细规划（控规）	交通、市政、绿地、防灾、乡村等专项规划

3.4.3 规划的法理地位

在法定规划体系中，在规划空间层次、规划目标导向、规划技术等方面与绿色空间规划最为接近的，是城市绿地系统规划中的“市域绿地系统规划”部分(子规划，非独立规划)。市域绿地系统规划不仅受制于城市总体规划，而且受制于城市绿地系统规划，是城市绿地系统规划下的一个补充环节(刘纯青，2008)。市域绿地系统规划控制手段在实际规划实施管理中显得十分薄弱，只停留在宏观尺度的市域绿地总体布局与生态景观绿地的大致勾勒，远不能满足绿色空间建设的客观要求。借鉴市域绿地系统规划的经验，同时保证与城乡规划体系相衔接，绿色空间规划应具备如下特征。

1.以上位城镇体系规划为指导

将绿色空间规划置于城市行政区划管辖范围内，为城市行政责、权、职之所及，从源头上保证了与法定规划的衔接，并利于规划的实施。市域(县域)体系规划具有协调区域发展、统筹城乡建设、落实空间管制、安排各类设施、划定城市规划区的重要职责，对绿色空间规划的核心指导作用在于以下两方面：

1)奠定区域空间利用格局

城镇体系规划中，在市域或县域尺度空间上分析生态环境、自然资源和历史文化遗产等，结合主体功能区划和生态功能区划，划分重点开发区、优化开发区、限制开发区和禁止开发区，提出保护与开发的综合目标和空间管制措施。限制开发区和禁止开发区构成了城市绿色空间的结构性框架，其详细的用地类型和规模在城市总体规划中予以具体落实。

2)明确规划基本范围

从区域层面划定城市规划区范围是城镇体系规划工作的重要内容。通过综合考虑城市经济社会发展与城镇化水平，兼顾影响城市发展的重要基础设施和生态资源，协调城市与下辖行政主体之间的矛盾等复杂过程，最终划定的城市规划区范围是“经济-社会-生态”复合系统，乃至行政管理权力综合博弈的产物，这必然体现规划区界限两侧城市边缘地带的复杂性、动态性特征。如第一章所述，以城市规划区范围为基准，绿色空间规划界限不外乎存在大于城市规划区和小于城市规划区两种情况。

2.与城市总体规划同步进行

城市总体规划和中心城区规划早已不局限于建设用地范围，而是统筹兼顾建设空间与非建设空间，实现城市规划区范围内的建设与非建设用地的整体规划。正如《城乡规划法》要求的，除了规划区内建设用地规模、基础设施和公共服务设施用地外，水源地和水系、基本农田和绿化用地、环境保护、自然与历史文化遗产保护以及防灾减灾等内容，应当作为城市总体规划的强制性内容。编制城市总体规划时，应将城市绿色空间规划置于同行的地位，因为城市总体规划中的所有重大事项都离不开对城市绿色空间的深入思考，特别是城市增长、开发边界和生态红线的划定。

根据《城市规划编制办法》(2006)，城市总体规划涉及绿色空间的强制性内容有如下八点，绿色空间规划可以根据具体规划目标进行细化控制。

(1)划定禁建区和限建区，并制定空间管制措施；

(2)确定村镇发展与控制的原则和措施；确定需要发展、限制发展和不再保留的村庄，提出村镇建设控制标准；

(3)安排建设用地、农业用地、生态用地和其他用地；

(4)划定中心城区空间增长边界，划定建设用地范围；

(5)确定城市集中建设区外的区域性市政和交通等重大基础设施用地，以及危险品生产储存等必须独立于城市建设区的各类用地范围；

(6)划定绿线、蓝线、紫线和黄线，并制定保护措施；

(7)确定生态环境保护与建设目标，提出污染控制与治理措施；

(8)确定综合防灾与公共安全保障体系，提出防洪、消防、人防、抗震、地质灾害防护等规划原则和建设方针。

在工作时序上，城市绿色空间规划编制可以置于城市总体规划之前，作为总体规划的前期研究成果并提供基础信息；也可以置于城市总体规划之后，在城市总体规划指导下在绿色空间进一步落实和细化总规要求。在规划策略上应将绿色空间视为构筑城市空间发展的基本框架和重要影响条件，从根本上避免城市无序扩张对生态环境空间的蚕食。

3.衔接部门专业规划凝聚共识

除了城乡规划体系，现行部门规划体系主要还有国民经济和社会发展规划(简称“发展规划”)、土地利用规划、主体功能区划和环境保护规划体系。

发展规划是统领性政策和目标规划，不以具体的空间为载体，而国土规划、城乡规划、主体功能区化和环境保护规划必须以土地为载体作为规划的空间依托，将发展规划提出的目标落实在土地利用的具体安排上。城乡规划必须在土地利用总体规划所界定的土地空间上开展，正如《城乡规划法》中第五条指出：“城市总体规划、镇总体规划以及乡规划和村庄规划的编制，应当依据国民经济和社会发展规划，并与土地利用总体规划相衔接”。

发展规划是区域性社会经济政策规划，对城乡建设行为无直接控制，也不涉及绿色空间的具体内容；土地利用总体规划是区域土地管理规划，对城市乡镇开发导向进行直接控制，虽然涉及部分绿色空间，但控制手段较为粗糙，不能满足实施控制和管理要求；城乡规划涉及从宏观区域(城镇体系、城市、镇、乡和村庄)、中观城市到微观建筑的各个层面，是对城市各类建设行为直接控制的规划体系，但规划范围有限，也仅仅限于在“城市、镇和村庄的建成区以及因城乡建设和发展需要，必须实行规划控制的区域”(《城乡规划法》第二条)，并不是建立在完整的区域环境格局基础上；主体功能区划是对市(县)域及以上尺度的大区域划分开发空间类型，是在综合“社会－经济－环境”承载力考量基础上制定的，对绿色空间布局结构有直接指导价值；城市环境总体规划可以从环境资源、生态约束条件角度为绿色空间建设提出限制要求。

上述4种规划体系都不具有排他性和竞争性，而是具有和谐性和共融性，在相互衔接的基础上相辅相成。由于绿色空间本身的内在复杂性，绿色空间规划必须融合上述 4 种规划体系的编制内容和体系要求，以城乡规划为主干，衔接土地利用规划、主体功能区划和环境保护规划的规划目标和空间管制策略，形成适应绿色空间建设的编制框架。

绿色空间涉及多个政府部门，可以预见条块分割管理的状态势必会持续一段时期，这既会严重干扰各部门专业规划的实施，更会造成绿色空间的规划建设中“有利则争，无利则退”、沦为“三不管地带”。基于“明晰职责、统筹规划”，绿色空间规划与部门专业衔接：一是吸纳部门专业规划对土地、产业、环境、设施等的空间布局要求，特别是涉及绿色空间的强制性控制内容；二是向各专业规划提出建议，以便取得共识。

综上，作者认为，城市绿色空间规划是综合性的非法定规划，是针对城市规划区绿色空间社会、经济与环境的特殊性和复杂性特征而编制的研究型规划类型。在现行城乡规划体系下，该规划的法理地位，以及与纵向上下位规划和横向部门规划之间的关系可以理解为：①作为前期研究为城市城镇体系规划、城市总体规划编制提供研究基础，或是在城市总体规划指导下在城市规划区进一步落实和完善总规要求；②是协调城市规划区内社会经济发展规划、土地利用规划、主体功能区划、环境保护规划等部门专业规划的技术性支撑文件；③是指导城市规划区内各项专项规划的研究基础(叶林等，2011)。

3.4.4　规划的总体目标

规划总体目标是以“生态优先、绿色生产、宜居生活”为导向，通过优化、引导和控制城市绿色空间系统的结构、功能和用地，实现绿色空间“有效保护、持续利用和合理发展”，促进城市规划区“社会－经济－环境”全面协调发展，以取得最大的整体效益(图 3.18)。用图形来表示，总体规划目标应是经济、社会、环境三大目标系统相互交织和重叠的部分，既不是各个目标的简单叠加，也不是各个目标的全部，而是三个目标的平衡。这些目标可以看作反映了对理想绿色空间环境设想的一个侧面，并且都存在假设性、不明确性的特征。同时，达到“社会－经济－环境”全面协调发展的目标需要高度发达的经济支撑，先进的技术创新支撑以及成熟的政策、法规及监控机制等有力的支撑。

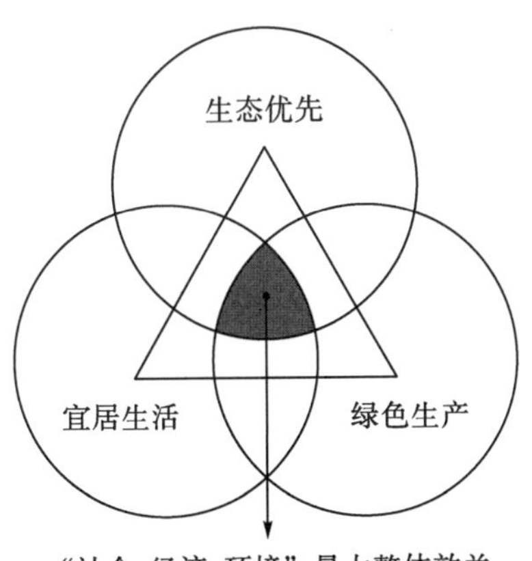

图 3.18　绿色空间规划总体目标

另外，在具体的规划实践中需注意的是，由于不同城市、相同城市规划区不同区位的发展总是不平衡的，总存在关键问题和重点地区、一般问题和一般地区的差异。规划目标的制定必须兼顾“目标导向与问题导向”，既要保证全面性，与城市整体可持续发展目标高度契合；也要保证特殊性，抓住具有战略价值和影响的问题，对地区发展诉求进行重点分析与研究指引，从而制定反映该区域核心需求的具体目标，避免由于面面俱到而导致规划的针对性、实施性、操作性丧失的问题。

3.5 本章小结

需求、供给与复合导向下的规划范式围绕绿色空间“利用与保护”的微妙关系而采取不同规划对策，城市规划区绿色空间的多维属性决定了复合导向的规划范式的适用性。国外经验表明，片段化、隔离、被动限制的规划手段正向整体化、融合、积极引导方向转化，奠定了绿色空间发展的基本态势。国内实践在规划目标、基础分析、控制连续性、规划利用分类、要素控制体系等方面的缺失客观上要求传统规划范式的转型。

本章提出的生态整体规划思路超越传统物质形体规划，是以生态价值观为指导，融合了多种规划思想和方法。该思路指导下的规划框架体例(规划空间层次、规划阶段及核心技术、法理地位、总体目标)并非独立于现行城乡规划体系，纵向上能够与法定城镇体系规划、城市总体规划和控制性详细规划无缝衔接，横向上能与土地利用规划、主体功能区划、城市环境总体规划、产业发展规划等部门专项规划保持沟通接口，是指导城市规划区、中心城区、用地单元尺度上绿色空间规划的基本框架。

第 4 章　城市规划区绿色空间战略考量与结构规划

福曼(1987)指出，在土地决策和实践中，脱离其所在的环境或发展时期而孤立地评价一个区域是不道德的。道德驱使我们应以一个大的空间和时间观念去思考一个区域。西蒙兹(1990)也指出，把城镇考虑为完全独立的，与其外延景观(城市郊区、乡村和荒野)分离开的，就如同把地球理解为在行星系以外的情况是一样的，因为大部分需要考虑的环境问题都超出了政治的区划界限。在开展城市规划区规划时，应将最为宝贵的绿色空间优先进行考察，摸清哪里需要保护，哪里需要控制，确保重要的生态资源与土地不被破坏(俞孔坚等，2005)，控制、保护恒定不变的绿色空间，从而形成高效地维护土地生态过程安全与质量的结构，为变化的城市规模提供绿色基底与弹性的发展空间。

4.1　战略考量与结构规划的任务

“城市规划区”本质上是法律特别授权区。城市规划区是中央政府授予城市政府的事权范围，是区别于农村地区，城市政府实行城市规划管理、开展城市建设的重要职责范围(官卫华等，2013)。

城市总体规划确定的城市规划区是绿色空间结构规划范围。城市规划区是介于城市行政区与中心城区之间的次区域范围(部分城市的规划区与行政区一致)，结构规划应体现这两个空间层次在土地利用政策上的衔接与过渡关系。

4.1.1　战略制定与空间结构响应

战略是方向，结构是手段，结构跟随战略。制定战略就是根据城市规划区内外环境、资源的情况，对未来一段时间内(一般为 10～20 年)绿色空间发展目标、途径和手段的总体谋划，它是绿色空间建设思路和价值取向的集中体现，同时又是组织空间结构的基础。绿色空间规划是为了实现绿色空间“有效保护、持续利用和合理开发”，并以“生态优先、绿色生产、宜居生活”为主要战略导向。为了兼顾不同城市、相同城市规划区不同区位的发展特殊性，一些针对性的战略也不可或缺。战略为绿色空间全局性、长远发展提供政策框架，是政府对城市规划区进行宏观管理的一种手段。

战略要有相适应的、完善的空间结构来响应以保证其实施。结构规划即是将战略目标分解到“生态、生产、生活”空间系统，通过综合城市总体规划、社会经济发展规划、土地利用规划、主体功能区划、环境保护规划、产业区划(农林、旅游、工业镇)、水保规划以及绿地系统规划等其他专业规划，协调城乡土地、空间、产业、景观、生态以及设施一体化建设机制。结构规划适用于解决区域生态环境和经济效率的问题，可以有效地保护生态过程和环境资源。与此同时，通过恰当的区位预留合适的经济活动空间，同样可以促进区域经济的发展。

空间管制分区是介于战略与结构之间的衔接纽带。它将战略反馈于一定的空间分区范围上，确定分区的主导功能；也是结构规划及后续功能组织、土地利用布局、开发建设活动的总纲。它具有基础性和约束性的特点，是应对城乡建设无序蔓延和实现城乡土地合理结构的有效手段。

战略、管制分区和结构三者连续、递进的工作框架由图4.1表示。

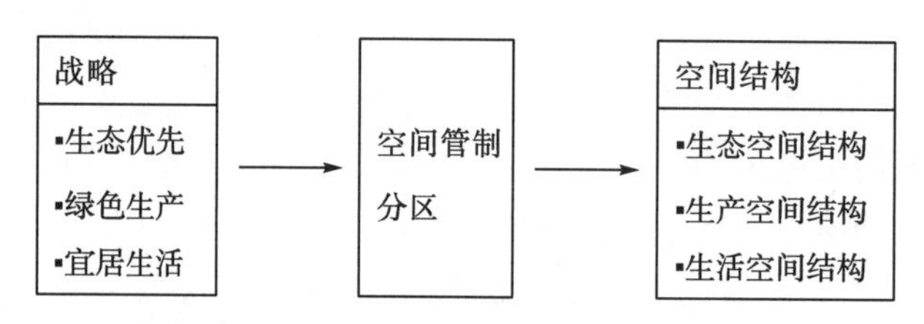

图4.1　战略、管制分区和结构的工作框架

4.1.2　结构规划衔接相关专业规划

主要是与城乡规划及相关部门规划衔接，以空间衔接、指标衔接等方式体现。部门规划是有关主管部门负责的相关专业的规划，指“国务院有关部委、设区的市级以上地方人民政府及其有关部门”组织编制的城乡建设、工农产业、水利、交通、环保、能源、旅游、资源开发等规划。土地利用规划、主体功能区划、环境总体规划和产业发展规划是其中重点需衔接的规划。

衔接有两层含义：

(1)在城乡规划体系内，一方面承续城市行政区的城镇体系规划目标，落实其在本规划层次的具体规划手段，并预留下位规划的接口；另一方面向下位规划传递、进一步细化规划目标与规划要求，并向上反馈实践操作中的热点和难点问题。

(2)与土地利用规划、主体功能区划、环境总体规划之间，一方面要“重趋势、守底线”，吸纳专业规划的空间布局整体趋势，严格遵守相关强制性、底线性控制内容(空间与指标)；同时，向相应部门提出合理建议，以便在绿色空间实施管理中提前达成共识。

1. 衔接城市总体规划

城市规划区在现行规划体系中没有对应空间层次，因为《城市规划编制办法》中明确了城市总体规划在市(县)域城镇体系和中心城区规划两个层级上的编制内容，对介于中间的城市规划区没有提出具体规划要求。作者认为，城市规划区作为承上启下的中间控制过程，其规划编制内容应“上承城镇体系规划、下启中心城区规划”。作者通过整理上下两层次规划编制内容，讨论其中部分内容的向下承续或向上衔接的可能性(表4.1)，提出城市规划区的“统筹资源环境、统筹城乡布局、统筹重大设施”三个规划目标(裴新生等，2007)，并通过空间管制、发展引导和设施保障等空间规划手段传达到绿色空间规划中。

表 4.1　绿色空间结构规划与城市总体规划的衔接

市域城镇体系规划部分内容	中心城区规划部分内容*	规划区规划目标	与之衔接的绿色空间结构规划工作内容
(二)确定生态环境、土地和水资源、能源、自然和历史文化遗产等方面的保护与利用的综合目标和要求，提出空间管制原则和措施。	(三)划定禁建区、限建区、适建区和已建区，并制定空间管制措施。 (五)安排建设用地、农业用地、生态用地和其他用地。	统筹资源环境	空间管制：对生态环境和资源予以保护，落实空间管制措施，划分空间管制分区，为城市建设及村镇、农村居民点的布局提供依据。
(三)……，确定各城镇人口规模、职能分工、空间布局和建设标准。 (四)提出重点城镇的发展定位、用地规模和建设用地控制范围。 (六)根据城市建设、发展和资源管理的需要划定城市规划区。	(四)确定村镇发展与控制的原则和措施；确定需要发展、限制发展和不再保留的村庄，提出村镇建设控制标准。 (六)研究中心城区空间增长边界，确定建设用地规模，划定建设用地范围。	统筹城乡布局	发展引导：遵循城镇体系规划对规划区内各城镇的定位，对城镇村庄发展进行引导，确定各镇村建设原则(需要发展、限制发展和不再保留)，引导城乡协调有序发展。遵循城镇体系规划确定的城市规划区界线。
(五)确定市域交通发展策略；原则确定重大基础设施，重要社会服务设施，危险品生产储存设施的布局。		统筹重大设施	设施保障：保障区域性重大基础设施用地与防护廊道，主要包括交通网络、重大市政基础设施、综合防灾设施、社会服务设施等。

资料来源：作者据《城市规划编制办法》第三十条、第三十一条整理。

裴新生等(2007)认为，这些条款尽管属于中心城区规划内容，但仅限于中心城区范围是难以完成的，至少要拓展到城市规划区范围才能实现城乡统筹的目的。

2. 衔接部门规划

相对于国家和省级土地利用总体规划，市(县)级规划更强调对城乡建设分区管制，以及中心城区、城镇(村)建设用地规模和边界的严格把控(表 4.2)，这些底线必需遵守。

表 4.2　绿色空间结构规划与部门规划的衔接

类型	主要规划内容	与之衔接的绿色空间结构规划工作内容
土地利用总体规划(市县级)	①确定指标：耕地保有量、基本农田保护面积、建设用地规模和土地整理复垦开发面积等； ②用途管制：明确土地利用结构，划分基本农田、城乡建设用地等分区及管制规则； ③建设用地空间管制：确定规划期内中心城区新增建设用地的规模与布局安排，划定中心城区建设用地的规模边界、扩展边界、禁止建设边界；划定城镇村建设用地扩展边界	遵循耕地保有量，保护基本农田；遵循土规划定的中心城区建设用地的规模边界、扩展边界、禁止建设边界，以及城镇村建设用地扩展边界
主体功能区划	对国土空间进行分析评价，确定各类主体功能区的数量、位置和范围，明确其定位、发展方向、开发时序、管制原则等	协调各类主体功能区在规划区的范围
城市环境总体规划	①确定指标：突出标志性指标，包括城市生态安全格局指标、环境质量指标、主要污染物排放量控制等。 ②城市结构优化：从资源环境承载力、生态约束条件角度构建城市生态安全格局； ③用途管制：划定环境功能分区，制定分区管理目标；加强重点区域生态环境保护；划定城市生态红线(生态环境红线、大气环境红线、水环境红线、环境风险红线)； ④制定城市环境质量改善方案、建设环境风险防范体系	依据环境功能分区和各类环境红线安排土地利用，优化工农产业布局，保护重点区域生态环境资源；延续城市生态安全格局；细化各类城市生态红线

续表

类型	主要规划内容	与之衔接的绿色空间结构规划工作内容
产业发展规划	①调整区域产业结构，对主要产业发展进行整体布局和规划； ②为主导产业、跟随产业和支撑产业的发展进行详细规划，理清产业的发展次序； ③为主导产业、跟随产业和支撑产业设置若干专业的产业园区	统筹各类产业布局及产业园区

资料来源：作者整理。据《土地利用总体规划编制审查办法》《市(地)级土地利用总体规划编制规程》《城市环境总体规划技术要求(试行)》。

主体功能区划由于规划尺度大，编制层级只到县级行政区，4 类主体功能区(优化开发区、重点开发区、限制开发区和禁止开发区)范围及开发策略相对宽泛，不涉及城市规划区具体建设开发行为。

城市环境总体规划编制工作在 2012 年才由环保部启动，还缺乏成熟的技术标准、规范和导则，在大连、南京、福州、广州、成都、乌鲁木齐等 12 个城市开展试点，其目的在于为建立科学的环境总规制度提供方法和经验。因此，城市环境总体规划与城乡规划的衔接方式问题目前仍在探讨中。

产业发展规划包括区域产业规划、专项产业规划和产业园区规划等类型，是充分考虑国际、国内及区域经济发展态势，对当地产业发展的定位、产业体系、产业结构、产业链、空间布局、实施方案等做出的计划。

4.1.3　结构规划的焦点问题

焦点问题表示将来可能面临的难题，具备重要性或确定性的特点。一个有效的焦点问题应该得到管理部门和相关利益方的一致同意，且必须包含明确的边界和时空范畴(表 4.3)。如果某个问题是不确定性的，意味着可能存在的各种方案或答案是模糊的，需要用不确定规划方法进行研究。

表 4.3　绿色空间结构规划的主要焦点问题

焦点问题	主要内容
落实国家与省市宏观要求	落实国家在新型城镇化、生态文明、绿色产业发展等方面的宏观政策要求
衔接上位与周边地区规划	衔接国家与省市在环境、经济、社会方面各类规划和计划的指导要求，以及周边城市、城镇重点衔接区域空间功能配置、生态环境资源保护、重大基础设施通道、区域产业布局等
构筑区域绿色安全结构	保障区域生态过程连续性和生态系统完整性，构建城乡绿色渗透网络体系，维护和改善区域生态安全格局，形成国土生态屏障； 维护“山水林田湖生命共同体”的自然格局和特征，作为生态安全格局的基本骨架； 控制生态用地总量，为城市提供足够生态容量
提升城市绿色产业结构	根据农业发展潜力，合理安排都市农业(农、林、牧、渔)布局； 根据游憩资源开发条件和城市空间结构，组织环城游憩格局； 建立绿色产业准入机制
优化城乡建设空间结构	遵守城市总体规划、土地利用规划对城乡土地的总体安排，遵守它们对建设空间布局(空间增长边界，建设用地拓展方向、拓展方式、拓展规模)和各类设施配置(重大交通与基础设施)的要求； 统筹增量与存量用地，节约集约利用土地，精明引导城镇拓展适度、有序，引导近郊村庄减量、收缩

4.1.4　结构规划的主要内容

从目标导向(未来发展目标)、规划导向(相关规划要求)、问题导向(焦点问题)三方面可以综合确定结构规划的战略意图。结构规划是从宏观层面上把握城市绿色空间建设的总体趋势，应从以下几方面对未来发展做出全局性的、相对稳定的、长期性的谋划：

(1)提出绿色空间结构规划的指导思想和规划原则；

(2)分析区域和城市发展态势，把握城乡自然生态资源和社会经济资源，论证城市规划区发展的自然、社会和经济条件，确定城市绿色空间的发展目标；

(3)分析城市规划区土地功能转换、建设空间拓展、产业转型升级、景观生态格局、环境资源承载力以及各类设施建设态势和相关规划要求，确定城市绿色空间管制分区和管制措施；

(4)落实城镇体系规划、土地利用总体规划确定的中心城区建设用地的规模边界、扩展边界、禁止建设边界，以及城镇村建设用地扩展边界；

(5)延续、维护城市生态安全格局，编织连通城乡的绿色渗透网络，细化环境总体规划确定的生态环境红线，保护重点区域生态环境资源。

(6)依据环境功能分区和各类环境红线优化工农产业布局，引导和推进经济增长方式转变，促进绿色产业(一、三产业)升级，组织都市农业和环城游憩服务业布局；

(7)引导规划区城镇精明发展、村庄精明收缩，确定各镇村建设原则(需要发展、限制发展和不再保留)，提出区内农村人口安置原则；

(8)根据相关重大基础和公共设施专项规划，保障设施用地与防护廊道。

4.2　战略与结构的纽带：空间管制分区

管制分区是在较大的空间范围内依据绿色空间的土地自然属性、环境资源承载力、社会生产、产业经济和基础设施等特征，以人为活动的可控性为基础，进一步细划主导功能或使用活动分区的行为。分区一般面积较大，范围界线比较宽泛。

4.2.1　国土与城市空间管制分区经验

1. 国土空间管制分区

1)土地利用功能分区

区域层面，麦克哈格最早从自然演进角度找出土地形态上的差别及其各自的价值和限制，建议将区域土地分为三类，即自然用地、农业用地和城市用地，并指出，自然用地具有最高保护优先权；农业用地(农业、林业和渔业用地)，排除工业用途，其保护优先权次于自然用地。

菲利普·伯克(2009)综合自然、经济和社会因素，建议将区域土地分为自然保护区、城市地区和乡村地区 3 种基本类型(图 4.2)，绿色空间属于自然保护区和乡村区的部分范畴。自然保护区是指“进行土地开发将危及重要的、稀缺的、不可替代的自然、休闲、风景及历史价值地区、重要农田和林地，以及必须进行长期保护、一旦进行开发可能危及生命与财产的自然灾害地区”，首先包括环境敏感区，如湿地、河流、海岸线和珍稀动植物栖息地等；其次是重要的资源型土地，如高产农田和林地；第三类是次环境敏感区，如水源地。乡村地区的自然资源不会敏感到被乡村建设活动所威胁，可以作为一般生产性农业、林业用途，并进行适量的乡村建设活动。城市地区是城市增长的主要地区，包括建成区和乡村向城市的城镇化转型区。

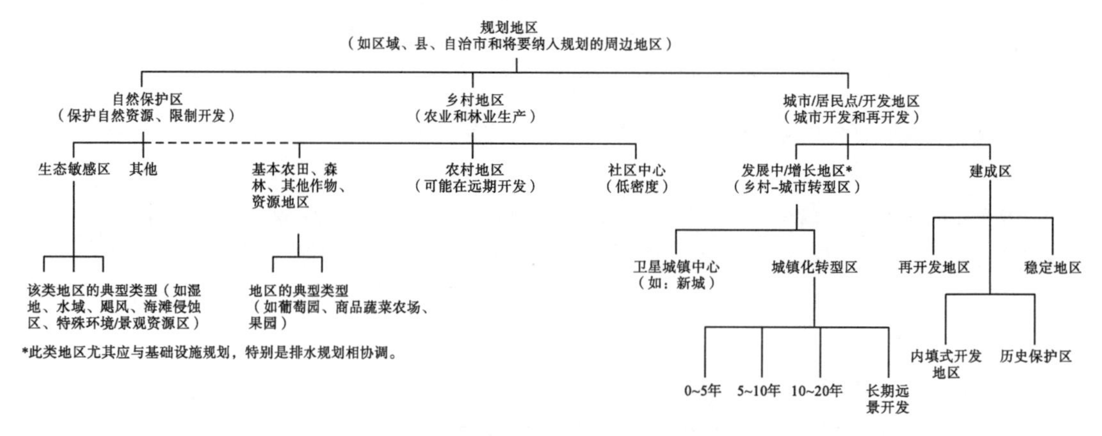

图 4.2　菲利普·伯克等的空间分类层级(菲利普·伯克，2009)

我国土地利用总体规划是权威的土地利用功能区划，在《市(地)级土地利用总体规划编制规程》(TD/T 1023—2010)中，将市域土地划分为：基本农田集中区、一般农业发展区、城镇村发展区、独立工矿区、生态环境安全控制区、自然与文化遗产保护区等土地利用功能区类型。除城镇村发展区、独立工矿区外，均与绿色空间关系密切。其中，生态环境安全控制区是指维护生态环境安全需要进行土地利用特殊控制的区域，包括河湖及蓄滞洪区、滨海防患区、重要水源保护区、地质灾害高危险地区等；自然与文化遗产保护区是依法认定的各种自然保护区的核心区、森林公园、地质公园以及其他具有重要自然价值与文化价值的区域。

2)多功能景观生态分区

奈维(Zev Naveh)(2010)认为，仅按照自然要素以及土地利用方式进行分类是不够的，需要基于自然和文化的生物圈景观和技术圈景观功能的分类，即分类出发点不再是“自然性”程度，而是从整体的人类生态系统角度寻找景观功能类型和它们的多重功能之间的差异。他将人类景观分为生物圈景观、文化生物圈景观、生物技术圈景观和技术圈景观四类。其中，技术圈景观包括乡村生态区、亚城市生态区和城市工业生态区(表 4.4)，是人类景观，主要依赖于化石能源转化为低等级能量与物质来维持，失去了景观的多功能性、自组织能力和可再生能力，其调节仅仅依靠人类发明行为。

表 4.4　Zev Naveh 的技术圈景观分类(Zev Naveh，2010)

景观类型	生态分区	特征
技术圈景观	乡村生态区	农场、牧场、村庄，与半自然的农业景观紧密交织
	亚城市生态区	郊区，仍包含大一些的“生物岛”，如湖泊、树林和公园，有助于改善城市生活质量
	城市工业生态区	城市，依赖于化石能源驱动，带有显著负面环境影响

3)综合开发功能分区

2010 年国家发改委颁布了《全国主体功能区划》。主体功能区划将国土空间划分为不同主导功能类型的管制分区，是宏观层面制定国民经济、社会发展战略和规划的基础，也是微观层面进行项目布局、城镇建设和人口分布的基础。主体功能区划是开展经济社会发展规划、区域规划、城乡规划、土地利用规划等空间规划和专项规划的依据。

主体功能区对城乡的产业布局和空间安排进行协调，通过土地开发权的分配和转移使部分区域的土地开发权增加，部分区域的土地开发权受到剥夺或制约，然后通过政策、基础设施的投入、财政转移支付等方法进行补偿，使公共利益人人均享(徐东辉，2014)。四类主体功能区的发展功能和开发强度各异(表 4.5)，绿色空间总体上应当位于限制开发区，以中低密度建设为主。

表 4.5　四类主体功能区与四类功能和强度分区对应关系(徐东辉，2014)

主体功能区	功能定位	功能分区(产业档次)	强度承载强度分区
禁止开发区	具有重要生态保护价值的非建设用地，不允许有任何开发	保护型产业，以提供生态产品的功能区为主	低密度建设
限制开发区	近期内不进行大规模开发建设的农村用地，但可进行道路和基础设施建设的地区	储备型产业，以生态农业和休闲旅游业为主	中低密度建设
重点开发区	经济发展相对落后、发展潜力大、需要在规划期间重点拓展开发的地区	扶持型产业，产业档次中，需要扶持开发的产业类型，如新型制造业和传统优势产业	中高密度建设
优化开发区	发展基础较好、需要在规划期内提升其区域地位的城镇及其产业聚集区	提升型产业，产业档次高，需要进一步提升发展，如综合服务业和商贸物流产业	高密度建设

上述国土空间管制分区都是以人类活动与自然承载力的关系为研究对象，分别从土地利用、景观生态和空间开发角度出发做出的总体指导。国土分区的空间尺度巨大，都在城市尺度之上，不需要也不能细化到城市尺度，没有涉及开发的具体方向和建设内容。因此，国土空间管制分区必须与城市空间管制分区协调配合，才能对国土与城市空间开展连贯的约束、调控与引导。

2.城市空间管制分区

城市空间管制分区是在国土分区下进一步明确土地、环境资源保护和开发导向，并能指导具体建设活动。

《城市规划编制办法》要求，在城市规划纲要和中心城区规划中应分别提出和划定禁建区、限建区、适建区范围，《城乡规划法》也将其定为城市(镇)总体规划应当包括的内容。总体上，划分“四区”旨在建立城市空间准入制度，主要是对用地空间开发行为进行限制、约束或引导，为科学合理地利用城市空间提供依据。另外，《市(地)级土地利用总体规划编制规程》也将城市区域划分为允许建设区、有条件建设区、限制建设区和禁止建设区四种类型，划分意图与之近似。

4.2.2　绿色空间管制分区政策指引

绿色空间管制分区作为介于国土分区和城市分区之间的过渡分区，既要延续国土分区的空间框架和管制要求，特别是主体功能区划、土地利用总体规划、环境总体规划和产业发展规划确定的各类分区边界、环境红线范围和趋势，同时需要大致细化部分重点区域(环境资源保护、风险防护、城乡建设用地)的管制措施，对城乡具体建设活动发挥指导作用。

绿色空间管制分区本质上是基于土地利用的空间政策分区。借鉴国土和城市空间管制分区经验，作者将绿色空间分为绿色保护区和农林生产区。

由于城市边缘区需要提供大量农产品，农林生产区往往占据较大的比例，是主体；绿色保护区由于人类活动干扰，残留规模相对较小。

此外，绿色空间建设不能脱离建设空间的讨论，管制分区还必须包含镶嵌在绿色空间内的城镇化转型区和乡村建设区(图4.3)。

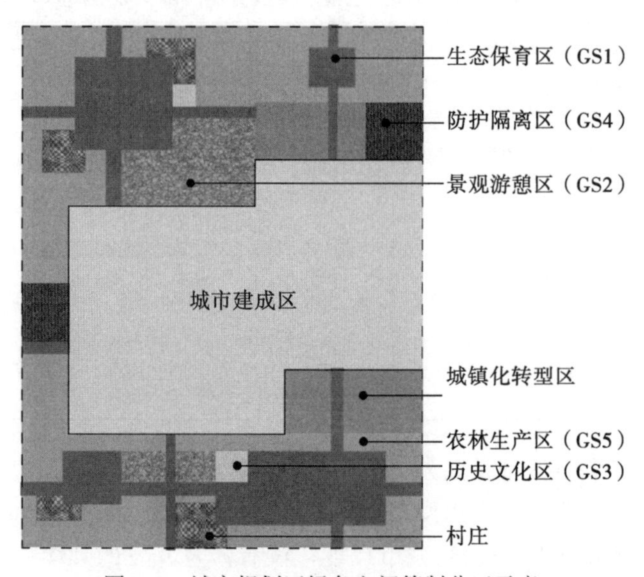

图4.3　城市规划区绿色空间管制分区示意

1. 绿色保护区

绿色保护区是绿色空间分类体系中的生态保育区(GS1)、景观游憩区(GS2)、历史文化区(GS3)和防护隔离区(GS4)的统称，包括进行土地开发将危及重要的、稀缺的、不可替代的自然、休闲、风景与历史价值地区，以及必须进行长期保护、一旦开发可能危及生命与财产的自然灾害地区。以保护为根本要务，适当安排与资源保护和管理接待有关的管理与服务设施，可以通过恰当的区位预留合适的经济活动空间，兼顾并促进地方经济发展。原则上禁止新增其他城镇建设项目，区内鼓励农村居民点腾退。

2. 农林生产区

在相当长的时间内将保留并通过资源开发获取经济利益是农林生产区(GS5)的基本功能，另外，也具有重要的生态环境和社会服务复合价值，需要从不同角度出发制定空间政策，并进行叠加，综合引导农林生产区建设行为。首先，需要将严格保护的范围纳入绿色保护区，比如基本农田和公益林地，主要提供公益性、社会性产品或服务，维持规模、质量和范围是首要任务，因此“保护”优先；同时，都市农林生产活动和旅游休闲、都市健体等社会服务活动也十分必要且发展势头迅猛，需要合理引导，达到保护和经济开发双赢。

从事农业生产活动的区域，包括农田和林地，主要发展生态农业、设施农业、精准农业等都市农业类型，也会培育具有显著经济效益的都市林业。

农林生产区内原则上禁止与城镇化相关的大规模建设活动，包括设立工业园区、科技园区、生态园区等。除了现有建筑物之外，整体上都要作为农林产业的田园地带，可以建设一定规模的农林水产设施、公共设施等。

有些观点认为，农林生产区与绿色保护区是对立的。尽管国内农林生产区普遍存在化肥农药使用过多、农业耕作方式落后、生物多样性低等问题，但农林生产区与绿色保护区具有同等重要的生态价值已是不争的事实。自然保护主义者已经逐渐认识到，通过开展绿色生产方式、维护农业和乡村景观，农林生产区与绿色保护区相互交织会提高生物多样性，促进物种繁衍。另外，农林生产区游憩价值的开发也会极大促进农业与自然景观的融合。因此，农林生产区与绿色保护区不是对立的。例如，最初美国绿色空间政策只关注农田保护，实施效果十分有限，特别是在经济衰退和农业经济重要性降低的时候，改变农田用途会受到极大的诱惑。而英国、荷兰、德国长期重视农田与自然区、乡村景观整体保护的积极意义，这也是他们的绿色空间政策成功的原因(Koomen et al.，2008)。

3. 城镇化转型区和村庄

城镇化转型区是现状建成区外，通过预测确定的未来可能转变为城镇建设用地的发展备用地区。该区域作为将来的城市和乡镇建设用地，被排除在绿色保护区之外，转化之前是农林生产区。城镇化转型区以集约、节约使用土地为主要原则，着力提高土地使用效益，促进农民就业，使农民逐步向城市居民转化。

城镇化转型区按照规划确定的开发时序分为近期开发区和远期开发区，都是在城市或镇总体规划确定的城市增长边界或开发边界内，并按照总体规划确定的开发容量进行建设。近期开发区是5年内预备开发的区域，通常农林用地已经或即将被征收或征用，农林生产活动基本停止，道路交通、市政设施已经或即将覆盖。远期开发区是5年之后20年内或更远时间预备开发的区域，近期农林生产活动不受影响。

近郊村庄是一种低密度、生态友好型的聚落形式。绿色空间内的村庄以“紧凑发展、精明收缩”为主要原则，以保障充分的公共服务和基础设施为主，优先利用农村存量建设用地，控制建设用地规模和开发强度，融入绿色环境中。允许建设公园绿地、道路交通设施、旅游服务设施、市政公用设施、必要的农村生产生活设施、必要的公共设施和文化教育设施、与大型旅游景区结合的少量生态型居住等项目。建设项目须采用适合乡村特色和发展需求的规划标准和指标体系，满足“三低一高”限制条件：低强度、低密度、低建筑高度(不得对周边山体、水体等开放性生态景观产生影响)与高绿量。

4.3　响应“生态优先”战略：构筑区域绿色安全结构

1999年美国学者W. B. Honachefsky指出，将土地的潜在经济价值置于生态过程之前会导致城市的无序蔓延，并且会对生态环境产生破坏，他主张将生态系统的服务价值和服务功能结合到土地利用决策中。绿色空间系统具有产品提供功能、调节功能、文化功能和支持功能。生态系统服务功能源于生态格局与生态过程的相互作用，格局是复杂的结构形式，过程强调事件或现象的发生、发展的动态特征，这二者之间存在着紧密联系。

通过摸清关键的垂直与水平生态过程，以及其中的关键战略区和节点，我们可以基本把握生态格局与土地利用的关系，并主动采取正确而有效的规划与管理措施塑造并维护健康、充满活力的生态格局。

4.3.1　维护绿色生态安全格局

一般意义上的生态安全(ecological security)，是指国家或区域尺度上人们所关心的气候、水、空气、土壤等环境和生态系统的健康状态，是人类开发自然资源的规模和阈限(马克明等，2004)。通过组织区域性绿色空间的网络格局，维持生态系统过程的完整性，保障生态服务功能和价值，实现对城市生态环境优化控制和持续改善，是实现绿色空间精明保护与城市精明增长的刚性格局。

俞孔坚于1995年提出生态安全格局构建方法，在城市区域(如北京市生态安全格局规划)乃至国家层面(如全国土生态安全格局规划)的生态安全格局规划实践中得到验证，是目前国内较为系统的规划方法(图4.4)。该方法强调优先进行不建设区域的控制，以建立生态基础设施(城市绿色空间)为基本空间形式来引导和限制城市发展，以期实现精明保护和精明增长的双赢(俞孔坚等，2012)。

4.3.2　编织城乡绿色渗透网络

城市蔓延式扩展造成城市内部密不透隙，热岛效应加剧，生态环境恶化。城乡绿色渗透网络是运用绿楔、绿道等放射状网络化模式(区别于绿环、绿带的圈层状限制模式)，结合城市环境资源特色，打破城乡空间二元管理的桎梏，突出“渗透”功能，将绿色空间的作用从分隔城市转变为融入城市、从控制城市盲目扩张转变为引导城乡有序发展。

绿色空间受自然力和非自然力的综合作用。自然力因素是绿色空间形成的基础，如前述的生态安全格局是自然力为主导形成的结构；非自然力本质上是规划导控等有意识的人为干预，能促使绿色空间结构的演化，同时符合城市发展的愿望。国内外实践证明，绿色网络是推动城乡空间结构合理发展的最重要的动力因素，已经成为主导城乡空间结构的最重要的手段之一(刘纯青，2008)。

闫水玉(2011)梳理了区域绿色廊道规划的框架(图 4.5)。区域绿色廊道具有很强的渗透功能，是大尺度的带状绿色空间带，具有框架性和系统性。纵横交错的绿色廊道和绿色节点相互连通形成绿色网络体系。

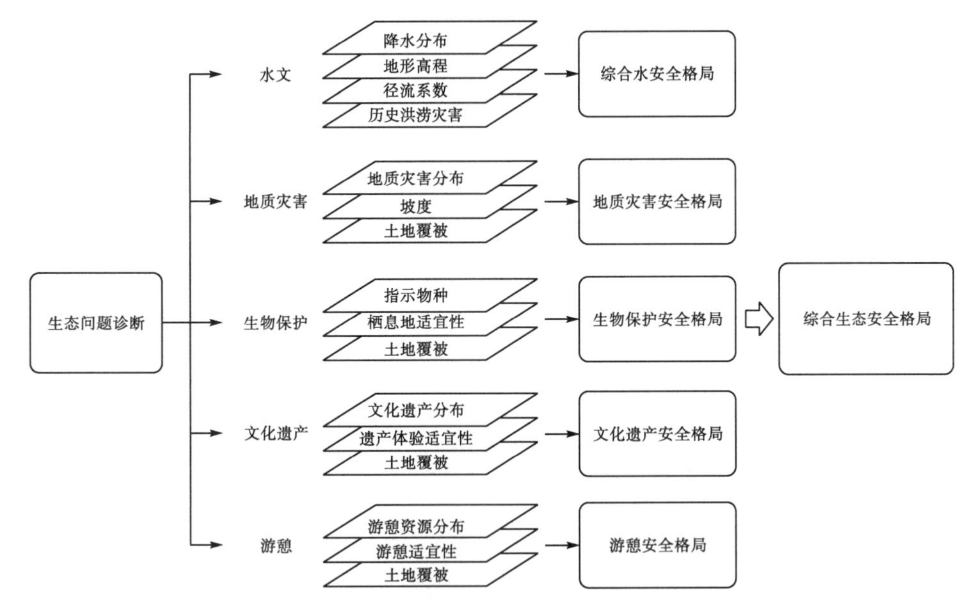

图 4.4　北京市生态安全格局研究框架

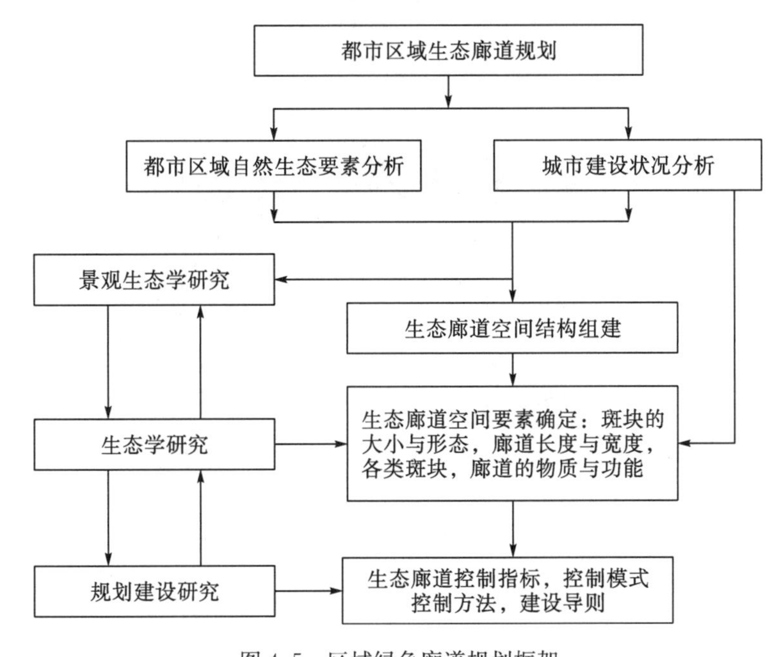

图 4.5　区域绿色廊道规划框架

自然生境碎片化是城市区域常见的格局变化，导致物种数量减少，生物多样性降低，然而，试图在城市建成区恢复大面积的破碎生境是不切实际的。区域绿色廊道渗透进入建成区，可以改善生境破碎化的现状，增强生境之间的连通性，有助于生物的移动和交流，生物多样性的丧失在一定程度上可以得到缓解。不仅如此，区域绿色廊道的边缘效应可以为居民提供多样的游憩场所，对城市内公园等绿色斑块破碎化造成的服务功能缺失进行弥补。以道路、河流为基底建设的景观带，其边缘效应尤为突出(达良俊等，2004)。

20 世纪 90 年代以来，广州番禺片区高速发展，城镇用地急剧扩张，侵蚀了城乡宝贵的生态资源。为保证广州城市“南拓”的科学有序性，《广州市番禺片区绿色廊道规划》① 在摸清自然生态本底和区域城镇发展动力的基础上，确定以空间相对完整、生态服务功能较强的自然或半自然绿色空间为基础，利用基本农田、山系、河流和城市组团间的绿带，形成“三纵三横”的廊道空间结构，串联成番禺地区的整个绿色渗透系统。

为限制城市无序建设，需对廊道控制区的开发性建设进行弹性控制。为加强绿色空间系统向城市建设区渗透，在不破坏廊道结构、不影响生态功能、不降低景观质量的前提下，对“廊道”控制区内的部分可开发地段进行生态导向的开发建设(图 4.6)。兼顾景观生态与土地经济价值，将更利于绿色空间保护政策的整体推行(表 4.6)。

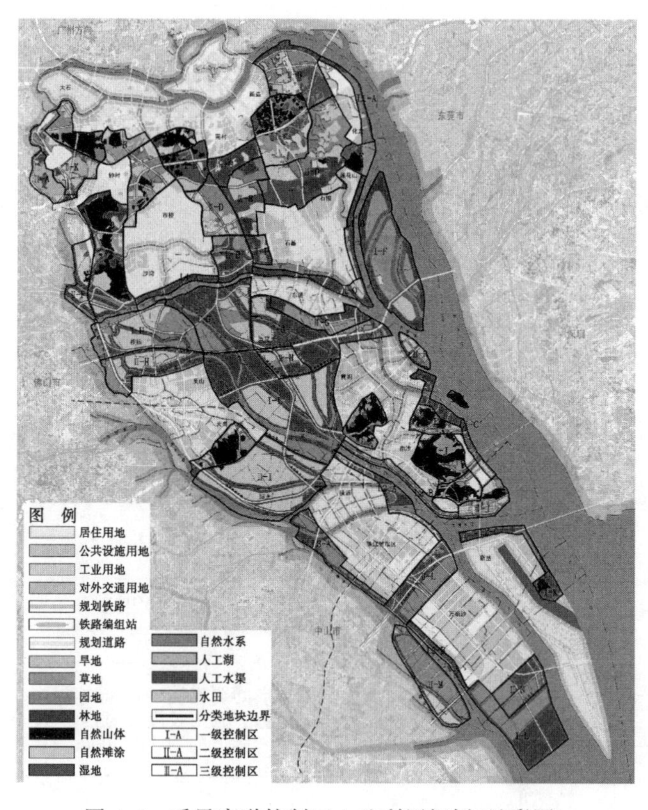

图 4.6　番禺廊道控制区土地利用规划(见彩图)

① 该项目荣获 2007 年度全国优秀城乡规划设计二等奖。编制单位：重庆大学城市规划与设计研究院，广州市城市规划勘测设计研究院，中科院生态环境研究中心。项目负责人：黄光宇，邢忠。本书作者为主要参与人员。

表 4.6　廊道控制区内允许城乡建设用地类型引导(黄光宇等，2005)

允许建设用地类型		建设引导内容
城市建设性用地	一类居住用地	对其建设形式、规模、强度、绿地系统做出详细规定
	旅馆业用地	某些生态功能单元的配套性服务设施，利用良好的景观资源
	康体用地	户外性游乐项目为主，建设结合土地的自然特性
	体育用地	户外、野外运动项目为主，结合土地的自然特性，可配建少量服务性设施
	教育科研设计用地	对其建设形式、规模、绿地系统做出详细规定
	文物古迹用地	尊重历史文脉，保护景观风貌
	绿地	指廊道内的风景名胜区、具有观光旅游功能的生态保护区等
农村建设用地	村镇居住用地	廊道内的村庄在控制非农建设规模的基础上可予以适当保留，远期引导迁村并点集中建设
	村镇企业用地	严格控制产业类型、建设形式、规模、强度
农业生产用地	农田	整理农田，部分退耕还湖、还湿地、还森林；大力推行绿色耕种方式，提高产品品质，发挥土地生物生产效益
	园地	调整园地，部分退耕还林、还草；提倡复合式经营，引入旅游服务业
	苗圃	根据市场需要适当扩大苗圃用地，提倡复合经营

4.3.3　合理确定生态用地总量

国内对生态用地的具体概念讨论较多(陶陶，2014)，然而，争论“生态用地”概念和内容没有实际意义，因为没有哪一种用地是没有生态意义的(俞孔坚等，2009)。针对研究目标，本书以土地的主导功能来定义，所指生态用地，是对维护关键生态过程和提供生态系统服务具有重要意义的土地单元，区别于以农林生产为主导功能的农田和以城乡生活为主导功能的建设用地。

城市的生态用地规模量化还没有统一方法，大致有 3 种途径：一种是寻求理想的生态效果最优，即“生态最优”法；另一种是探讨生态用地需求最小限值，即“最少保护”法；第三种是“指标控制”法，从多种相关指标中寻找适合的数量标准。城市是复杂的巨系统，人类不可能实现城市的最优结构，因此“生态最优”法不可行。

“最少保护”法包括“数量最少”和“结构最少”两种途径。“数量最少”，即生态因子阈值法，依据生态平衡理论，通过寻找关键的生态因子，如人口承载力、碳氧平衡、水资源供需平衡等，确定某区域最小生态用地需求规模(陶陶，2014)，相关文献众多，此处不再赘述。“结构最少”，是基于生态敏感性、生态安全格局的研究，并根据社会经济发展需求，确定最小生态用地的空间分布，是一些占地最少但具有关键生态服务功能的区域，如前述城市生态安全格局中的“底线”(“基本生态控制线”或“生态功能红线”)。需要注意的是，“数量最少”和“结构最少”并不是一一对应的，在不同安全标准和发展目标下，最少生态用地可以有不同的格局。

另外，“指标控制”法在实践中也十分常用，包括人均指标或用地比例指标。在城市生态用地与服务人群之间建立数量上的匹配关系，常以人均占地指标的形式出现，由于仅需要遵循一定的数值，不需要考虑复杂的社会和生态系统特征，容易操作，因此在世界各国得到广泛应用。如英国国家娱乐联合会(NPFA)1992年提出每1000人应有2.8km^2开敞空间；《国家森林城市评价指标》(2007)中规定，城市建成区人均公共绿地面积要达到9m^2以上，城市中心区人均公共绿地要达到5m^2以上。人均占地指标常需要与其他标准相结合以综合反映市民的需求，如服务范围、最小面积、空间分布、居住密度和活动类型等。“指标控制”法可以参考其他规模、结构、产业等相近城市的生态用地比例指标，如国外各大城市的生态用地比例一般在50%以上，60%以上为良好水平。例如，伦敦的生态用地比率为63%，东京为58%，香港为75%，北京为63%，武汉为60%(张浪等，2013)。“指标控制”法至今尚无统一标准，可以预见的是，不同地区城市的发展阶段、社会经济水平、资源条件、公众认识等都会影响城市生态用地的规模比例标准，必须因地而异。

“最少保护”法和“指标控制”法是运用最多的生态用地量化方法，前者是从生态用地供给角度出发，后者是从生态用地需求角度出发，彼此之间并不存在相互排斥的关系，往往需要相互验证、综合运用。如《深圳市城市规划标准与准则》提出全市城市绿地率不小于45%、城市绿化覆盖率大于50%的指标。此外，按照碳氧平衡原理测算得出的深圳城市建设用地和生态用地最适合的比例为4∶6。

另外，生态用地控制必须“数量”(标准也是数量)与“结构”相结合，如果仅有数量指标，而没有确立位置范围及形态，也无法保障生态用地自身功能和外部效益的发挥。

4.4 响应“绿色生产”战略：提升城市绿色产业结构

综合国内外建设经验①，随着城镇化进程加快，绿色空间的首要功能演变次序依次为：维持社会的稳定性与可持续性→城乡经济融合→城乡统一规划→环境保护和环境利用。发达国家已经步入“城乡统一规划”和“环境保护与环境利用”阶段，我国若干发达的大城市地区正在经历实现“城乡统一规划”的阶段，而大多数城市仍处于实现“城乡经济融合”的起步时期，绿色空间承载着一、三产业绿色化、增效益的重任。

产业绿色化，即实现绿色产业，联合国教科文组织(UNESCO)提出“绿色”，意味着自然的、无污染的状态。这标志着公众对过去传统产业造成的巨大环境破坏的反省。

4.4.1 建立绿色产业集群

绿色产业是坚持可持续发展和环境友好理念的产业形态，把环境保护、资源节约标准贯穿于产品生产、流通、消费过程的主要环节中。按照三次产业划分，绿色产业包括绿色农业、绿色工业和绿色服务业(图4.7)。其中，以新型都市农业为主的绿色农业、以环城游憩为主的绿色服务业是绿色空间的主要产业类型，另有少部分农副产品绿色加工业。

---

① 农业部网站. http://www.moa.gov.cn/ztzl/jlh/zlzb/201204/t20120424_2610449.htm.

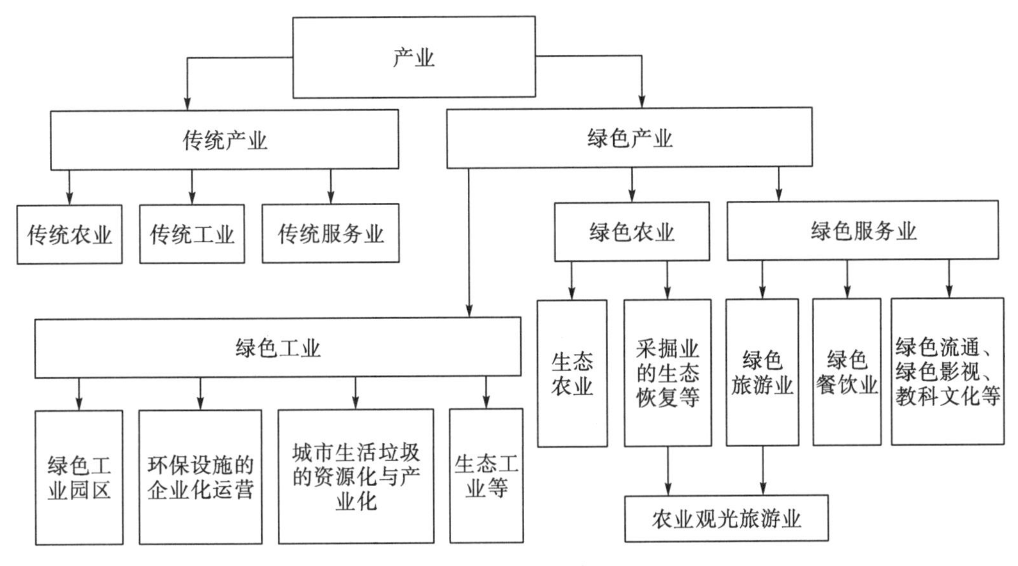

图 4.7　绿色产业分类(陈健，2008)

积极主动发展绿色产业集群是实现从“被动生态保护”到“主动生态利用”转型的重要空间管制措施和有效经济手段。首先，调整产业结构，通过提高第一产业的附加值，积极优化第三产业结构，重新调整第二产业的产业布局，获得综合的生态、经济和社会效益。其次，绿色产业选择，应结合城市发展实际与目标，细化本地绿色产业类型和准入门槛，引进适合本地的绿色产业入驻，选择基础较好的潜力产业进行绿色化改造，排除高消耗、高污染的非绿色产业。当然，除了准入类型，相关部门还应设定一系列准入机制(准入程序、准入标准、准入门槛)，构建起一套绿色产业管理和实施的秩序。

通过调整产业结构，设置产业准入机制，以高端低碳绿色产业占领绿色空间，促使绿色空间从“单一自然生态系统保护”实现“复合生态系统保护与发展”。

4.4.2　都市农业纳入规划统筹安排

都市农业的一个重要特点就在于融入了城市生态、经济和社会系统(周年兴等，2003)。农田既是拱卫城市安全的绿色屏障，也是维持城市食品安全和食品自足的底线(叶林，2013)，具有关乎每个人切身利益的生态和社会功能。发达地区郊区农业建设经验表明，保留一定规模的城市农用地与公众生活舒适度密切相关，有学者认为，维持城市人口人均 1.2 亩①以上的农田规模是保证城市基本食品消费的底线(叶齐茂，2010)。即使当今全球的货运物流体系十分发达、城市食品消费来源已经实现全球化，但对一个具有忧患意识(如冰冻等自然灾害、SARS 等疾病灾害)的城市政府而言，重视本地农业资源将增强城市抵御风险能力，并积极促进地方经济和就业。

当前，都市农业的重要意义尚未得到普遍认同，各类规划对都市农业缺乏针对考虑。一些学者呼吁②，将都市农业发展纳入城市经济社会发展规划，将都市农业空间布局纳入

---

① 1 亩≈666.7m^2。
② 农业部网站 . http：//www.moa.gov.cn/ztzl/jlh/xgzl/201204/t20120425 _ 2610915.htm.

城市总体规划，加强对都市农业用地的保障力度，明确相应比例的用地指标。

《桐柏县城市总体规划(2005—2020)》①（以下简称《规划》)中，为响应都市农业，该《规划》将都市农业布局和用地纳入统一考虑。桐柏县城地处淮河流域源头，西南毗邻桐柏山旅游风景区，东部分布着广袤的良田，形成“山－水－林－田－城”的景观格局。总体规划确定城市规划区面积 275km²，中心城区规划面积约 32km²，规划 2020 年城市总人口 14.3 万人。

《规划》针对县城周边规划管理落地特点，在规范性规划体例基础上，拓展、深化讨论了城市规划区农林产业的发展诉求。充分调查耕地(基本农田)、林地植被分布状况，结合水系、地质条件等环境资源分析，在规划区构筑环绕中心城区的绿色屏障(图 4.8)，促进城市建设区与绿色非建设区两大土地利用系统的融合。

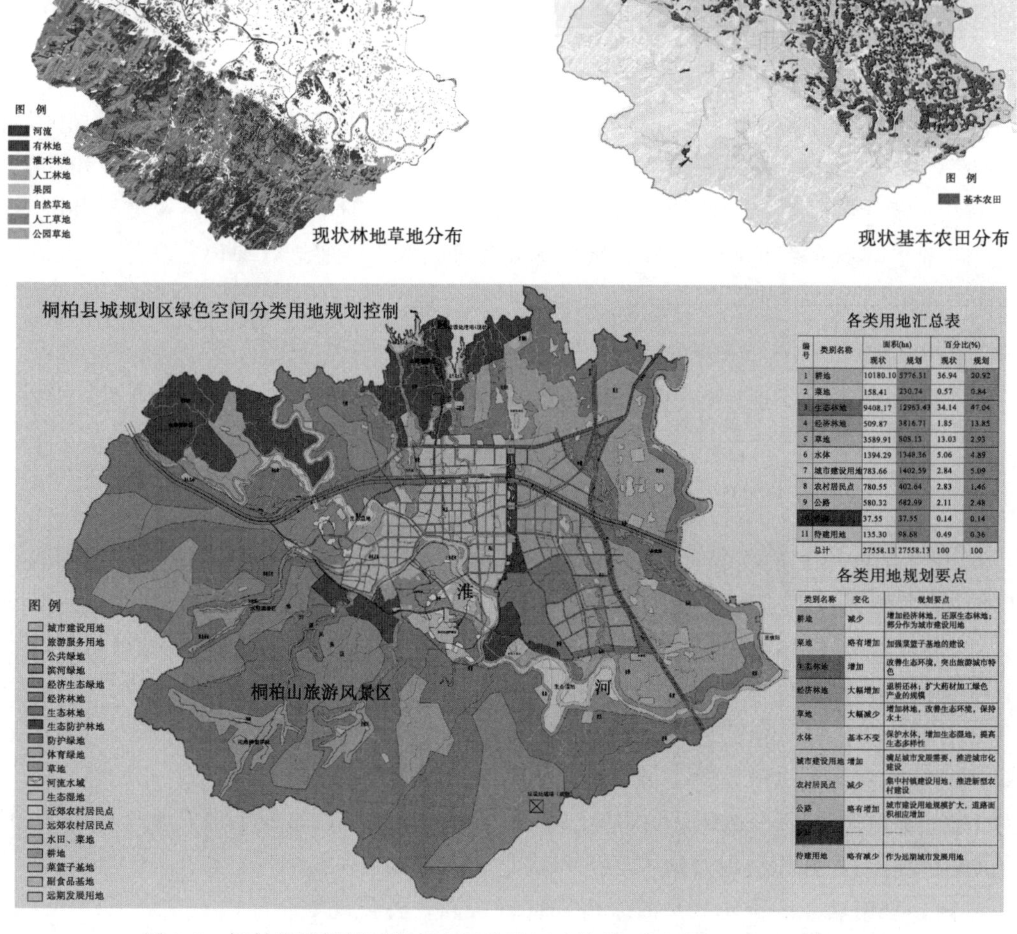

编号	类别名称	面积(ha)		百分比(%)	
		现状	规划	现状	规划
1	耕地	10180.10	5776.31	36.94	20.92
2	菜地	158.41	230.74	0.57	0.84
3	生态林地	9408.17	12963.43	34.14	47.04
4	经济林地	509.87	3816.71	1.85	13.85
5	草地	3589.91	808.13	13.03	2.93
6	水体	1394.29	1348.36	5.06	4.89
7	城市建设用地	783.66	1402.59	2.84	5.09
8	农村居民点	780.55	402.64	2.83	1.46
9	公路	580.32	682.99	2.11	2.48
10	[illegible]	37.55	37.55	0.14	0.14
11	待建用地	135.30	98.68	0.49	0.36
总计		27558.13	27558.13	100	100

类别名称	变化	规划要点
耕地	减少	增加经济林地，还原生态林地；部分作为城市建设用地
菜地	略有增加	加强菜篮子基地的建设
生态林地	增加	改善生态环境，突出旅游城市特色
经济林地	大幅增加	退耕还林；扩大药材加工绿色产业的规模
草地	大幅减少	增加林地，改善生态环境，保持水土
水体	基本不变	保护水体，增加生态湿地，提高生态多样性
城市建设用地	增加	满足城市发展需要，推进城市化建设
农村居民点	减少	集中村镇建设用地，推进新型农村建设
公路	略有增加	城市建设用地规模扩大，道路面积相应增加
[illegible]	——	——
待建用地	略有减少	作为远期城市发展用地

图 4.8　桐柏县城规划区绿色空间分类用地控制(邢忠等，2006)(见彩图)

① 该项目荣获 2012 年度重庆市优秀城乡规划设计一等奖。编制单位：重庆大学城市规划与设计研究院。项目负责人：邢忠。本书作者为主要参与人员。

结合现状农林产业分布及城市绿色食品供给需求，匹配城郊农村居民点与耕作区，提出农林产业用地底线规模，细化分类水田、菜地、经济林地布局(图 4.9)，形成“东部农业+西部林业”互补格局，统筹安排菜篮子基地和副食品基地，并通过对农林产业用地提出空间管制措施，积极保护绿色产业用地，推进地方食物供给、带动郊区绿色产业发展，促进对环境资源的根本性保护。

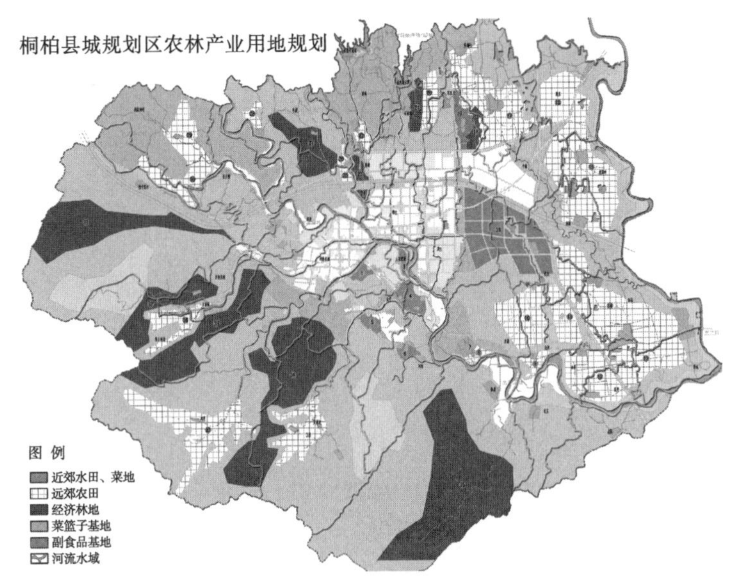

图 4.9　桐柏县城规划区农林产业用地布局及控制(邢忠等，2006)

4.4.3　游憩服务业促进绿色增值

1933 年《雅典宪章》将“游憩”定为城市的四大功能之一，游憩过程使市民有更充沛的精力、更丰富的知识、更健康的身体从事生产和创造性活动。另外，游憩活动作为主动介入的保护措施之一，对城市周边的主要景观资源的保护也十分必要，正如《雅典宪章》指出：现代城市盲目混乱的发展，不顾一切地毁坏了市郊许多可用作周末游憩的地点。因此，在城市附近的河流、海滩、森林、湖泊等自然风景幽美之区，我们应尽量利用它们作为广大群众假日游憩之用。

根据吴必虎、俞晟、Clawson & J. knetch 等提出的理论，理想的城市游憩空间呈距离衰减式扩散模式，呈一种同心环结构，即围绕城市中心(CBD① 或 RBD②)形成“城市游憩区－近郊游憩带－乡村游憩带－远郊游憩带”的渐变空间，城市绿色空间大致位于近郊游憩带和乡村游憩带上。

环城游憩空间最大的特点在于环绕城市而分布，由于受地形地貌、河流湖泊、交通干线、游憩资源分布与质量的影响，以及城市发展形态、市民游憩需求的指向、相邻城市旅游产品的辐射带动，环城游憩空间的地域结构和功能结构均不同，环形结构往往呈不规则状。特别指出的是，山地城市环城游憩空间布局形态受山水环境和城市形态影响，分散式

① 城市商业区。
② 休闲商务区。

结构大大延长了人工建设空间与绿色空间的接触边界，特别是依托大型山体和水域的绿色空间楔入城市内部，将森林公园、风景区、自然保护区、农田、果园、乡村等游憩资源引入城市建成区，有利于在城市建成区就近开展各类型的游憩项目，形成城市游憩与近郊郊野游憩、乡村游憩在较小的尺度范围内共存的局面(图 4.10)。

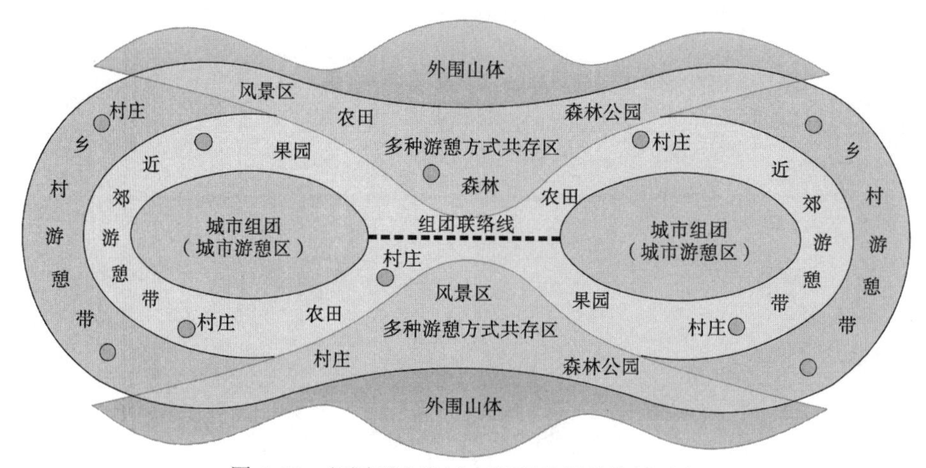

图 4.10　组团型山地城市的环城游憩格局示意

重庆市都市区是典型的组团型分散结构。缙云山、中梁山、铜锣山、明月山(与山间宽谷的高差为 300～600m)南北向将都市区分割为 3 大片区。另外，还有约 170 座城中山体星罗棋布，现有 3 处自然保护区，6 处风景名胜区和 20 处森林公园等各类风景资源(图 4.11)。

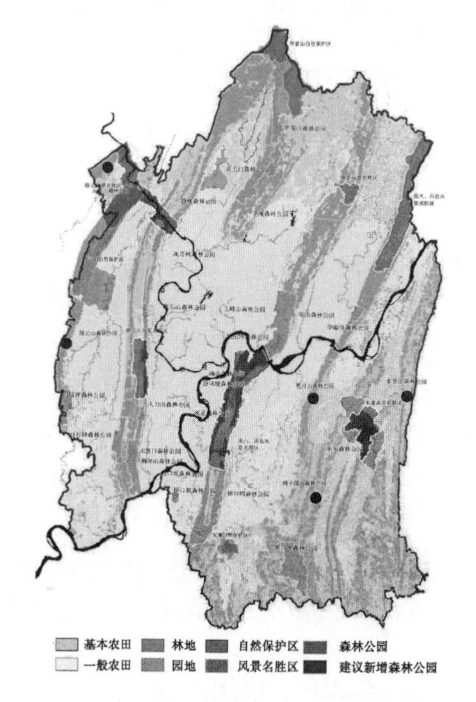

图 4.11　重庆都市区自然游憩资源分布①(见彩图)

① 资料来源：重庆都市区美丽山水城市规划[R].重庆市规划设计研究院，2014.

四山和众多城中小山交织，游憩空间格局已不是同心环结构所能描述，形成了“城—游”高度融合的网络结构。各类风景资源地距离城市均在 1 小时车程范围内，极大地提高了市民游憩出行的参与度和积极性。另外，在四山之间的平谷及山顶台地还分布有约 1555km^2 耕地和 459km^2 园地，现在已发展了 70 余个特色产业村和 300 余家成规模的农家乐，为市民提供家门前的乡村游憩服务，以及新鲜优质的农业产品。游憩资源建设的各方相关利益者，投资人、政府、市民都获取了不菲的绿色环保的市场价值和非市场价值，并极大提升了他们对绿色空间的主动保护意识。

4.5　响应“宜居生活”战略：优化城乡建设空间结构

绿色空间规划遵从城市总体规划、土地利用总体规划对城乡土地的总体安排，依据它们对建设空间布局(空间增长边界，建设用地拓展方向、拓展方式、拓展规模)和各类设施配置(重大交通与基础设施)的要求，节约集约利用土地，统筹存量与增量用地，促进建成区在存量中挖潜，引导城镇化转型区拓展适度、有序，引导村庄减量、收缩。

4.5.1　城镇化转型区精明拓展

2015 年我国城镇化率达到 56.1%，但各地差异较大，发达国家城镇化率一般稳定在 75%～80%，可以预见在未来相当长一段时间内，我国城镇化发展还有很大的提升空间(李迅，2014)，用地与人口“增长”需求会在大多数城市持续较长一段时期，但这种增长不是外延式扩张，应是集约高效的，是精明的增长。

作为城镇拓展的前沿区，引导城镇化转型区精明拓展的目的在于：管理和控制城镇增长的主导方向、范围、规模和时序，保护自然资源和环境质量，提供有效的公共基础设施。城市增长/开发边界是国内当前增长管理的主要空间规划方法。“城市增长边界”(urban growth boundary)本意指城市土地和农村土地的分界线。目前，城市增长边界有城市建设底线、城乡地域分界、城市形态控制线和城市发展弹性边界 4 种类型①(孙雪东等，2014)。

城市开发边界是城市增长边界的一种，具有综合上述 4 种类型的特征，更具有强制性，是城市建设拓展的底线。在城市开发边界相关政策出台之前，国内的研究和规划实践都以城市增长边界为主。“十二五规划纲要”(2011)首次提出要“合理确定城市开发边界，规范新城新区建设”。中央城镇化工作会议(2013 年 12 月)提出尽快把每个城市特别是特大城市开发边界划定。《国家新型城镇化规划》(2014)再次提出“城市规划要由扩张性规划逐步转向限定城市边界、优化空间结构的规划，要合理确定城市规模、开发边界、开发强

① 城市建设底线，指划定城市建设开发活动的绝对禁建区域，如深圳基本生态控制线、北京限建区规划的禁建区等；城乡地域分界，指划定城市区域与乡村区域的边界，如美国城市增长边界、日本城市化地区边界、我国台湾地区都市地域边界等；城市形态控制线，是划定城市建设空间集中开发区域边界，如英国伦敦绿带、国内城乡规划建设用地边界、土地利用总体规划规模边界(依规划确定的城乡建设用地规模指标划定的允许建设区的范围界线)；城市发展弹性边界，是划定城市未来一定年限潜在发展空间边界，如我国土地利用总体规划扩展边界(依规划确定的可以进行城乡建设的最终范围界线)。资料来源：孙雪东，赵云泰，石义．城市开发边界怎么划——以厦门、武汉、贵阳三市为例[N]. 中国国土资源报，2014-11-7(2). 有修改。

度和保护性空间”。

2015年四川省颁布了国内第一个《城市开发边界划定导则(试行)》(以下简称《导则》),《导则》指出城市开发边界是“根据地形地貌、自然生态、环境容量和基本农田等因素划定的、可进行城市开发建设和禁止进行城市开发建设的区域之间的空间界线，即允许城市建设用地拓展的最大边界”。该《导则》认为，应将“城市开发边界的范围、面积和管控要求”在城市总体规划中明确为强制性规定，从而赋予城市开发边界以法律效力(图4.12)。目前，住建部和国土部共同主导的包括北京、上海、广州等在内的14个城市的开发边界划定工作已于2015年完成，下一步争取在2～3年确定全国600多个城市的开发边界①。划定城市开发边界将成为我国管理城市增长的重要手段。

按照《城市规划编制办法》规定，城市增长边界是总体规划编制的重要任务，绿色空间规划不应该也不能承担划定增长边界的工作，而应从绿色空间规划目标出发，通过构建生态安全格局反控增长边界。另外，作者认为，并非所有城市都适合划定开发边界，应综合考虑城市发展阶段、发展动力、社会经济条件和规模大小，中小城市尤其应避免跟风而上。但在开发条件较好的平原、水网地区，由于生态敏感和土地稀缺，开发边界的划定是必要的。

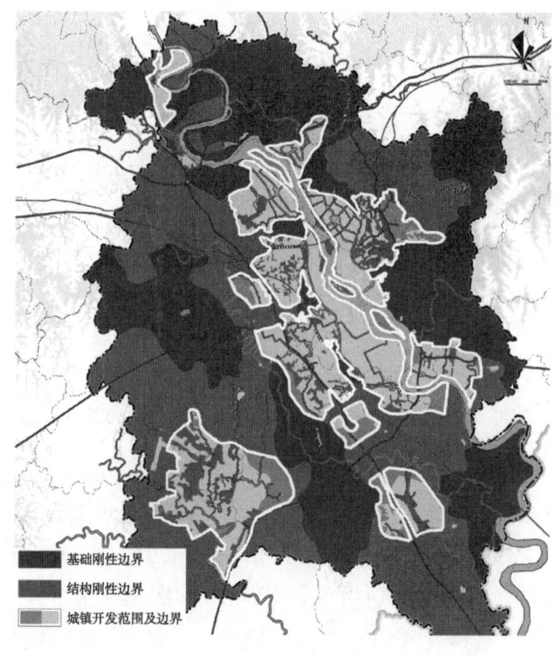

图4.12　绵阳市城市开发边界②

4.5.2　近郊村庄精明收缩

“精明收缩”(smart decline)理论首先在德国被提出，主要针对人口衰落城市的经济问题和物质环境问题。2002年美国罗格斯大学弗兰克·波珀(Frank Popper)教授夫妇将其定

① 北上广深等14城将划定开发边界，避免无序扩张[N].新民晚报，2015-6-5(5).

② 资料来源：内部资料.成都市规划设计研究院，2014.

义为“更少的规划——更少的人、更少的建筑、更少的土地利用”(Planning For Less Fewer People，Fewer Buildings，Fewer Land Uses)，从希望增长转向直面衰退，强调更小而更好的城市形态。精明收缩理论在国外许多面临长期衰落的城市规划上逐步得到重视与实践，并对城市、郊区、农村三种不同的对象均提供了策略。

伴随城市和大型乡镇的吸引力和辐射力持续提升，以及农村人口持续向外迁移，部分近郊农村的空心化加剧，农村聚居空间规模必然持续下降(卢福营，2014)。因此，近郊村庄收缩是城镇化过程的一部分，包含着农村经济的非农化、成员身份和福利的市民化、基层社会治理方式的社区化、生活方式和文化观念的现代化等。

近郊村庄收缩必须面临的核心问题包括：如何在人口外流情况下保持乡村的活力与后续发展力？如何解决大量空置荒弃的住宅用地？如何保持农村景观特色？这些问题的解决需要综合的产业、经济和治理策略。采取精明收缩的空间策略可以有效降低未来收缩过程中的经济、社会及生态成本，其措施包括：

(1)关注村庄持续的潜在发展动力，通过聚居点发展态势评价对各个聚居点分别采取扩建、保留和拆并策略，必须有选择的将资金和可增长的建设空间优先置于最有潜力的区域。普通聚居点若无其他增长点，其人口衰退的趋势难以逆转，应逐步压缩建设规模转移人口。

(2)培育农林产业和旅游休闲产业，提供持续发展动力，激活农村自身的“造血”机能。配套高效的公共设施保持潜力区域的良性运营，将公共服务设施均等化向服务质量聚焦，缩小其与城区的差距，注重合理的聚居社区规模，强调尺度合理的邻里及其空间肌理。

(3)优化建设土地利用，严格控制人均用地指标。通过用地综合整治、土地流转政策盘活聚居点内荒弃土地，进行填充式开发，可以将其改造成为小型开放空间或者绿地公园，而外围被荒弃了的土地可以复垦农田或被改造成为娱乐设施等。

(4)乡土自然与人文景观是农村区别于城市的核心竞争力及独特价值所在。传承文化景观、保护乡土特色、培育游憩服务产业是激活农村经济的内在动力。规划应以生产劳动、生活场景和农村风貌等为旅游资源，为人们提供本色的乡土生活和人文景观体验。

(5)村庄规划没有固定的模式，根据地域文化、社会关系、生产发展阶段、产业特色来进行布局安排和考虑，因村制宜，走多样化特色化道路。设计合理、深入村庄内部的绿色系统，有益于居民身心健康，有利于增加村庄凝聚力，提高村庄活力。

(6)规划应具有较强的实施性，尊重村民意愿、激励公众参与是规划的基本要求。借鉴台湾社区营造方法：以居民、生活者为主体，追求地区潜在资源的活化，以全村落居民参加为目标，保育生态环境，追求文化社区文化特色，促进共同体的认同感(谢正伟等，2014)。不仅切实解决村民所需、恢复乡村活力，村民的意见也有助于“收缩型”规划的制定，使乡村规划能在实践中有效地推行。

4.6　本章小结

战略考量与结构规划重点解决城市规划区绿色空间与城市发展宏观战略和城市结构框架结合的问题。在衔接城市总体规划(城镇体系规划、中心城区规划)和部门专业规划要求的基础上，相较于法定城市总体规划，更重点细化“生态优先保护、绿色产业发展和城乡建设空间优化”的政策引导和空间结构。

结构规划体现的是城市政府对绿色空间发展战略方向的长远打算，为未来一段时间内的绿色空间建设提供政策框架。通过引导不同空间管制分区的“生态、生产、生活”职能，协调城乡土地、空间、产业及景观一体化建设，形成高效维护土地生态过程安全与质量的绿色结构，并在恰当的区位预留合适的开发建设空间，为变化的城市规模提供弹性的发展余地。

第5章　中心城区绿色空间功能组织与用地布局

中心城区是人口最密集，城市政治、文化和经济功能最集聚的区域，是绿色空间规划的核心尺度。中心城区绿色空间面对“低供给与高需求”矛盾性：一方面，农田林地、河流湖泊受建设活动侵占干扰十分剧烈，绿色空间供给城市的生态产品、农林和游憩产品数量有限，质量较差；另一方面，城市居民居住就业、产业经济发展、城市特色塑造、环境改善又必须仰赖绿色空间提供稳定和优质的服务。这一矛盾在城市增长过程中必然长期存在，功能组织和用地布局并不能解决这一矛盾，但至少是缓解这一矛盾的重要途径。

5.1　功能组织与用地布局的任务

5.1.1　复合功能导向与用地布局响应

用地布局规划的工作范围是中心城区范围内、城市建成区之外的区域。规划期限一般为10～20年。用地布局规划是在结构规划制定的绿色空间管制分区——绿色保护区(生态保育区、景观游憩区、历史文化区、防护隔离区)和农林生产区——基础上进一步组织用地功能至Ⅱ或Ⅲ级分区(但城镇化转型区和村庄按照城市用地分类标准细化)，并将战略政策进一步转化为具体的规划建设措施。

功能组织是用地布局的前提，用地是功能的载体，功能体现用地价值。不同功能代表的不同价值取向、功能之间并非截然隔离的，而是在空间上立体交织耦合(难以剥离)、功能上相互包含溶解(复合功能)、结构上相互关联支撑(不能割裂存在)，组成了形态丰富、功能复合的绿色空间系统。对人类效用而言，没有哪类功能是基于唯一目标存在的，因此，类似于城市建设区，基于单一功能导向的用地布局思路(如居住用地、商业设施、游憩设施等专项规划)不能适应绿色空间的复合功能组织需求。

运用生态整体规划思维，依据“自然生态平衡、经济生态高效、社会生态公平”的原则，在中心城区合理组织“生态、生产、生活”复合功能；针对不同功能，用地布局中采取“保护、引导与控制”差异性的规划措施，确保生态功能得以保障，生产功能得以引导，生活功能得以控制。

基于“复合生态协调”要求，作者将基于“生态、生产、生活”单一功能导向的、分散的用地布局规划措施进行协调，力图实现复合功能在空间上的整合，并将庞杂的规划任务集成为“六图一表”操作路径，以便于开展规划编制和管理控制(图5.1)。

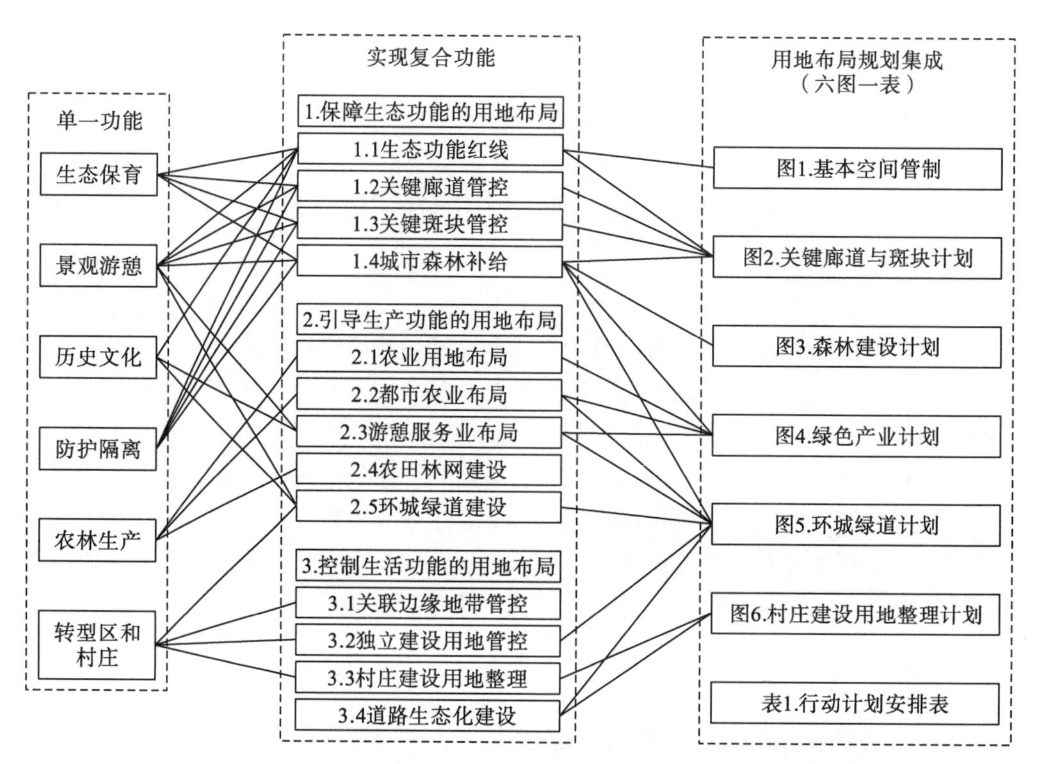

图 5.1　响应复合功能导向的中心城区绿色空间用地布局规划工作框架

5.1.2　用地布局衔接相关专项规划

用地布局规划主要与城市总体规划、土地利用总体规划和相关专项规划衔接。专项规划是指有关绿地系统、河湖水系、历史文化古迹保护、生态保护、综合交通、公共设施、基础设施、综合防灾等与城市空间布局关联度较大的规划，这些专项规划是在城市总体规划的指导下进行的，不得违反总体规划确定的基本原则。

绿色空间用地布局规划和城市总体规划、土地利用总体规划的衔接内容与结构规划近似，此处不再赘述。

与相关专项规划的衔接体现如表 5.1 所示。

表 5.1　绿色空间用地布局规划和专项规划的衔接

类型	主要规划内容	与之衔接的绿色空间用地布局规划工作内容
城市绿地系统规划	根据城市总体规划，制定各类城市绿地的发展指标，安排城市各类园林绿地建设和市域大环境绿化的空间布局	协调郊区大型公共绿地的建设规模与范围(绿线)，如郊野公园、植物园、苗圃基地等
城市水系规划	构建河湖水系网络，确定水体功能，合理分配岸线和引导岸线建设，引导滨水控制建设区布局，明确水体水质保护目标和污染控制体系，协调水系基础工程建设	协调郊区河湖水系规模与范围(蓝线)，重点建设项目，如景观湖泊、湿地等

续表

类型	主要规划内容	与之衔接的绿色空间用地布局规划工作内容
历史文化古迹保护规划	划定“历史城区—名镇名村和传统村落、历史文化街区和历史风貌区保护—不可移动文物及历史建筑”的保护内容、保护范围，以及协调相邻地段建设风貌和开发行为	遵守紫线范围和建设控制要求
区域公用设施规划	组织和安排区域性道路交通、电力、电信、燃气、给水、排水、环卫等的通道或设施用地	遵守黄线范围和建设控制要求
城市综合防灾规划	划分城镇防灾分区，确定重大危险源和重要建设布局，确定应急保障基础设施、防灾工程设施的布局，确定消防、抗震、防洪、地质灾害防治、重大危险源防御、抗风、地下空间防灾与人防等设防标准	遵守各类防灾设防标准、范围和建设控制要求
基本生态控制线规划	划定以生态敏感区为主的控制线范围，并制定实施与管理政策	遵守以地方法规形式确定的生态控制线
绿道规划	绿道分类与空间布局；标识、服务设施和基础设施建设要求	协调绿道位置及沿途服务设施布置

5.1.3　用地布局的焦点问题

用地布局的焦点问题见表 5.2。

表 5.2　绿色空间用地布局的主要焦点问题

焦点问题	具体内容
协调生产、生活、生态用地	协调中心城区内的生产、生活、生态空间，引导生产用地，控制生活用地，保障并提高生态用地比例
生态网络与关键区规划	在集中紧凑开发的中心城区辨识、保护、利用已有环境和土地资源，用好存量生态用地，通过生态功能红线限制城市无序开发； 修复生态网络结构，扩大绿色空间规模，提升生态服务效力，拓展新的生态增量； 重点管控关键生态廊道和生态斑块
都市农业与游憩业规划	优先保护基本农田，合理安排一般农田使用； 加强农业与游憩业共生共荣：推动传统农业向都市农业转型，供给城市绿色食品，促进产村融合；延长都市农业产业链，打造环城游憩和绿道体系，鼓励绿色低碳生活方式； 维护农田景观多样性，丰富农田生态结构
城镇化转型区和村庄规划	反控、合理布局新增建设用地，形成紧凑发展、集聚发展的格局； 优化村庄用地布局，整理粗放建设用地，建设宜居宜业的乡村； 预留区域基础设施走廊，约束基础设施用地，运用生态化措施

5.1.4　用地布局规划的主要内容

用地布局规划应与中心城区各专项规划高度衔接，协调好与相邻城市建设区及乡镇的发展关系，安排中心城区生态、生产、生活空间，引导城乡建设活动与绿色空间相适应。规划编制主要内容如下：

(1)分析中心城区各类自然资源、景观游憩资源、产业资源状况，把握城乡建设状况和上位规划对城市发展的具体建设要求，分析现状问题，梳理发展诉求，明确规划目标和指标。

(2)结合城市总体规划确定的空间管制要求和城市增长/开发边界，细化城市集中建成区外的“三区”范围——适建区(独立建设用地、城镇化转型区和村庄，以及各类区域公用设施)、限建区和禁建区，划定城市绿色空间规划内建设用地与非建设用地界线；依据相关规划，落实“四线”范围——蓝线、绿线、紫线和黄线；依据相关规划，落实各类保护性用地范围。

(3)通过生态敏感性评价、建设用地适宜性评价、景观资源评价和产业资源评价等，安排建设用地(独立建设用地、村庄和区域公用设施)、农业用地、生态用地和其他用地，明确各类用地的总量规模，形成合理的土地利用结构。

(4)充分保护和利用生态存量，在城市规划区生态安全格局下，构建中心城区生态网络；划定中心城区生态红线；通过提升关键性生态廊道和斑块的生态服务水平和修复生态网络关键节点，寻找生态增量。

(5)因地制宜确定都市农业和游憩服务业布局结构，推动绿色空间产业化，发掘绿色增值效益；依据土地利用总体规划，保护和安排成规模农业用地；提倡绿色生产方式，提升农田生态景观多样性；组织环城游憩体系，布局环城郊野公园和绿道系统，鼓励市民绿色生活方式，提升城市内涵品质。

(6)营造宜居的城乡人居环境。对城镇化转型区关联边缘地带和独立建设用地开发行为进行引导；整理村庄各类建设用地，合理调整居民点布局，优化内部结构；对严重干扰生态网络连接度的区域公用设施进行生态化干预。

(7)提出重点项目布局、分期建设时序安排的建议。

5.2　保障生态功能：生态网络与关键区规划建设

规划生态网络是在生态安全格局下，依据现状存量生态要素的区位分布特征和组合规律，合理安排城市生态用地的空间布局和规模，为未来寻找发展空间提供更多的生态产品。

5.2.1　生态网络分级分区管控

由于基质的相对稳定性、巨大规模和完整性，可以通过优化由斑块和廊道组成的生态网络来保障生态安全格局。

生态网络中不同区位上斑块、廊道的价值不一、功能各异，管控方式不应均质化，应根据它们在生态结构中的功能重要性、生态敏感程度和人类使用需求针对性管理，采取差异化的“发展、控制与引导”策略(表 5.3)。

表 5.3　生态网络分级与管理目标的关系

利用与管理目标	一级控制区	二级控制区	三级控制区
科学研究	●	○	△
郊野景观保护	●	●	○
物种与基因资源保护	●	○	△
维持动植物迁徙等重要生态过程	●	○	△
保护特殊自然/文化景观	●	●	○
水、大气、土壤等城市环境保护	○	●	●

续表

利用与管理目标	一级控制区	二级控制区	三级控制区
旅游与游憩	○	●	●
教育与传承	○	●	○
提供农林绿色产品	△	●	●
自然灾害防护	○	●	●
城市基础设施防护	△	●	●

注：●代表主要目标，○代表次要目标，△代表不适用。

在生态敏感地区(如风景名胜区的特级、一级保护区)，对人类活动予以空间上的限制，尽可能减少人类活动介入。在环境容量许可地区(如风景名胜区的二、三级保护区)，则可以适当引导人类活动，使其相对集中、降低干扰。深圳基本生态线管理经验(深圳市法定图则的编制中，规划编制人员看到生态线就理所当然地认为应作为林地等非建设用地进行控制，对错综复杂的现状土地使用情况较为忽视)说明(盛鸣，2010)，绿色空间不能理解为“禁区”或“无人区”，而应该作为城市功能的一个重要组成部分，并对其空间和资源的潜力进行充分的挖掘和利用。合理地引导绿色空间内有限度的建设，比简单地完全禁止建设将更有利于避免违法建设行为。生态结构管控主要有 3 种类型(马涛等，2014)：一是边界控制型规划，通过划定一条清晰的空间界限明确生态用地范围，如生态功能红线；二是禁限建区规划；三是分级分区控制规划。2002 年，黄光宇先生较早地在《成都市非建设用地规划》① 中提出了分级分区建设的思路，并于 2005 年在《宝鸡市南部台塬区生态规划》② 中进一步完善(图 5.2)。

分级分区管控思路强调“发展、控制与引导”的辩证关系，通过实行分级划定、分区管控措施，适度引导合理建设，可以有序释放城市开发压力。一般分为三级：一级控制区是对形成生态网络结构十分重要的关键地区，二、三级控制区的重要性依次降低。其中，生态功能红线范围包含一级区和部分二级区(表 5.4)。

图 5.2　宝鸡南部台塬区生态网络分级控制(黄光宇等，2006)

① 该项目荣获 2005 年度重庆市优秀城市规划设计一等奖，建设部优秀城市规划设计三等奖。编制单位：重庆大学城市规划与设计研究院。项目负责人：黄光宇教授，邢忠教授。本书作者为主要参与人员。

② 该项目荣获 2009 年全国优秀城乡规划设计二等奖，2007 年重庆市优秀城乡规划设计二等奖。编制单位：重庆大学城市规划与设计研究院。项目负责人：黄光宇教授，邢忠教授。本书作者为主要参与人员。

表 5.4　生态用地分区分级管控

级别	管控原则	管控要求	禁限建类型	备注
一级控制区	保护与优化：保持生态环境的原真性，尽可能保证系统自我维持能力	制定保护措施，严格控制该区域的开发干扰，适度开展城郊旅游。积极引导区内村民向城镇和集中居民点迁移	禁止建设	纳入生态功能红线
二级控制区	维育和控制：对生态环境进行有目的的恢复，或者对原生境遭到破坏的生态区域进行生态维护、培育	执行限定区域和限定条件的开发模式。建设活动必须满足相关要求：限定建设性质、控制开发强度、划定具体建设的区域和面积等。重点发展城郊旅游业、高效林业	严格限建	部分纳入生态功能红线
三级控制区	引导与限制：对开发建设的强度、方式、空间格局和区域发展模式精心调控	引导与环境适应的开发行为，调控开发建设的强度、方式、空间格局。限制乡村居民点占地规模，鼓励人口向城镇转移	一般限建	不纳入生态功能红线

5.2.2　划设城市生态功能红线

2014 年 2 月环境保护部发布了《国家生态保护红线—生态功能基线划定技术指南(试行)》(以下简称为《指南》)①，是指导国家和区域层面国土空间生态保护的战略文件，也为城市生态红线划设提出了基本要求。其中，生态功能红线是指对维护自然生态系统服务，保障国家和区域生态安全具有关键作用，在重要生态功能区、生态敏感区、脆弱区等区域划定的最小生态保护空间，也是我们日常所说的生态红线(深圳市等称基本生态控制线、武汉市等称为生态底线)。

早在 2005 年 11 月，深圳市人民政府就划定了基本生态控制线，并在《深圳市基本生态控制线管理规定》和《深圳市基本生态控制线管理条例》中将其纳入法制化的管理体系。作为全国第一个实施基本生态控制线管理的城市，其实施极大地提升了深圳市生态资源的保护力度，也带动了其他城市划设生态红线的积极性，如广州、上海、武汉、无锡、长沙等(表 5.5)。

划定城市生态红线就是建立土地需求的优先性，反控城市增长边界/开发边界，并在此边界之外，将最需要进行保护的重要生态区域纳入控制线范围。因此，生态红线是一项精明保护策略，首先是生态结构的预防性保护线，其次是城市空间分区建设的综合管理界线。

5.2.3　关键生态廊道规划建设

自然生态廊道结构多样而变化，是联系各孤立斑块(城镇、乡村、农田、林地)间的各种生态流交换的通道，发挥着 4 种功能：某些物种的栖息地；物种迁移的通道；分隔地区的屏障或过滤器；影响周围地区的环境和生物源(Forman，2008)。威廉 · M. 马什(2006)

---

①　2011 年，《国务院关于加强环境保护重点工作的意见》(国发〔2011〕35 号)明确提出，在重要生态功能区、陆地和海洋生态环境敏感区、脆弱区等区域划定生态红线。这是我国首次以国务院文件形式出现“生态红线”概念并提出划定任务。中共十八届三中全会更是把划定生态保护红线作为改革生态环境保护管理体制、推进生态文明制度建设最重要、最优先的任务。可见，划定生态红线已经不仅仅是生态保护领域的重点工作，更是成为生态文明制度建设的关键内容，成为国家生态安全和经济社会可持续发展的基础性保障。

指出，生态网络必须建立在地形地貌基础上，如果没有山体、河流、谷地等起着重要支持作用的地貌系统，生态系统就缺乏多样性、稳定性和弹性。典型的生态廊道包括山体廊道、山谷廊道和河流廊道。

表 5.5　国内部分城市生态红线情况(周之灿，2011，有修改)

城市	控制范围*	控制规模/km^2	控制范围占城市规划区面积比例	管理规定
深圳市	法定保护地(风景名胜区、森林公园、郊野公园、自然保护区)控制线、基本农田及耕地控制线、水源地保护控制线、河流湖泊与湿地控制线、林地控制线、重要山体控制线、海岸及沙滩控制线等，以及其他需要进行生态控制的区域	974.5	占规划区陆域面积 50%	发布本市基本生态控制线管理规定
无锡市		530	32.4%	
武汉市		1566	55.6%	
成都市		133.11	—	发布《成都市环城生态区保护条例》
东莞市		1103	44.7%	发布管理规定，编制《东莞市区域绿地规划》
广州市		5228	70.3%	发布管理规定，编制绿地专项控规
长沙市		3066	61.82%	暂未发布管理规定及相关文件
上海市		3500	占规划区陆域面积 50%以上	

*针对法定保护地和水源地，不同城市纳入生态红线的分区各异，如，武汉将饮用水水源一级、二级保护区，风景名胜区、森林公园及郊野公园的核心区纳入生态红线；深圳将一级水源保护区、风景名胜区、森林公园及郊野公园完整纳入生态红线。

1. 山体廊道规划建设

山体是由丘陵、山岭、阶地、台地等高出地面的正地形组成，连续而深入城市的山体廊道是城市最重要的功能结构。

1)发挥山链连接功能

香港是典型的山地环境，辖区总面积 1107km^2，山多平地少。山脉相连，形成枝状密布的大小山体，以及众多山坳。适宜城市建设的平地十分有限，仅零星分布于沿海地带和新界北部地区。由于严厉的土地政策限制，城市建设用地仅占全域 20%，市区人口密度平均 2.1 万人/km^2，是全球人口密度最高的地区之一。即使在“人地冲突”十分严重的情形下，1977 年至今，全港仍划定了 24 个郊野公园和 22 个特别地区(其中 11 个位于郊野公园之内)①。

香港的郊野公园保护了全港超过 40%的土地、60%的林区、55%的灌木林，即使以国际标准来衡量，这也是一个非常高的比例。如今郊野公园已遍布全港各处，包括山岭、森林、塘库、海滨和多个离岛，特别是依托大小山体，各郊野公园形成链条状镶嵌在城市和郊区之间。九龙和香港岛是全港的中心，在此狭小的区域内，两条东西向的山体廊道分别

① 英国知名的建筑与城市规划师艾伯克龙比为香港制订了《香港初步城市规划报告(1948 年)》，该报告延续了“大伦敦计划”中在中心城区与新市镇中间隔绿带以控制中心城无序扩张的思路，提出用郊野公园绿化带限制城市无序蔓延、维系生态环境。1967 年和 1971 年，香港分别成立了“临时郊区使用及护理局”和“香港及新界康乐发展及自然护理委员会”。1976 年颁布的《郊野公园条例》是辟设、发展及管理郊野公园和特别地区的最基本的法律依据。

串接了 8 个和 6 个郊野公园，形成对建成区的包裹和分隔，并对改善城市环境、减少热岛效应起到重要作用。由于管理得力，如今城市核心区形成了极具震撼力的高楼大厦与山体绿化触手可及的特殊景观(图 5.3)。

图 5.3　香港岛山体绿化与城市高度融合

资料来源：香港渔农自然护理署网站.

http：//www.afcd.gov.hk/.

2)倡导市民合理游憩

山体是某些物种的栖息地和迁移通道，但临近城市地区的山体也应符合市民的合理使用需求。香港设郊野公园的目的，是为了保护当地自然环境并向市民提供郊野的康乐和教育设施，鼓励人们在郊野公园内开展休闲、健身、远足、家庭旅行、露营等活动。而 22 个特别地区是指在动植物、地质、文化或考古特色方面具有特殊及重要价值的政府管理土地，以保护为主，尽量避免人类干扰。

香港郊野公园最为人所知的游憩设施，是 100km 长、依山而建，由新界中部穿越 8 个郊野公园的“麦理浩径”(MacLehose Trail)(图 5.4)，沿途要翻越 20 多座山头，起点位于迂回起伏的东岸荒野，中段途经连绵的山脉，其中包括香港最高的山峰(957m 的大帽山)，最后抵达西面引人入胜的河谷和水塘，充分展示了香港变化丰富及最美丽的郊野，是世界知名的城市远足步道。

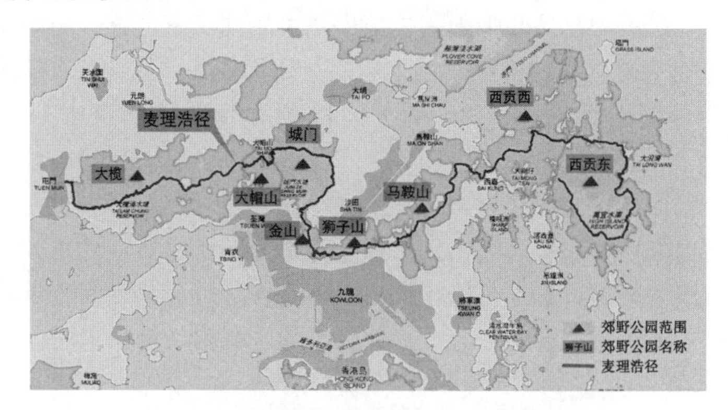

图 5.4　麦理浩径串接沿途八个郊野公园

资料来源：香港渔农自然护理署网站.

http：//www.afcd.gov.hk/.有修改。

郊野公园极大地激发了市民参与自然保育的热情，2000 年至今有超过 3600 万人次参与自然护理教育活动，并且前往郊野公园的游人每年均保持在 1100 万人次以上[①]。可见，设立郊野公园是香港最具前瞻性的城市规划措施之一。

3)整体保护分区管制

某些山体廊道具有大尺度、大区域的连续性，腹地范围宽广，“分区管制”是具有动态适应性的弹性管制手段。

缙云山、中梁山、铜锣山、明月山是嵌入重庆都市区内的四条重要山脉(简称“四山”地区)，地区面积共约 2376km²，2004 年森林覆盖率达 50%，是城市重要组团隔离廊道。为应对“四山”地区普遍存在的房地产开发蔓延、工厂企业污染、开山挖矿、建设项目量大而面广等问题，重庆市于 2007 年以地方规章形式发布了《重庆市“四山”地区开发建设管制规定》，要求划定禁建区[②]、重点控建区和一般控建区(图 5.5)。其中，禁建区 2243.36km²(占管制区的 94.41%)，是核心保护区，尽可能完整地包含了自然保护区、风景名胜区、森林公园和大型林地。在禁建区外另划定重点控建区 107.75km²、一般控建区 25.03km²，作为有条件开发的缓冲范围，控制城市蔓延，并具有防止人为开发进一步往核心保护区入侵的作用。

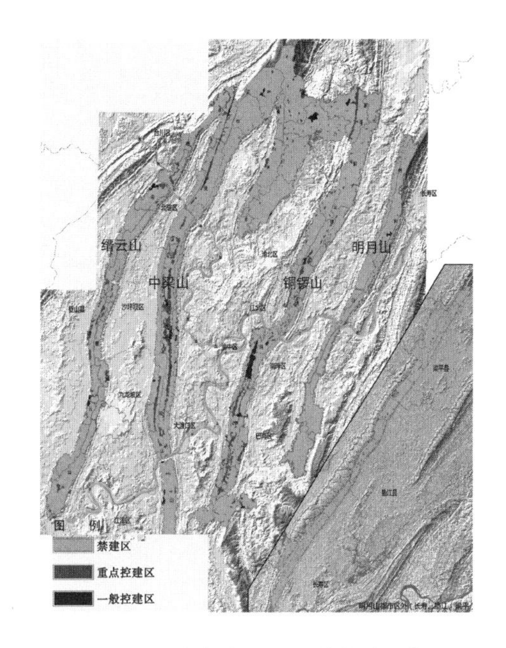

图 5.5　重庆都市区四山管制分区[③]

三类管制区内不排斥农业生产、生态工程、村民自用住宅、重大基础设施、重要公益性项目等行为，重点开展如下 4 点管理(彭瑶玲等，2009)：

(1)管制区内各类建设活动必须与生态环境相协调，禁止开山采石、开矿、房地产开发、工业企业和楼堂馆所等项目，严格限制开发规模、强度、建筑体量和风格。

(2)鼓励和引导居民向管制区外的城镇建设区迁移，控制村民自用住宅建设用地标准和建筑面积。

(3)严格控制非必要性建设行为，进行必要的建筑、构筑物建设和必需的道路、管网等重大基础设施的建设时，应保护野生动物栖息生境，预留野生动物迁徙廊道。

(4)对禁建区内的森林密集区进行严格保护，对重点控建区、一般控建区内的林木加

① 香港渔农自然护理署网站。http://www.afcd.gov.hk/tc_chi/country/cou_lea/cou_lea_use/cou_lea_use.html.

② 禁建区包含：自然保护区的核心区和缓冲区，风景名胜区的核心景区，森林公园的生态保护区，饮用水源一级保护区，国家重点保护野生动物的栖息地及其迁徙廊道，文物保护单位的保护范围，森林密集区，城市组团隔离带，因保护恢复生态环境和自然景观需要禁止开发建设的其他区域。据《重庆市“四山”地区开发建设管制规定》(政府令第 204 号)，2007。

③ 资料来源：重庆市规划设计研究院，2006。.

强保护，不得随意砍伐。

2. 山谷廊道规划建设

山谷是山体正地形所夹峙的狭长负地形，断面形态为“V”形谷或“U”形谷。完整的山谷包含山坡带、山麓带和山间谷地，是一个相对完整的生态系统。一方面，山坡带是极不稳定系统，另一方面，促使生态与景观多样性在山麓带和谷地聚集，具有显著的“边缘效应”，也是承受山地灾害冲击最重的区域，对维持山谷生态系统稳定、减轻坡地灾害十分关键。

1）建立城市与山体绿色媒介

台北市位于构造盆地，西临淡水河，其余三面由大屯山、林口台地等丘陵山地围合而成，5 度以上坡地①共有 14915.51hm^2，约占全市面积的 55%。自 20 世纪 60 年代，城市高度密集化发展，蔓延拓展到外围的山系，山坡地不断面临开发压力，许多不当或不兼容的开发行为导致环境灾害，自然景观资源遭受冲击与破坏，城市周边山体系统与城市核心区之间缺乏生态及景观联系，市民与自然之间的关系更加疏离。

台北都市计划中，在建成区通过重要生态地位的策略节点选定（图 5.6），依托既有的河川、溪流廊道及水岸两侧范围，或具备一定宽度的带状植被绿带，以及轨道运输廊道，

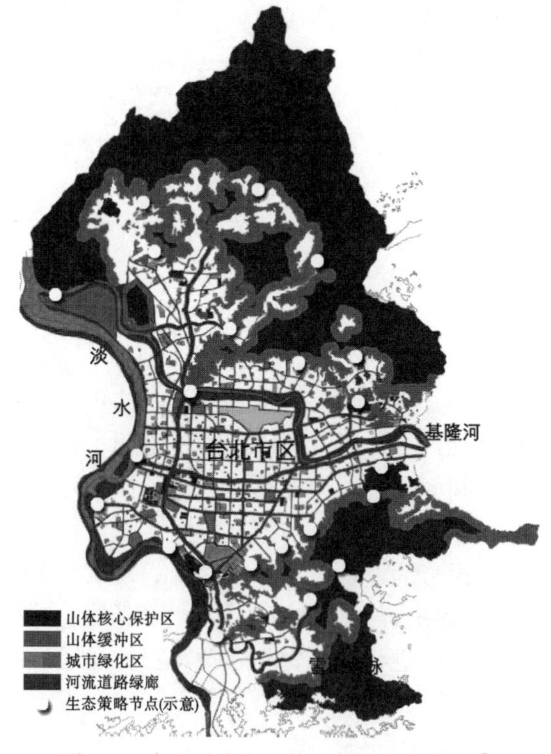

图 5.6　台北城市与山体之间的绿色媒介②

① 根据台湾地区“山坡地保育利用条例”和“水土保持法”，山坡地是指国有林事业区、试验用林地及保安林地，以及经主管机关参照自然形势、行政区域或保育、利用需要，符合下列条件之一的：标高在 100m 以上；标高未满 100m，而其平均坡度在 5%以上。

② 资料来源：郭琼莹. 从风城之自然历史纹理描绘新世代之绿色基盘[R]. 2012. 有修改.

重建并恢复建成区的绿色生态廊道，联系小型残存的绿地斑块，将山体自然系统重新引入城市(杨沛儒，2005)。

2)适地适用的谷地开发模式

谷地是城市向山体蔓延的最前沿区，山谷中便捷道路和优美环境吸引大量以居住、游憩为主的开发行为。“V”形的窄谷内地形多变化，平地少，不适宜建设，以生态维育为主；“U”形的宽谷，一般谷底有平地或河漫滩，谷坡上有多级阶地，是城市向山体拓展的首选地，应以生态修复和重建为首要任务，其次才是适地适用。

麦克哈格于 1963 年开展了巴尔的摩都市区的沃辛顿河谷，他指出，面对不可避免的发展态势，无控制的发展必然是破坏性的，遵守保护原则能避免破坏并保证提高环境质量。通过系统分析地区的地形和水文状况，如水体、流域盆地、河漫滩等，麦克哈格划分出河谷绿色空间和建设区的范围(图 5.7)，并特别对河谷阶地进行分区管理(表 5.6)，为我们提供了可借鉴的思路。

表 5.6　沃辛顿河谷阶地分区开发(伊恩·伦诺克斯·麦克哈格，1963)

分区类型	开发原则
没有森林覆盖的河谷阶地	禁止建设，种植树木，混植硬木，树木平均高度达到 25 英尺(约 7.6m)时按第 2 类考虑
森林覆盖的河谷阶地	保持现有林地方可适度建设。建设密度最大为每 3 英亩 1 户
河谷阶地和坡度 25%及以上的坡地	禁止建设，种植树木
植林的高地	建设密度不应大于每英亩 1 户
隆起的基地	允许建设低密度塔式公寓住宅

注：1 英亩=0.404686 公顷。

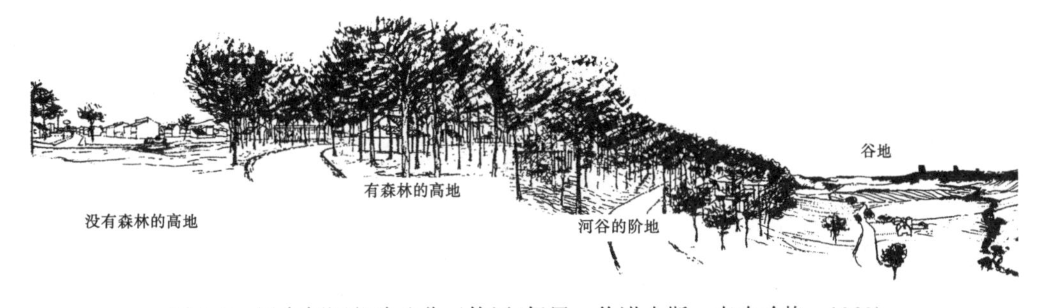

图 5.7　沃辛顿河谷阶地分区使用(伊恩·伦诺克斯·麦克哈格，1963)

宝鸡市南部台塬区位于秦岭北麓，属于浅山地貌，山前倾斜平地上发育黄土塬(亦称靠山塬)(图 5.8)，一面靠山，一面倾向渭河河谷，具有黄土地区山地环境下显著的脆弱性。在《宝鸡市渭河南部台塬区生态建设规划》中，规划区范围 105km^2(图 5.9)，区内被发源于山地的 12 条河流或沟谷纵向割切成渭河阶地、川道沟谷、台塬和浅山 4 种地貌单元。川道沟谷、台塬边缘共同形成 12 条相对封闭、完整的山谷系统，是秦岭北麓生态系统由南向北楔入城市的关键绿色廊道(图 5.10)。

图 5.8　现状谷地建设情况①

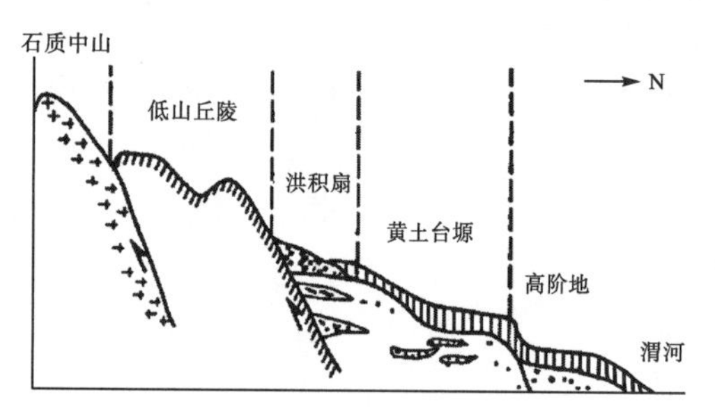

图 5.9　秦岭北麓浅山地貌图(黄光宇等，2006)

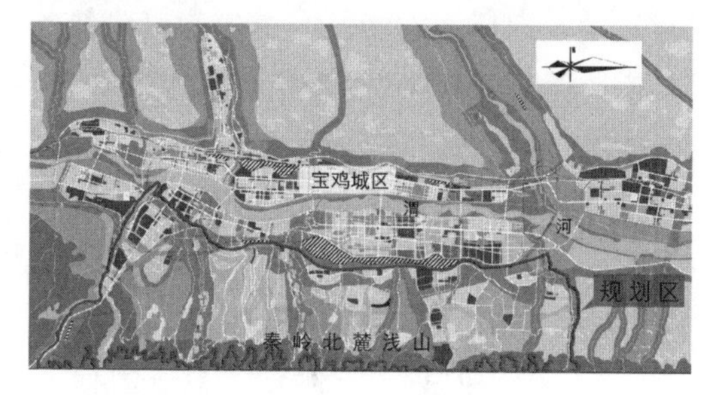

图 5.10　南部台塬区生态建设规划范围(黄光宇等，2006)

总体上，谷地应以景观生态维护为主，严禁与主导功能无关的开发建设活动，可以作为环境相融度高的农业用地、低冲击建设、公共开放空间和游憩场所。根据山谷的资源环境和建设条件，通常有如下几种发展模式：

(1)居住型谷地模式。

已有建设现状的谷地内可安排少量的居住、社区商业、文化娱乐等服务用地，依据生态承载力评价严格控制建设用地规模，低密度、低强度、低冲击开发。对谷地内的宅基地、乡镇企业等村镇用地应严格控制发展，结合城镇规划布局，农业产业结构调整，鼓励农村居民点集中发展，节约用地。建设用地以组团形式布局，减少非渗透性地面，在地块之间布置社区公园绿地，作为居民的休闲娱乐场所和联系坡地的生态通道。加强山地灾害防护，规避灾害区，在建设用地与坡地之间设置截洪沟、防护墙等防灾设施。通过农林混作来改善农田斑块的内部结构，依托田间机耕道、田埂、沟渠建设农田林网。如图 5.11 所示。

(2)旅游服务型谷地模式。

在景观游憩资源集中的谷地，可适度发展就近服务城市居民，以休闲娱乐、康体养生等为主的旅游设施。逐步搬迁、合并区域内的农村居民点。将沟谷两侧坡地建设成以水土保持为主要功能的林地，适度开展林、粮、果间作。将谷地重要的高产农田视之为重要的本地食品基地，予以保护。利用谷地河流扩大水域面积，增加景观效果和水涵养能力。如图 5-12 所示。

① 资料来源：作者宝鸡调研。

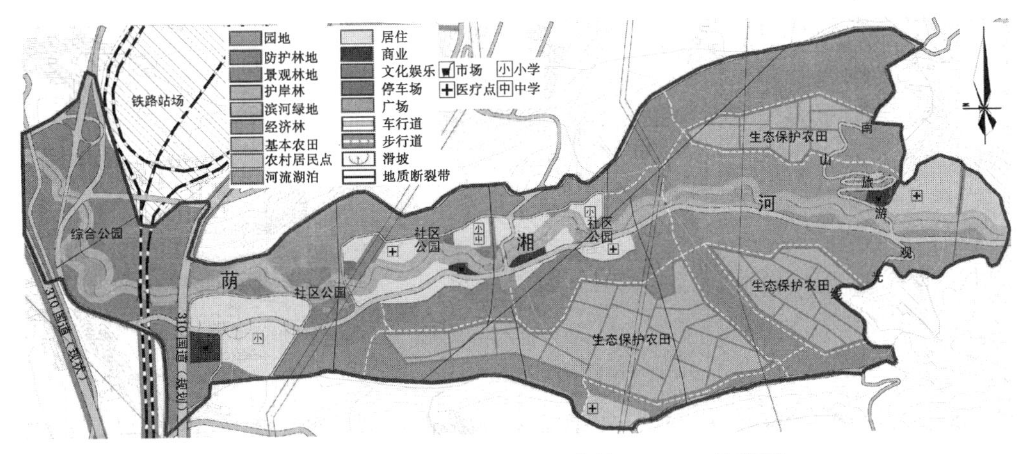

图 5.11　居住型谷地模式(黄光宇等，2006)(见彩图)

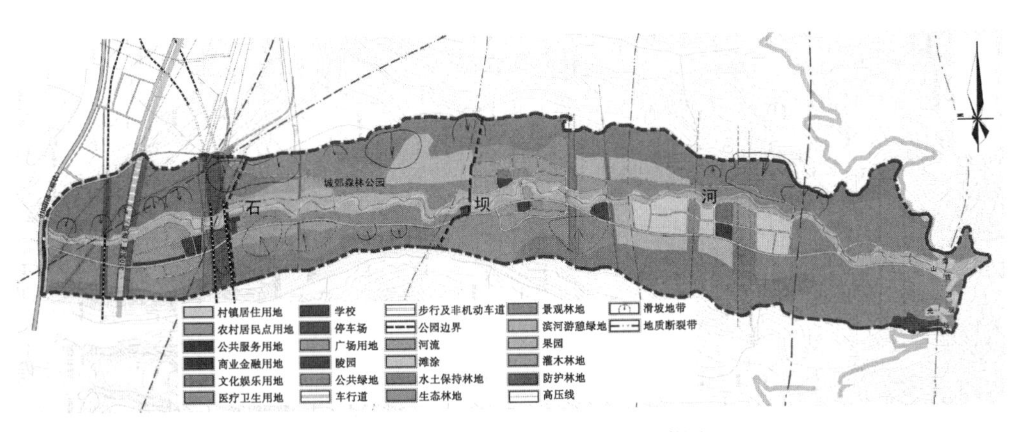

图 5.12　旅游服务型谷地模式(见彩图)

(3)生态维育型谷地模式。

可以城市郊野公园方式限制开发，仅在沟谷入口处等布置小规模的旅游服务用地，作为公园的配套服务。谷地内限制机动交通，设置绿道步行系统。维育残留林地植被，禁止砍伐，加强植被恢复及生态系统重建。模拟自然群落的结构机制，增加林地植被多样性，促进林下植被的生长等。如图 5.13 所示。

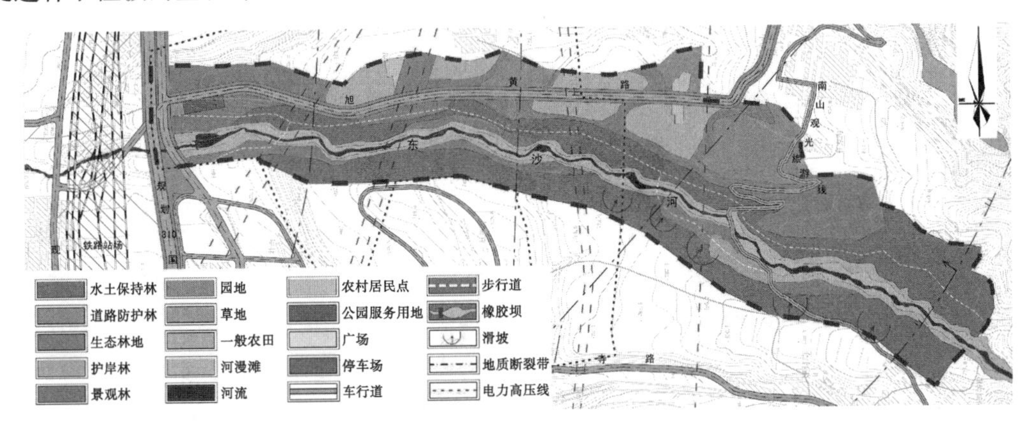

图 5.13　生态维育型谷地模式(黄光宇等，2006)(见彩图)

3. 河流廊道规划建设

本书所指河流，是与城市生产生活密切相关，流经城市区域的低级别河流或河流段，这些河流的流域面积通常在 $100km^2$ 左右。另外，一些虽为人工开挖，但经长年演化已具有自然河流特征的沟渠，如平坝地区密集的农业灌溉渠，也在本书讨论范围内。

河流生态健康应以整个流域河流生态系统为认识单元。从 19 世纪末，河流流域或集水区就开始作为规划的基本地理单位，Eugene Odum 指出，当与人类的利益产生联系时，最小的生态系统单元必须是整个流域，因为流域包括了生物的、物理的、社会的以及经济的过程，是完整的空间结构与空间功能分析单位。

流域被认为是城乡规划和自然资源管理十分有用的分析等级。从集水区到流域，等级越高，其空间范围越大，受到的人为非渗透性地面影响越低；反之，等级越低影响越强烈。因此，针对不同尺度应采取相应的规划管理措施(表 5.7)：流域层面，应坚持河流连续性，优化流域土地利用；汇水单元层面，应借鉴最佳管理措施(BMP，best management practice)和低冲击开发模式(LID，low impactment development)，减少非渗透性用地面积；集水区范围，更多关注河岸植被带、水生态系统设计等内容。

表 5.7　多种流域尺度与规划管理的关系描述(弗雷德里克·R. 斯坦纳，2004)

流域等级尺度	面积/km^2	非渗透性地面的影响	管理方法
集水区	0.13～13	非常强烈	雨洪管控及场地设计
子流域单元	13～78	强烈	河道修复与管理
流域单元	78～260	中等	基本汇水单元划分
子流域	260～2600	弱	流域规划
流域	2600～26000	很弱	流域规划

1)维持流域结构功能连续

Vannote 等(1980)提出了河流连续体概念(river continuum concept)，认为由源头集水区的第一级河流起，向下流经各级河流流域，形成一个连续的、流动的、独特而完整的系统(图 5.14)。这种连续性不仅指地理空间上的连续，更重要的是指生态系统中生物学过程及其物理环境的连续，上游生态系统过程直接影响下游生态系统的结构和功能(孙东亚等，2005)。

要保障河流系统健康和稳定的生态服务质量，实现河流沿线土地生态、经济和社会效益的统一，必须按照河流所表现的这种动态变化特征，进行土地、产业、环境整体控制，并在更小尺度的河段内具体实施。

眉山市位于成都平原西南部，中心城区地处岷江冲积平坝丘陵区，岷江南北穿城而过，水网密集，支流众多。近些年，眉山城区河流水系污染一直得不到有效控制，城区及乡镇工农业发展失控是重要诱因：工业大多围绕本地农产品和矿产资源开展低附加值的粗加工，食品、化工、印染、造纸等高污染行业比重大；37 家污染工业企业存在“多、小、散”现象，乡镇企业缺乏治污能力和设施，点源污染众多；农业粗放耕作，化肥农药使用较多，面源污染严重；35 家各类畜牧养殖场分布分散，动物粪便生态化处理能力不足。同

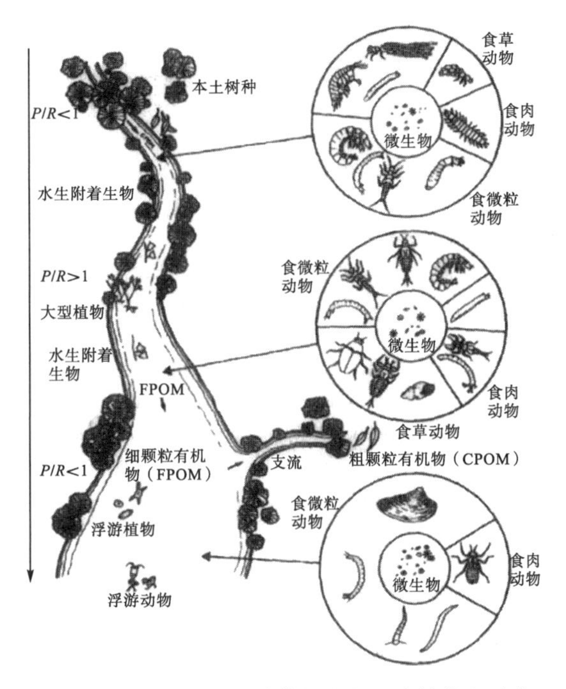

图 5.14　基于河流连续体概念的河流结构和功能

时，由于接纳上游成都地区的大量工业生活废水，导致区内中小河流水环境健康遭到破坏。

《眉山中心城区“166”控制区概念性总体规划》[①] 中，提出“河流问题在流域解决”，将城区及周边地区分为 12 个子流域单元(图 5.15)，明确各子流域单元的水环境健康恢复任务：①功能区划，布局子流域单元的主导利用方向和功能——农林生产功能、景观生态

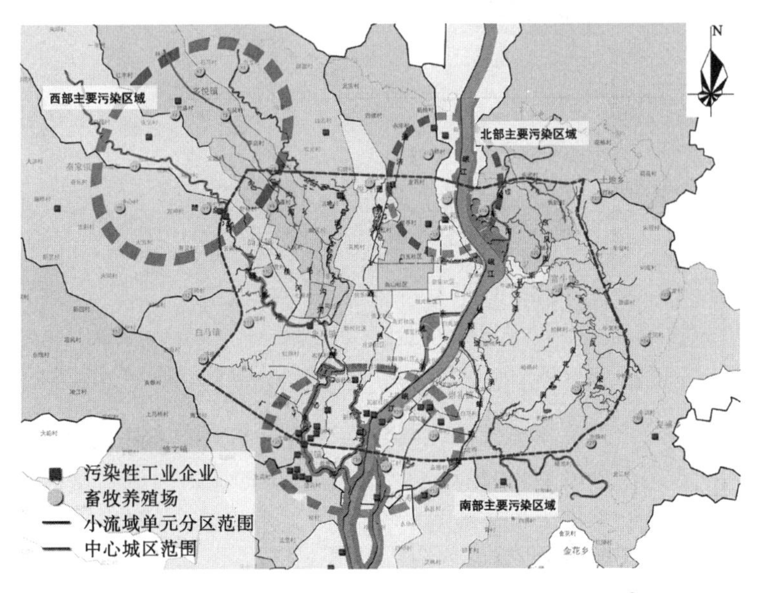

图 5.15　眉山城区及周边地区子流域单元与污染分布情况[②](见彩图)

① 编制单位：重庆大学规划设计研究院有限公司。项目负责人：邢忠教授 . 本书作者为主要参与人员。

② 资料来源：邢忠，叶林等. 眉山中心城区“166”控制区概念性总体规划[R]. 重庆大学规划设计研究院有限公司，2015.

功能或城镇建设区；②各功能区中土地利用结构优化，如城镇建设区涉及工业企业布局及产业类型准入，农林生产区涉及农、林、牧、副、渔业用地调整及畜牧养殖场布局，景观生态区涉及生态维育与景观游憩多重价值的协调；③在各类用地中再确定内部利用方向，如农业用地中农田林网、滨河林带建设。当然，河流的连续性决定了河流水环境问题不可能在一定区间内彻底解决，还需依赖更高层次流域范围的统筹控制。

一些研究表明①，河流环境与城市用地或非渗透性地面之间几乎是不存在线性关系的，即当城市用地或非渗透性地面的面积增加到流域一定比例前，河流生态环境质量不会有明显的变化，一旦达到某一比例(阈值)，河流环境会出现一个急剧恶化的拐点(欧洋等，2010)。有学者建议，一个完整流域内维持河流健康的城市用地或非渗透性地面面积比例的阈值为10%～20%。虽然单一指标的阈值难以反映这么复杂的关系，因为河道坡度、水容量、流速、河道形状等河流特征也会对河流环境造成影响，但这一阈值对流域内城乡用地布局有一定指导意义，可以作为流域风险管理工具，调整已有的土地利用规划。

2)水陆交错带纵横向利用

在河流连续体理论的基础上，Ward(1989)提出“河流四维系统”，包括空间尺度上的三维分异和时间尺度上的分异(图5.16)，即纵向(沿河流流向)、横向(沿河流中心到岸边高地)、垂向(沿河流水面到河床基底)三个空间方向，以及每个方向随时间动态变化(Jongman et al.，2004)。

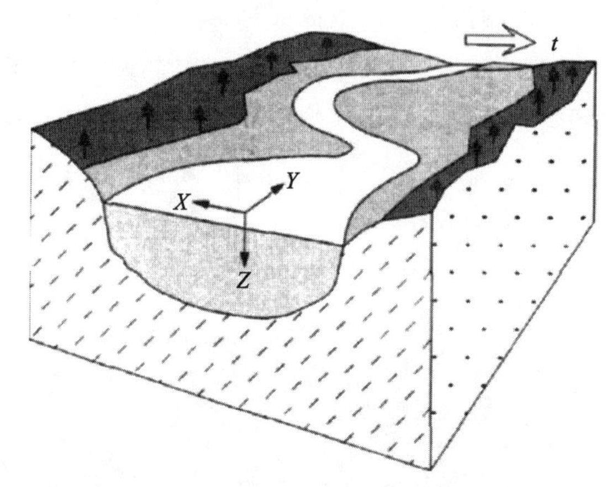

X：河流侧向漫溢方向；Y：河流流动方向；Z：河流垂直渗透方向；t：沿时间流向

图5.16　河流四维方向(董哲仁，2008)

河流水陆交错带，由河流水体及两侧与之相连的各类土地、植被等共同构成，人类活动与自然过程共同作用十分剧烈(岳隽等，2005)。健康的城市河流是指河流具有生态完整性、弹性和恢复力，具有空间上的安全性，与居民关系和谐，具有开放性或可接近性(姜文超，2009)。

① 如，美国俄亥俄州环境保护局对城镇化与流域中的鱼类进行了长期的监控，研究发现，当城市用地占流域面积的0%～5%时，一些对环境敏感的鱼类消失；当城市用地占流域面积的5%～15%时，更多鱼类物种消失，栖息地退化；当城市用地大于流域面积的15%时，有毒物质的聚集和富营养化严重，导致的鱼类灭绝(Yoder，Miltner & White，1999)。

在有限时间维度内，空间纵向与横向的景观格局和土地利用等与城乡规划关系更为紧密，往往成为影响河流健康的主要因子(欧洋等，2010)。

(1)纵向上景观与土地格局多样化。

空间纵向上，河流是一个线性系统，人为活动随河流介入城乡生产生活的紧密程度而进行调整。纵向上的陆地土地利用方式反映了河流从自然向人工的演变过程(图 5.17)。

上游自然景观河段：对于坡陡沟深、自然植被保存相对完好的上游地段，完整的植被斑块不仅能容纳许多栖息地，同时可使本区段具备水土保持能力以避免土壤冲刷，减轻下游的洪泛问题。本区段的廊道宽度最窄，汇水通道密集，廊道边界宜依托集水区自然边界，为不规则形式。可以对林地实行封管，同时加大河谷内造林的比重，禁止各种破坏性较强的人为生产活动。

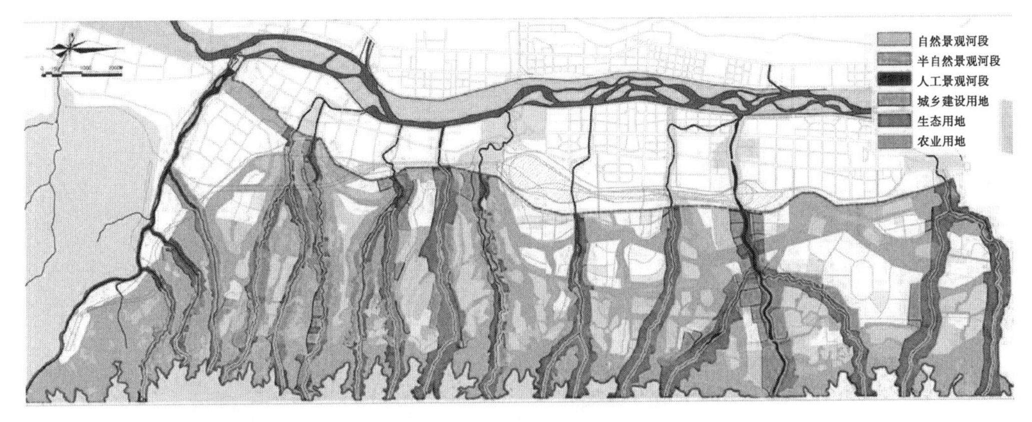

图 5.17　河流景观分区及水陆交错带土地使用引导(黄光宇等，2006)(见彩图)

中上游半自然景观河段：在人口相对分散，自然植被严重破碎化、呈不连续的斑块镶嵌的中游区段。一方面，河流沿线的带状高地需加强保护；另一方面，必须在河道两侧留设足够宽度的滞洪缓冲区，并维持足够的植被与透水地面，通过林带、草带等植被廊道实现与建成区外围斑块间的连接。

中下游人工景观河段：人口相对密集的城区，自然植被破坏严重的下游地段。由于本区段的河流更宽，廊道两侧的坡地和孑遗植被特别容易遭受过度的人为扰动，因此，河流廊道的山坡地和植被保护为本区段常见的重要课题。应以近自然生态修复为主，留足行洪通道，加强河岸林带建设，保持植被斑块的完整与连续性，以维持河岸生物的移动通道不受阻断。同时，划定城市不同土地使用类型对河岸占用的区段，提供亲水空间。

(2)横向上安全是重中之重。

横向上，河流与两侧区域的横向流通很重要。随着离河道距离的增加，防洪安全性不断增加，往往呈梯度式的渐变过程。根据常年洪水线，应把河流沿线空间划分为洪泛淹没带和安全利用带，确定与洪水干扰相适应的土地利用策略。

洪泛淹没带：在洪水期容易淹没的河滩地、河谷阶地。洪泛淹没带是城市最重要的水文“海绵”，是恢复河流生态功能的关键地带。这部分土地应当还给河流，恢复湿地。

安全利用带：位于常年洪水位高程以上的安全利用区。安全利用带是城乡建设的理想场所，采取低冲击开发模式，鼓励与环境相适应的低密度建设，用地以分散组团模式融入自然背景，避免沿谷地蔓延发展。邻近山体地区，在安全利用带的外围靠山麓一侧，配置一定宽度的防护林带是必要的。一般的，缓坡造林比陡坡造林更有防灾效果，因为缓坡林地具有“塞车效应”，可以有效阻挡滑落的土石。根据台湾山地管理经验(李建中等，2009)，防护林带应不小于30m宽，应与城市开发建设同步实施。

发源于高山山地的河流往往是泥石流排泄通道，河流横向利用尤须谨慎。甘肃省舟曲县城四周高山环绕，地形陡峭，岩层破碎，沟谷深切，雨量丰沛且集中，县城周边分布着大小6条泥石流沟道，是一个典型的泥石流高发城镇。2010年8月8日凌晨，县城北面的三眼峪、罗家峪两条山地河流同时暴发特大山洪泥石流，形成了长达2.2km，宽80～260km的堆积扇，造成大量房屋损坏、人员伤亡(图5.18)。据中国科学院研究，造成巨大损失的原因除了丰富的松散物质、突降暴雨、巨大洪水等客观因素外，上游山区森林遭大面积砍伐及大量房屋侵占泄洪道是重要的人为原因。由于地处高山峡谷，人多地少，人均城市建设用地仅有49m^2，远小于一般城市建设用地标准。迫于用地压力，城市建设忽视了对山洪泥石流进行避让，建筑沿三眼峪、罗家峪两侧阶地密集修建。

图5.18 舟曲县城泥石流灾害分布(见彩图)

舟曲重建规划①的重点之一在于协调泥石流灾害避让、塑造城镇高品质空间(图5.19)。规划保留泥石流现有通道，保持其走向与天然走向一致，现有通道两侧留出不低于20m的防护林带，作为未来泥石流的疏泄通道、缓冲区域和居民安全避难场所，占地约50hm^2。通过巨型绿楔深入城镇，并建成具有精神纪念、科普教育、防灾避险、人文旅游综合功能的国家级遗址纪念公园，从而提升城镇风貌和人文品质。

3)控制河流网关键节点

关键节点，是指那些对维持河流生态连续性具有战略意义或瓶颈作用的地段，包括河流廊道中过去受到人类干扰以及将来的人类活动可能会对自然系统产生重大破坏的地点。当点的面积在所研究尺度上变得足够大时，就成了关键区。

① 舟曲县8.8特大山洪泥石流灾后重建城镇规划[R]，中国城市规划设计研究院，甘肃省城乡规划设计研究院，重庆大学规划设计研究院有限公司，2010. 本人为主要参与人员。

岳隽等(2005)指出，河流廊道的关键节点(区)包括：河流交汇处，河流进出湖泊、塘库等的位置，河流进出城市建设区的位置，河流出山谷的位置，点源污染在河流上的排放位置，河流与其他交通廊道的交汇处、河流退化的源头以及河流生态断裂地段等(图 5.20)。

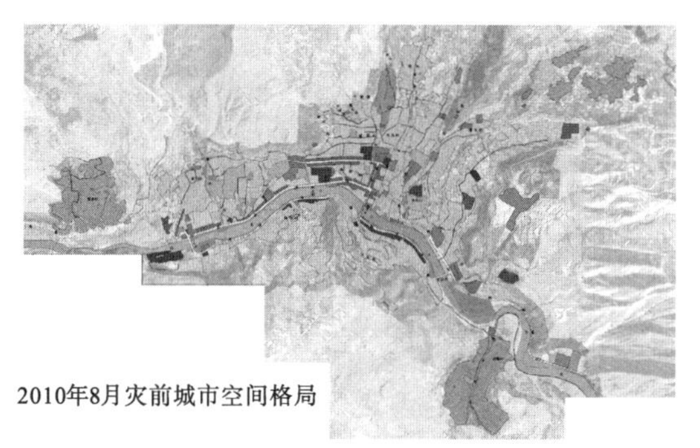

图 5.19　灾前和规划城市空间格局对比[①]

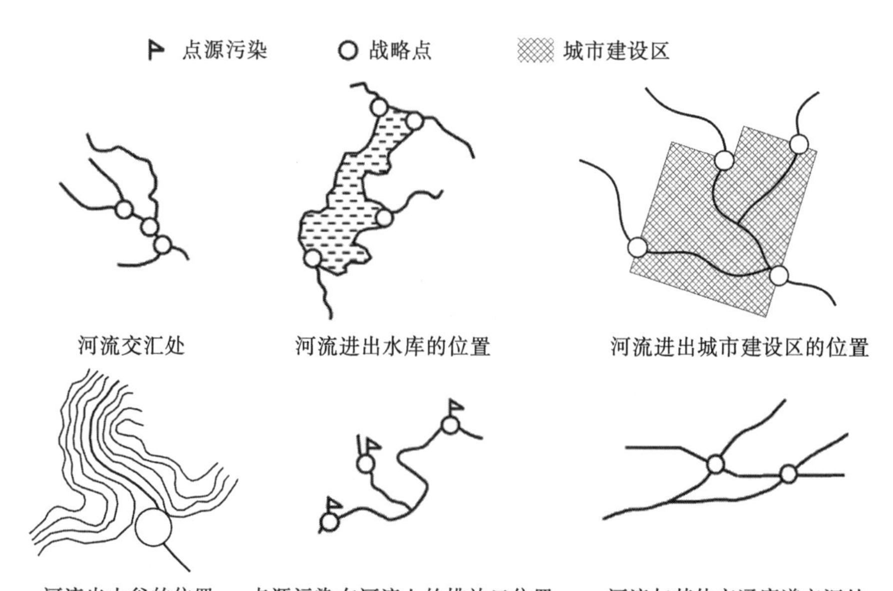

图 5.20　河流关键节点(岳隽等，2005，有修改)

在这些关键地段，应采取工程措施、生态措施和农耕措施综合控制手段(表 5.8)，将它们作为生态系统中的重要斑块或踏脚石，保护这些关键点(区)或逐步培育新的生态廊道。

表 5.8　河流关键点控制措施

特点	工程措施	生态措施	农耕措施
河流交汇处	建设区按防洪标准设置防洪堤	防洪线以下河流滩涂作为自然生态湿地	防洪线以下禁止农耕活动
河流进出湖泊、塘库等	—	湖泊、塘库岸线生态化处理，利用湿地滞纳污染物，净化水质	湖泊、塘库沿岸一定范围内引导农耕生产方式，控制化肥施用

续表

特点	工程措施	生态措施	农耕措施
河流进出城市建设区	建设区按防洪标准设置防洪堤	在进出城区设置大型人工湿地，滞纳污染物，净化水质	发展都市生态农业，增补防护林带
河流出山谷处	—	补给防护林带，增加生物迁徙可能性	防止农耕活动侵占河道
河流沿线点源污染排放处	控制或转移污染物排放	建设人工湿地滞纳污染物，净化水质	—
河流与其他交通廊道的交汇处	道路建设采用生态化技术措施	桥梁下沿河流两侧增设植被带，增加生物迁徙可能性	—

5.2.4 关键生态斑块规划建设

关键生态斑块是对保护自然生态功能、生物多样性及廊道连通性、资源生产力有特别价值的关键区域或者最脆弱的地区，具有维护自然生态安全的决定性作用(王莹，2008)。

关键生态斑块有些已经纳入国家法定保护性用地体系，如自然保护区、风景名胜区、森林公园、国家地质公园、水利风景区、水产种质资源保护区等，是“法规性管理单元”，尽管建立这些保护性用地的目的是综合的，但维持必要生态功能往往是最基本的要求；另外，没有纳入国家法定体系的，典型的关键生态斑块有大型湖泊湿地、大型植被覆盖地、大面积动物栖息地等。

1. 保护性用地分区管控

基于岛屿生物地理学理论，人与生物圈计划(BAM)于20世纪80年代提出理想的保护地布局模式(图5.21)，分为核心区、缓冲区和过渡/协调区(表5.9)，具有以下特点(黄丽玲等，2007)：①保护和利用功能分开进行管理；②各功能区从核心区向外保护性逐渐降低，而利用性逐渐增强；③面向公众开放的区域设有集中的服务设施区。我国保护性用地相关法规中，只有《自然保护区条例》和《风景名胜区规划规范》分别对自然保护区和风景名胜区的分区模式进行了规定，其余类型保护地在相关法规中暂时没有涉及。

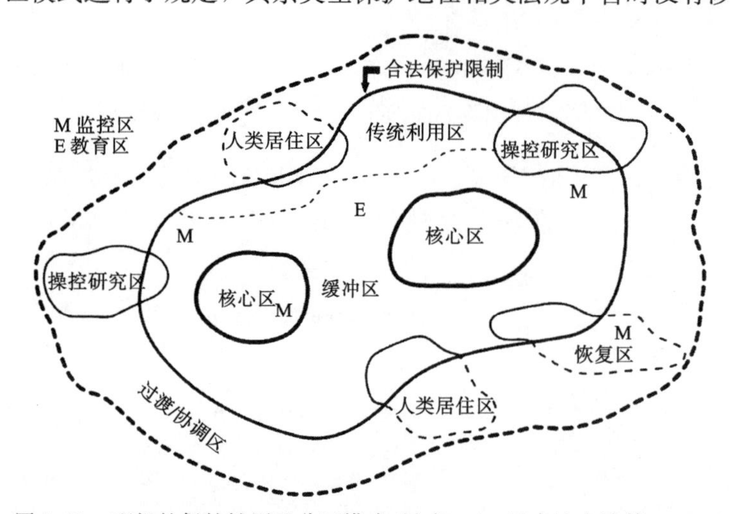

图5.21 理想的保护性用地分区模式(马克·A. 贝内迪克特等，2010)

表 5.9　保护用地各功能区主要特征

分区	特征	公众机会	建设策略
核心区	保护内部保持着原生状态、很少受到人类影响的区域。重要物种和生物群落的主要栖息地，以及重要生态过程的发生地	一般禁止公众进入	任其自然更替或适当干预，以及持续的科学监测
缓冲区	排除周围活动对保护地不利影响的环形区域，核心区物种栖息地的延伸	有限制的进入	不得从事以资源索取为目的的可以进行科研和少量游憩
过渡/协调区	考虑到保护地内及周边社区生活和发展的需要缓冲区外设立的区域	允许公众及当地居民进入，提供少量游憩机会	当地居民可以进行对环境没有影响的活动

黄丽玲等(2007)通过对美国、加拿大、日本和韩国保护地分区模式的比较，认为由于人地关系的紧张程度和保护地的选取及设立目标差异，我国城市区域的保护地(风景名胜区、森林公园、地质公园、水利风景区等)难以执行十分严格的生态保护政策。另外，部分保护地还要承担带动当地社会经济发展的职责，这也是激励地方政府和居民参与保护的重要因素，也在一定程度上影响保护地的分区模式。

因此，城市区域的保护地应兼顾生态保护和游憩享用，坚持“保护优先、统一管理、适度开发、永续利用”。因此，在分区控制时，核心区是否划定值得商榷，应将缓冲区和协调区作为这类保护地的主体。通过生态敏感性评价、景观资源评价和环境承载力评价，按分区管理要求合理控制公众进入，除了建设必要的保护设施、管理和服务设施以外，还必须远离重点景观的保护地，合理有序引导原住居民的搬迁或产业升级。

保护性用地是“孤岛”形式的斑块保护策略，仅仅依靠在地图上画出的孤立区域无法保护物种和景观的多样性(马克·A. 贝内迪克特等，2010)。20世纪末以来，生态网络提出的生态完整性保护方式带来新的保护区建设思路，借用廊道来提高保护区之间的连通性，从而促进保护区与区域和地方土地利用的充分整合。

2. 湖泊型生态斑块规划建设

湖泊型生态斑块属于广义湿地的一种，可以是由河谷或低洼区自然生成的汇水湖泊，如昆明滇池、西昌邛海；也可以是河流狭窄段在筑坝形成的人工湖泊，如大小江河上游建成的集防洪、蓄水、发电、旅游功能为一体的各类水库。根据湖泊与城市关系，分为城市湖泊和非城市湖泊，城市湖泊主要指位于城市建成区或近郊的湖泊。

城市湖泊除了固有的自然功能外，还具有特殊的社会功能和经济功能：社会功能主要体现在城市的社会经济发展过程中对城市湖泊的开发利用，且开发利用的方式取决于社会对湖泊的认识程度和需求程度，如优化城市景观、调蓄城市用水、科研教育；经济功能是由社会功能衍生而来，社会对湖泊的需求是体现城市湖泊经济价值的基础，如休闲旅游、沿湖地产开发。

城市湖泊容易受到上游流域生态环境恶化的直接影响，同时也一直处于城市开发利用的干扰中。

1)从全流域保障湖泊水环境

湖泊是河流连续体的一部分，不能将研究湖泊的视角局限在城市建成区，上游广大流域、湖区周边直接入湖的小流域、湖体本身以及建成区的影响必须统一、整体兼顾。

重庆市开州区城区位于三峡库区中部、大巴山东段南麓、长江支流彭溪河中游，是三峡水库 30m 消落带影响区①。为了最大限度地减缓消落带的不利影响，开州建成独具特色的“城市内湖”——汉丰湖，有 16.6km^2 水面。2011 年设立汉丰湖国家级湿地公园。

图 5.22　汉丰湖子流域分区(颜文涛等，2011)

针对如此敏感和重要的生态区，规划建设首先以湖泊完整流域(面积为 3052km^2)作为基本研究范围。汉丰湖是东河、南河和桃溪河的交汇处。根据汇水状况，将汉丰湖流域分为 1 个湖区(湖体)、1 个湖周支流子流域，以及东河子流域、南河子流域和桃溪河子流域(图 5.22)。综合环境保护、水土保持、水文等学科技术支持，重点对流域内水文条件、工农业生产、水土流失、污染物排放等影响水环境的关键要素进行研究，分析得出：点源、非点源和内源协同影响汉丰湖的水环境。其中，点源包括工业、企业、餐饮服务业、规模化养殖场等排放源，以及城镇生活污水和垃圾产生与处理后的排放源等；非点源包括水土流失、城镇及农村地表径流、农村分散型生活及农业生产活动片区的污染物排放等；内源包括县城和周边耕作区，以及邻近湖周和河岸堆存各种垃圾等。

基于上述分析，根据集水区、山地高程和行政区划等特征从水环境管控角度，重点将湖周支流小流域细分为湖滨区、城市影响区、河口汇水区和丘陵山地区 4 个分区开展针对性水环境治理(表 5.10)。

表 5.10　汉丰湖流域水环境治理控制单元

子流域分区	单元名称	水环境治理策略
湖区	湖体控制单元	实施湖体及内源整治、饮用水源保护等
湖周支流小流域	湖滨控制单元	实施禁建、环境综合整治等
	城市影响区控制单元	实施生活污染源治理、养殖污染综合治理、非点源污染防护综合治理、入湖支流河口及湖湾生态治理等
	河口汇水区控制单元	实施生活污染源治理、非点源污染防护综合治理、入湖支流河口及湖湾生态治理等
	丘陵山地区控制单元	实施生活污染源治理、非点源污染防护综合治理等

① 三峡工程于 2008 年开始 175m 常年水位蓄水，由于防洪、清淤及航运等需求，实行“蓄清排浑”的运行方式，即夏季低水位运行(145m)，冬季高水位运行(175m)。因而，在 145～175m 高程的库区两岸，形成与天然河流涨落季节相反、涨落幅度 30m、面积达 348.9km^2 的水库消落带。

续表

子流域分区	单元名称	水环境治理策略
东河子流域	东河子流域控制单元	实施生活污染源治理、养殖污染综合治理、饮用水源保护、入湖支流河口及湖湾生态治理等
桃溪河子流域	桃溪河子流域控制单元	
南河子流域	南河子流域控制单元	

2)从子流域保护湖泊水生态

湖周子流域是指从夹峙湖泊的周围第一层山脊以内汇入湖泊的小流域，裹挟着城乡工农业生产生活的非生态后果，直接影响湖区生态格局。小流域上游山地地区生态环境保护较好，残留有部分森林，间或有农业耕地穿插其间，山顶视野开阔，是城市重要的自然轮廓线；中游地区以农业和乡村景观为主，并有少量灌木林、草地和裸土地、坡耕地、迹地等自然退化的景观；部分下游河段进入城区，非生态的工程手段使得河流成为排洪通道。

汉丰湖湖周小流域约为 150km^2，划分林地生态功能区、农业景观功能区和城市景观功能区(图 5.23、表 5.11)。

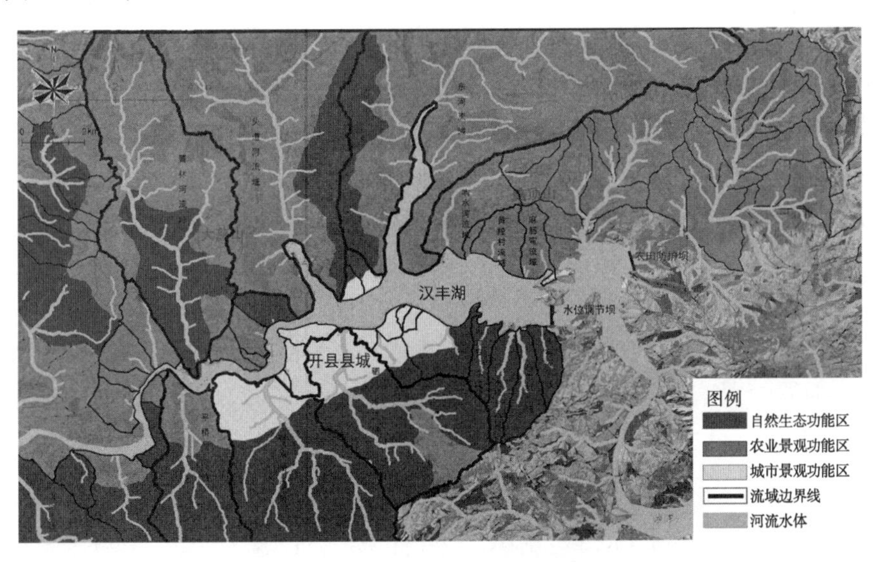

图 5.23　汉丰湖湖周子流域建设分区

表 5.11　汉丰湖湖周小流域功能分区建设引导①

功能分区	分区特征	规划引导措施
林地生态功能区	位于小流域上游，地势起伏较大，具有涵养水源、保持水土、净化空气等生态功能，避免暴雨对下游城区造成山洪冲击，并提供常年的景观用水	应逐步缩减农业用地规模，大于 25°的坡地退耕还林，可用来发展经济林和经济作物，实现生态恢复和经济发展的同步；对该区内已遭到破坏的次生林，在种树恢复地表植被时，必须注意乔、灌、草相结合，建立良好的植被结构

① 资料来源：颜文涛，叶林，2011. 开县汉丰湖景观概念规划[R]. 重庆大学城市规划与设计研究院.

续表

功能分区	分区特征	规划引导措施
农业景观功能区	该区域生产条件优越，水源较好，土壤肥沃，传统农业占主导地位，园地和坡耕地在该区中占很大的比例，化肥施用量大，农村面源污染严重	该区以作物生产为主，提高农业耕作技术，发展方向为兼顾经济、生态和社会多效益的城郊生态农业和高效农业； 控制农村居民点用地的扩张，减少农村生产生活污染源，大力发展水土保持林，努力提高植被覆盖率； 在农田间建立经济林网，形成农林复合体系，一方面可以有效地防止水土流失，另一方面还可以将因耕地面积减少带来的损失通过隔离带经济林木的收益补偿回来
城市景观功能区	流经城市建设区的支流包括驷马河、陈家河、平桥河，均源于南山	城市建设活动应当尽量避免对原始地形地貌和水文环境造成重大负面影响，采取生态措施积极提高城市地面透水率，减少对支流水系的阻隔和硬质化处理，加强生产生活废弃物的收集处理；重视河流对美化城市环境以及活跃城市生活的功能，采用生态技术处理岸线，避免岸线硬化，提供游人游憩的设施

3. 林地型生态斑块规划建设

林地生态斑块在空间形态上表现为团块状，在区域内分布较为集中，且面积较大，是城市地区孑遗的、稀缺的生态资源。当然，林地廊道尺度足够宽阔时也可视为斑块单元，如前述的重庆主城区“四山”廊道。

借助山体的楔入，林地与城市的融合度更高，最理想的格局莫过于“绿心”模式。林地依托于不利开发的陡坡山地或涵养水源等重要职能得以保留，被建成区逐步拓展环绕而进入城市内。如四川乐山(图 5.24)，浙江台州、温州，山东威海、贵州遵义等城市以及新加坡。

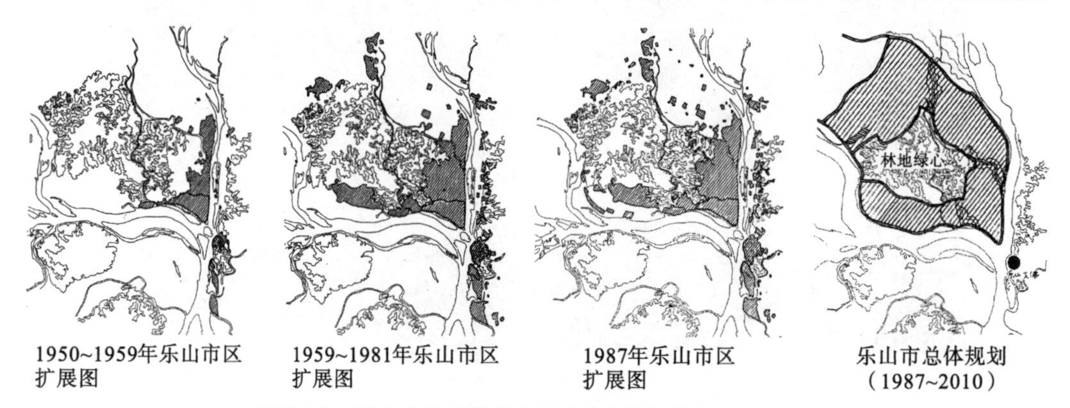

图 5.24　乐山城市环绕林地绿心拓展图(黄光宇，2006)

乐山市是著名的山水城市。城西的画眉山面积约 8.7km²，地形起伏较大，森林覆盖率达 52.8%以上。1987 年，黄光宇先生在编制的《乐山市城市总体规划》中，首次提出保留山体林地作为“绿心”，城区采取“绿心环形生态城市”布局结构，突出“依山傍水，山水交融”的城市特色(图 5.25)。

乐山“绿心”模式受到过“开发诱惑”的冲击，2005 年，乐山市曾经在“绿心”规划了包括水上运动俱乐部、自行车赛场、溜马场、高尔夫球场、网球场以及宾馆、高级别墅区、商业服务设施等项目，以至于《光明日报》发出了“乐山‘绿心’该不该保留”的困惑①。幸运的是，经过多方利益博弈和规划管理政策检讨，“绿心”模式在历次总规修编中得以持续，并对国内其他“绿心”城市的建设起到极大的推动作用。

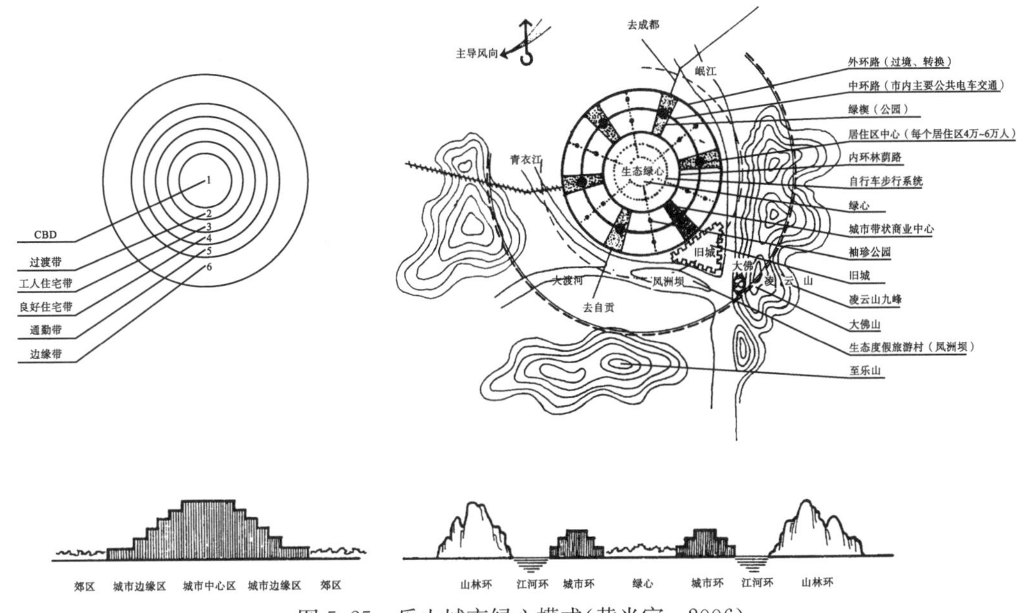

图5.25 乐山城市绿心模式(黄光宇，2006)

据乐山规划部门预测，未来“绿心”森林面积可达700hm^2，森林覆盖率将提高到70%以上，每年可释放氧气4200t，吸收二氧化碳5950t，多蓄水19250m^3，防止水土流失17500t，生态效益巨大②。

新加坡是城市国家，国土面积718.3km^2，人口547万，人口密度7615人/km^2，是世界上人口密度最高的国家。从建国伊始就具有强烈的国土资源忧患意识，明确了高层高密度的紧凑发展模式，以尽可能多地留出生态用地(伍江，2012)。

新加坡以城市绿化建设闻名世界。新加坡岛中心有一片地形起伏的浅丘区域，最高峰武吉知马山(海拔仅163.63m)位于其中，该区域是中央集水区自然保护区(central catchment nature reserve)，占地2889hm^2，占全岛面积的4.6%，是全国最大的自然保护区，构成一个巨大的生态基础设施。该保护区同时也是新加坡极为重要的城市水源收集区，包括了新加坡主要的水库——麦里芝蓄水池、实里达蓄水池上段、贝雅士蓄水池上段和下段③。

新加坡人极其珍视这片林地。1963年，Otto Koenigsberger教授率领的规划团队提出了“环形城市”(ring city)的构想(图5.26)：以中央集水区为核心，环状串联若干新市

---

① 冯永锋．乐山“绿心”该不该保留[OL]．光明新闻网．http：//www.gmw.cn/01gmrb/2007－05/23/content_611005.htm。乐山市人大城建环境工委主任吕林说，“绿心”开发计划公布后，不少人提出反对意见。“但也有不少人反映，里面的5000多村民生活水平很低。我们认为，‘绿心’必须保护，绝对不能搞城市化，进行大规模开发。但‘绿心’现在这种封闭式保护也不行，农民植树无积极性，‘绿心’这些年是‘越来越不绿’”。

② 绿心，离我们不再“远”。乐山日报．http：//lsrb.newssc.org/html/2009－09/11/content_683778.htm.

③ 水资源对新加坡来说是一个命脉。作为岛国，天然的淡水资源很少，1965年只能满足20%左右的需求，其余80%依靠从马来西亚进口淡水。新加坡目前除了继续从马来西亚购水外，更大力通过3个途径解决水资源的供给问题：一是工业污水的循环再利用；二是海水淡化；三是尽量减少生态环境的污染，加强雨水的收集和截留(国土面积的三分之二变成集水区)，使得水源供应更加多元化，逐步迈向水供自给自足的目标。

镇。在这片保护区内，没有任何兼容性的建设，土地上生长着成熟的次生热带雨林和独特植物，其树种数量甚至超过北美大陆。保护区内仅允许开展十分有限的休闲游憩活动，如徒步旅行、科普学习等。正是由于中央集水区的存在，新加坡城市避免了连片建设，极为有限的可开发土地资源得以集中高强度建设，并为新加坡赢得“花园城市”美誉。

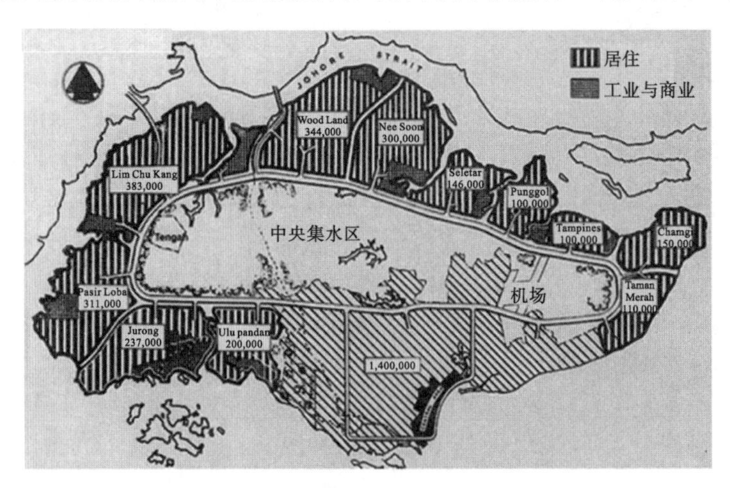

图 5.26 1963 年的新加坡环形城市概念

（袁琳，2010）

5.2.5 生态网络结构修复

所谓生态修复(ecological rehabilitation)，是指借助于人力等外部力量重建已损害或退化的生态系统，恢复良性循环和功能。Naveh(2010)认为，对受到破坏的生态系统的恢复不仅要恢复其格局，而且还要恢复其维持可持续性健康状态和富有吸引力景观的所有过程，其目的在于既能保持和恢复生物多样性，又能保证生态和人类文化景观的异质性，在自然和人类土地利用格局之间实现一种动态平衡。

相对于被动生态保护，生态修复是更为积极主动的措施，特别在已经受到人为高度干扰的城市区域。被动生态保护的对象和范围相对局促，解决的是生态存量结构的优化问题，而生态修复的现实需求更为迫切，通过人力介入的生物、生态、工程技术和方法，可以主动地调试与生态环境的关系，找出更多生态增量，谋求部分生态网络脆弱地区生态环境的逐步好转。

1. 修复策略与手段

1)空间策略与手段

Ahern 在 1995 年提出 4 种保护和修复生态网络结构的空间策略(图 5.27)。

(1)保护策略(protective)。广阔城市边缘区的现状生态资源分布与规模支持理想格局时，采用这个策略。通过规划政策和土地利用控制，保护现有的生态斑块和廊道，将原有的支持性景观基质替换为非支持性景观基质，以抑制景观基质的消极变化。空间规划手段包括连接、隔离、限制等，保护关键生态区，建立相互之间的必要连接廊道(表 5.12)。

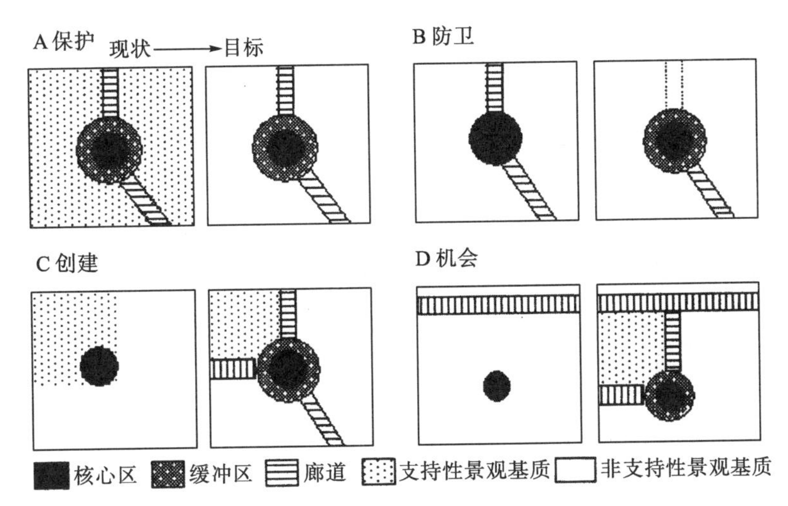

图 5.27 生态网络的空间策略①

表 5.12 主要空间规划手段及释义②

空间概念	举例	含义	空间规划手段
限制(containment)	城市绿带	控制资源核心区或土地利用的扩张	
核心(core)	城市绿心	在一个受威胁或不被支持的基质中，维护资源核心区	
分隔(segregation)	分区管制	集中所选定土地的使用，协调各类用地之间的关系	
框架(framework)	水文框架；CASCO	保留“低动力”土地利用，而给予“高动力”土地利用更多的弹性	
网络(network)	生态网络；高速公路网络	具有连接功能，并可综合各大型核心区，如连接、节点、廊道、踏脚石	
嵌入(interdigitation)	山脊；山谷	以资源分布形式所发展的空间整合系统	
格网(grid)	道路网	线性要素相互连接成系统，具有一定的阶层特征	

① 资料来源：苏伟忠，杨英宝. 基于景观生态学的城市空间结构研究[M]. 北京：科学出版社，2007：56.
② 资料来源：苏伟忠，杨英宝. 基于景观生态学的城市空间结构研究[M]. 北京：科学出版社，2007：160.

续表

空间概念	举例	含义	空间规划手段
蔓延(laissez faire)	大都市区；边缘城市	土地利用不受限制的盲目蔓延，呈镶嵌体结构	

(2)防卫策略(defensive)。城乡建设与非建设区犬牙交错地带，在以村镇建设用地为主的非支持性景观基质中，建设活动的进一步扩张变化可能对局部生态格局造成消极影响。空间规划手段包括绿核、隔离，加强核心生态斑块保护，对孤立的生态斑块设置缓冲区，减弱部分直通核心区的廊道联系或建立连接度较低的廊道，以隔离它与周边环境的不利关系。

(3)创建策略(offensive)。在不当发展的建成区，依托有限的生态要素在先前受到干扰和破碎化的景观中建立新的联系。在孤立的生态斑块外围创建新的缓冲区，以及在其周边非支持性基质内新建廊道网络增强连接性，获得理想的生态格局。空间规划手段包括连接、限制、隔离、网络、嵌入等，限制城乡建设对生态资源的侵占和挤压。

(4)机会策略(opportunistic)。对需要修复和重建的生态系统，在核心区外围设置缓冲区，建立多方向的廊道连接现有的廊道和周边的生态系统，在廊道间设置支持性景观基质。

总体上，保护策略和防卫策略用于保护现有生态格局，如加强山体水系廊道建设，保育关键生态区；创建策略和机会策略用于生态修复与重建。这四个策略实际上反映了生态网络结构演化的阶段，彼此相互整合，并不排斥，可针对不同空间特征综合运用。另外，从这四种空间策略可以看出，“连接”被视作一种通用的重要空间手段，是生态用地网络化的关键。

2)空间“连接”修复

“连接”是一种生态过程，具有连接度和连通性双重特征。连接度(connectivity)是指生态廊道上各点的连接程度，是景观功能的一个参数。连接度的高低取决于廊道内部结构和管理。连通性(connectedness)是生态要素在空间结构上的联系。连接度基于生态结构的连通性，而连通性取决于连接线(廊道)和连接区。除了廊道退化降低连通性外，连接区被人为破坏(如道路分割、人工设施阻隔、非生态化建设手段)是连通性降低的另一重要原因。因此，从直观、容易开展空间布局优化的角度，通过各种措施增加生态斑块间空间上的连通性被视为一项精明的修复策略。

威廉·M. 马什(2006)指出，由大量不同地貌类型斑块组成的廊道与建立在单一地貌特征或相互联系的地貌上的廊道相比，安全性较差。其原因在于，不同地貌斑块往往具有不同自然条件，“连接区”是斑块间的边缘带，生境丰富而脆弱，更易受到灾害或人为干扰而发生断裂。这些连接区正是具空间战略地位的节点，在此增加结构连通性往往事半功倍，具有较高的经济性，即以较小成本投入实现最大的生态收益。这些连接区通常位于：

(1)具有相同自然条件的斑块之间，如林地与邻近的城市内残余小片林地、湖泊与河流；

(2)自然相连的斑块之间，如山脊与山谷、河岸与湿地；

(3)满足特殊物种需要或某种生态目的斑块之间，如跨流域盆地的连接；

(4)原有连接，但被破坏的斑块之间，如被道路或人工沟渠分隔的林地、被道路环绕的山体和山谷(图5.28)。比如，北京奥林匹克森林公园被高速路分割成南区与北区，为缝合断裂的生态链，横跨高速路建设了“连接廊道”(图5.29)。这是我国首个城市公园生物通道，桥上种植华北地区乡土植物品种，营造了适宜昆虫和小型哺乳动物生长的“近自然”环境。

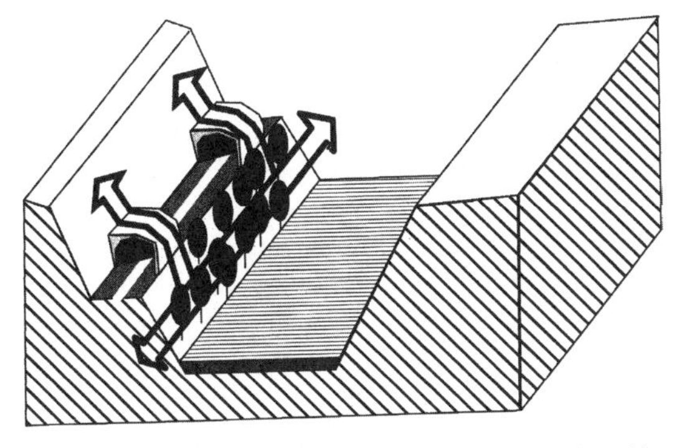

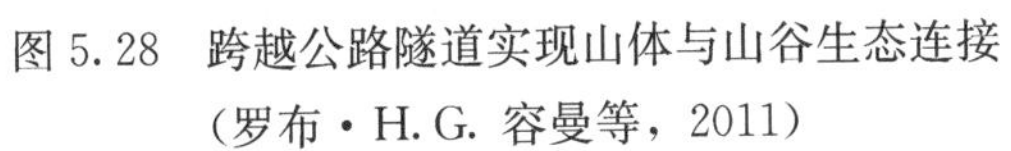

图5.28　跨越公路隧道实现山体与山谷生态连接(罗布·H.G.容曼等，2011)

图5.29　奥林匹克森林公园生态连接廊道①

当然，不当的“连接”同时也会带来病虫害、人为干扰、物种入侵等危害，有些生态斑块的植被、动物类型、水文等方面可能具有较大的差异，不应该进行连接(马克·A.贝内迪克特等，2010)。因此，需要仔细分析生态斑块的地形地貌、植被分布、栖息地质量和关键物种特性等，科学论证创造新连接的正面和负面效果。

2.城市森林补给

在采取适当的结构修复手段、完成生态连接之后，必须采取工程措施、生态措施在这些区域营建具有自然演替功能的生态环境，而补给城市森林是一项重要措施，是寻找城市生态增量的主要策略，如陡坡退耕还林。

城市森林补给是出于修复生态、经济、防护、景观的目的在适当地段种植乔木、灌木和其他植被种类的生态修复措施，其修复目标旨在增加斑块连接。

城市森林补给首先需要进行修复机会评估，广泛考虑植被空缺区位、预期生态效益、修复难易程度(土地覆盖物、所有权、土壤是否适宜种植林木)、投入成本、城市政策以及生态网络特征等因素，并且量化这些因素，这有助于确定不同地段上补给森林的优先顺序。

植被空缺分析是寻找生态网络结构上需要(生态、经济、防护、景观)，但缺少植被的空缺区域(gaps)，包括需要保护的生态斑块，以及连接线(廊道)和前述的各种连接区。人为造成的空缺通常是修复的着眼点，而暴雨山洪等地灾、树木倒伏等自然干扰造成的自然空隙地是生态过程，可不作为修复目标(马克·A.贝内迪克特等，2010)。

投入成本需要兼顾直接投资成本和间接成本，间接成本包括把工矿地变成林地的经济损失，移走沟渠可能导致的洪水灾害等。除经济林地(造纸用林、果品林)外，尽量模拟自然林地的组成结构进行建设，使现存或补给的森林是一种花费低廉并且可以自我维持的景

①　资料来源：http：//www.ce.cn/xwzx/shgj/gdxw/200611/24/t20061124_9568501_1.shtml.

观(塞西尔·C. 科奈恩德克等，2009)，这有助于减少后期维护投入，并维持林地可持续发展。

重庆市于2007年实施《重庆市“四山”地区开发建设管制规定》，至2009年，为检验《规定》实施效果，查找植被空缺区位，为下一步补给林地提供精确指导，《重庆市“四山”地区生态效果的初步评估报告》运用3S技术对两个时间段(2007年9月20日和2009年8月24日)的“四山”地区植被变化进行了遥感影像解译调查，并使用景观生态学的分析方法，剖析植被的空间分动态特征，识别出两个时期植被与非植被之间的转化在空间上的位置，从而真实准确地得到人为干扰的情况。

《眉山中心城区“166”控制区概念性总体规划》中依据眉山建设国家级森林城市的目标，围绕城区打造绿色森林屏障。通过现状林地植被分布调查，协调城市未来空间格局，最大化保留已有林地规模8.59km^2。针对林地植被分布不均、规模不足等问题，在城区生态网络结构上查漏补缺，补给林地约40.29km^2(图5.30)，按照林地补给目标，分为生态防护、农田防护、设施防护、风景游憩、经济生产、生态修复六类。

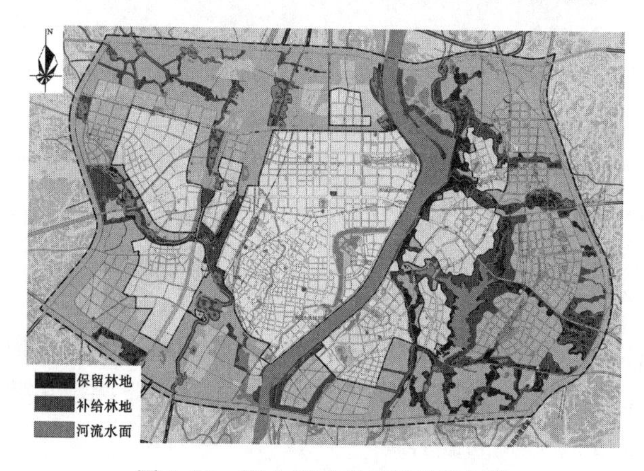

图5.30　眉山城区森林补给计划①

5.3　引导生产功能：都市农业与游憩业规划建设

城市绿色空间应在土地利用层面支撑郊区绿色产业发展与城区绿色生活方式，综合考虑城郊绿色产业用地布局与城市游憩、绿色食品供给。积极保护耕地，匹配城郊农村居民点与耕作区布局，在土地利用与空间布局上使农业生产、生态保育与休闲观光、历史文化保护相结合，形成农林文旅融合的局面。

5.3.1　绿色产业空间复合布局

城区产业全域化是绿色产业布局的目标。相对于都市农业对用地范围和生产条件的限制，游憩服务业具有很强的适应性和包容性，依照现代旅游资源观，自然界和人类社会凡是能对旅游者产生吸引力，都可以为旅游业开发利用，从这个意义上，绿色产业全域化布

① 资料来源：邢忠. 眉山中心城区“166”控制区概念性总体规划[R]. 重庆大学规划设计研究院有限公司，2015.

局具备可能性。

以都市农业为例，对农业产业布局结构进行分析。

1. “圈层+轴带”复合结构

杜能模型和辛克莱尔模型是对传统以食品生产为主的大农业分布模式的描述，在都市农业阶段，圈层结构仍然延续，但在现代交通轴线、城市形态、外围山河格局、产业模式的影响下，每个圈层的功能也发生了调整。都市农业由城区组团间的缝地，向四周延伸的近郊、远郊以及放射带等部分组成(图 5.31)，形成“圈层+轴带复合结构”。远郊农业圈是城市的乡村农业生产腹地，是“米袋子”和“菜篮子”，为城市提供粮食等优质的农副产品；都市缝地农业圈、近郊农业圈、中郊农业圈是都市农业集中区，重点建设农业的生态与社会功能。

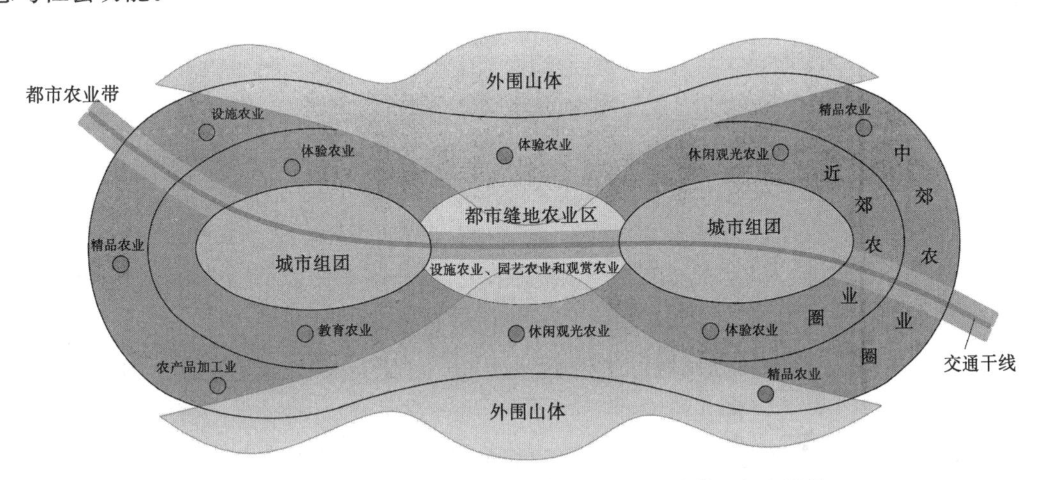

图 5.31　山地城市都市农业布局的“圈层+轴带”复合结构

(1)都市缝地农业圈，沿城市组团延伸包围而成。其主要功能是调节和改善城市环境，重点发展设施农业、园艺农业和观赏农业，为市民提供回归自然和体验农业的场所。特别在城市被山体、江河分割时，大量缝地农业沿城市山体、滨河地带形成。如重庆主城区的歌乐山，它嵌入城市中心区，是城市两大“肺叶”之一。在城市开发压力下歌乐山镇仍保留农业用地 16728.07 亩，林业用地 232620 亩，借助得天独厚的区位和环境条件，目前已发展花木种植、有机水果、绿色蔬菜、食用菌、甜糯玉米等就近服务城市的都市农业类型。大力发展休闲农业和乡村旅游，建成 50 多家农家乐、度假村，举办“桃花节”“桂花节”等乡村旅游节庆活动①。

(2)近郊农业圈，处于城市化最前沿的农业区，受城市化影响，被各类城乡建设用地、区域交通市政设施划分得十分破碎。一方面由于区位优势，地租相对较高，传统农业生产让位于高收益的经营方式，如农业观光园；另一方面，对建成区的生态环境效益最为直接，同时环绕或穿插于建成区内部，限制城市无序蔓延的功能最为重要。该区域应重点发

① 歌乐山地区基本情况[N/OL]. 重庆晚报，2011－5－19. http://cq.cqwb.com.cn/NewsFiles/201105/19/489118.shtml.

展休闲观光农业、体验农业、教育农业，拓展农业的旅游、文化、教育等社会功能。

(3)中郊农业圈，距离城市比较近，便于获得城市技术、资金支持；同时，城市拓展造成农业用地不断缩减。该区域适宜发展技术水平较高、附加值较高的设施农业、精品农业、农产品加工业等。

(4)都市农业带，在城市向外延伸的交通干线、河流两侧，形成放射状农业带，如精品水果带、园艺化农业带、风景林带等，为城市开辟绿色通道。根据《宝鸡城市总体规划(2008—2020)》，宝鸡市南部台塬区已成为宝鸡城市拓展的主要方向，促使台塬区加速从乡村地区向城市边缘区转变。该区是传统农耕区，农业耕作条件十分优越，已初步构建起以果、菜、鱼、肉、蛋、奶多业为主粮油为辅的产业化格局，建立了猕猴桃、葡萄、桃三大农业产品生产基地、蔬菜无公害基地等农业科技示范园，具有明显的都市农业特征。区内农业产业分布受地形、区位、交通、土地价格等条件制约，呈现圈层分布与轴向分布叠合的特征：一方面，受城市辐射影响形成近郊农业圈、中郊农业圈，近郊农业圈分布在建成区外的渭河河谷阶地平坝区，中郊农业圈一直延伸到浅山区；另一方面，受河流、沟谷地貌的切割影响更为深刻，沿 12 条川道，以及分布其间的 9 块大型台塬区向浅山区纵向延展。

针对该区农业发展条件和新要求，在《宝鸡市渭河南部台塬区生态建设规划》中，统筹土地利用规划、农业产业规划，提出“尊重地域特征，整体布局生态农业”。规划进一步强化圈层分布与轴带分布叠合的特征(图 5.32)，通过分析不同区段产业潜力及其在生态结构中的功能，农业布局坚持产业功能与生态功能并重，努力形成“谷、塬、山”合理布局、“粮、果、畜、菜”合理发展的生态农业格局：川道区，突出发展果菜和奶畜，改进蔬菜栽培技术，发展名、优、精、细、特品种；台塬区，大力建设无公害蔬菜基地，发展优质果品和畜禽养殖，建成以肉、蛋、奶、果品为主的生产基地，积极发展高效的畜牧养殖小区，实现畜牧生产规模化、集约化；浅山区，结合退耕还林还草，发展核桃、板栗、柿子等干杂果林，积极发展药材种植业，大力推广肉牛、奶山羊规模化养殖。同时兼顾村民耕作习惯，将生产农地控制在居民点耕作半径范围内(根据台塬区耕作方式确定为 800～1000m)。

图 5.32 渭河南部台塬区都市农业圈层与轴带叠合结构(黄光宇等，2006)(见彩图)

2.绿心极核式结构

相较于城市外围环绕的农业，位于城市内部或城市群之间的中心极核式的农业布局模式对城市多功能服务具有独特的优势。

荷兰兰斯塔德城市群生态绿心是一个面积约400km^{2}的农业区，区内农业高度发达，十分强调农业与环境、自然的协调发展，重视农业的社会责任。作为都市农业的典型，借助发达的设施农业，该国集约生产经营花卉、蔬菜及奶类食品，使人均农产品出口创汇居世界榜首，农村产业和居民生活都与城市紧密联系。

长沙、株洲和湘潭三市形成“长株潭城市群”，城市群之间的绿心面积约523km^2，包括大量农田、林地、森林公园和水库，有9个自然保护区及风景名胜区。在《长株潭城市群生态绿心地区总体规划(2010—2030)》中，提出建设“城市群生态安全的生态屏障和具有国际品质的都市绿心”的目标。明确提出保留绿心区的耕地约114km^2，林地约338km^2，发展绿色都市农业，建设成集生态涵养和旅游休闲、度假、垂钓、保健、科研等为一体的综合性生态绿心。

5.3.2　都市农业用地规划安排

通常，农业用地的市场价值，只有通过对其破坏(如开发、采伐)才能获得(岸根卓郎，1999)。守住18亿亩耕地红线，城市规划工作者应该有所作为，作者认为，将都市农业用地纳入城市规划安排是一种较为可行的途径，通过农业用地的空间规划管制将非市场价值制度化保存，同时辅以公共政策设计(如生态补偿)将非市场价值经济化，通过“两手抓”保障农业用地的适度规模。需指出的是，都市农业用地纳入城市规划安排不是为了规划扩权，而是与相关部门共同控制农业用地用途转换的关键过程，多部门联手保护耕地，将农业用地作为组织城市空间的重要手段(叶林，2013)。

在城市总规层面可以综合运用高产农田保护、农业用地分类使用、产业人口与用地匹配、城市开发控制等手段共同减缓农地资源过度消耗的情况。

1.保护高产农业用地

我国实行最严格的农业用地保护制度，但基于快速城镇化阶段对占用近郊农业用地的超常压力，农业用地保护范围往往通过土地利用规划新编或调整方式不断向远郊地区转移，这是城镇化时期一个普遍的现象。国家层面不断推行新的基本农田保护措施①，通过划定农业保护区、城市增长边界和基本农田保护等措施，力图保有一定规模的农业用地。

当前，农田整体保护是不可行的。正如伊恩·伦诺克斯·麦克哈格(2006)指出，把所有的农田一揽子保护起来是困难的，但是保护好都市地区最好的土壤不仅是可能的，而且显然能取得满意的效果。美国国家农田保护协会指出，在农田数量减少不可避免的情况

① 如，2015年1月5日，国土资源部，农业部联合部署永久基本农田划定工作，将先从城市人口500万以上特大城市、省会城市、计划单列市开始，按照城镇由大到小、空间由近及远、耕地质量由高到低的顺序有序推进。重点是尽快将城镇周边、交通沿线现有易被占用的优质耕地优先划为永久基本农田，将已建成的高标准农田优先划为永久基本农田。2016年底前将全面完成全国永久基本农田划定。

下，重点应关注什么样的农田在减少，什么地方的农田在减少(叶齐茂，2010)。城市规划将国土部门和农业部门依据土壤学、农学、林学标准判定的成规模基本农田、优质耕地作为生态红线的重要内容，这已经成为城市规划编制的基本准则。例如，日本在都市区内划定城市化区域(类似于建设区)和城市化调整区(类似于非建设区)时规定，面积超过 $20hm^2$、空间集中连片的优质耕地，或农业基础设施投入未满 8 年的农田是不得纳入城市化区域的(徐颖，2012)。

近年来，农业用地在城市中的重要性逐步得到重视，部分城市尝试在城市规划中统筹安排，并以地方法规和政府规章的形式确立了农业用地的法律定位。如深圳市基本生态控制线规划，将“集中成片的基本农业用地保护区”纳入控制范围，并通过法定图则进行定位、定规模控制。成都市《环城生态区保护条例》中，明确指出 $133.11km^2$ 环城生态区“由农业用地和生态建设用地构成”，规定“区内的农业用地应当坚持农地农用，不得非法改变农业用地用途”，并通过各区县制定法定图则形式确立农业用地的地位。

2. 农业用地分类使用

首先，农业用地建设目标应适时调整。荷兰兰斯塔德绿心的规划管理从 20 世纪 60 年代开始，“荷兰城乡规划政策”不断修正更新至第 4 版，管理目标从“减缓发展以保护绿色核心”“保留有限数量村庄，以备城市人口向乡村转移”“完全限制村庄开发”“在绿心外建设增长中心，严格控制绿心边界”到当前的“保护与开发绿心并举”，保护不再是唯一目标，而是集中于挖掘绿心综合潜力。

其次，农业用地建设应差异化对待，兼顾弹性引导与刚性控制相结合。对基本农田、优质农地和一般农地等进行细致的划分十分必要。并由规划部门落实，进行分区建设引导，落实限制非农用途(基本农田不得改变用途；优质农地可改变用途，但设定严格的转换程序；一般农地作为城市未来拓展备用地，按土地供给计划有序改变用途)、限制高密度开发、要求居民点尽量少占耕地等空间管理手段。

在《宝鸡市渭河南部台塬区生态建设规划》中，依据基本农田、生态资源、农业产能、耕作条件、服务城市功能等的重要性将台塬区农业用地划分为两类：重要农业区，以基本农田、平坝沟谷地的高产农业用地为主，连片成规模，也包括城市组团隔离带和交通干线沿线的高产农业用地，发展都市农业(精细粮食、蔬菜和畜牧养殖)，严格禁止开发建设；次要农业区，位于山坡、山岭区，发展林果和中药材种植业，允许现状分散的小型居民点，限制居民点规模扩张。

3. 阻止城市开发渗透

城市规划从城市和区域设施有序扩张“需求量”的角度，结合国土部门的土地供给计划和交通等部门的重大基础设施建设计划在适宜建设区中安排某一时间段的建设土地范围，并划定该时间段的城市建设区增长边界。增长边界并非刚性不变的，而是具有时效性的，应当依据城市发展阶段需求弹性调整，但不得侵占生态红线范围。

增长边界作为“建设区”和“非建设区”的界线，设定了城市扩展的边界，也是保护农业用地资源的重要手段。一般情况下，建设区包括建成区及未来一段时间内实现城镇化的地区，该区内的既有农业用地通过征收手续变更为国有土地；非建设区是受到控制和保护的区域，一般不允许与农业、渔业、林业无关的开发活动。

以香港为例。香港山多平地少，人多地狭，农业用地只有约 18km²，主要集中在靠近深圳的新界北，全港约有 2500 个农场，务农人口约为 4700 人，占总劳动人口的 0.13%。农场通常为小规模经营，以种植有叶蔬菜、饲养猪只或家禽为主，透过“精耕细作”和现代化的技术，生产优质的新鲜食物。根据渔农自然护理署的数据，香港约有 2.3%的新鲜蔬菜是由本地农场供应的，2010 年的香港农业生产总值约为 6.15 亿港元。

一段时期以来，香港对农业采取不鼓励的态度，城市开发对农业用地侵占严重。2012 年，新界北大量农地可能受到《新界东北发展计划》影响而改为市区发展用途(建设用地)，农业用地存留再次引起社会关注，更有公益团体代表提出“香港要农业农地零损失”口号，认为“失去农地，象征农业无法永续发展，也象征把不少‘耕住合一’的非原居民村连根拔起”①。

《新界东北新发展区规划及工程研究》(2013)指出，落实新发展区计划将无可避免影响部分现有农户，新发展区范围内约有 28hm² 常耕农地受发展计划影响(图 5.33)。通过广泛咨询公众意见，规划在古洞北新发展区围绕市镇绿心——自然生态公园——保留两块土地(约 45hm²)，并保留粉岭北新发展区内一块土地(约 12hm²)划作农业地带(AGR)，从而在市镇核心区保留了 57hm² 农业区，以继续现有农业活动。

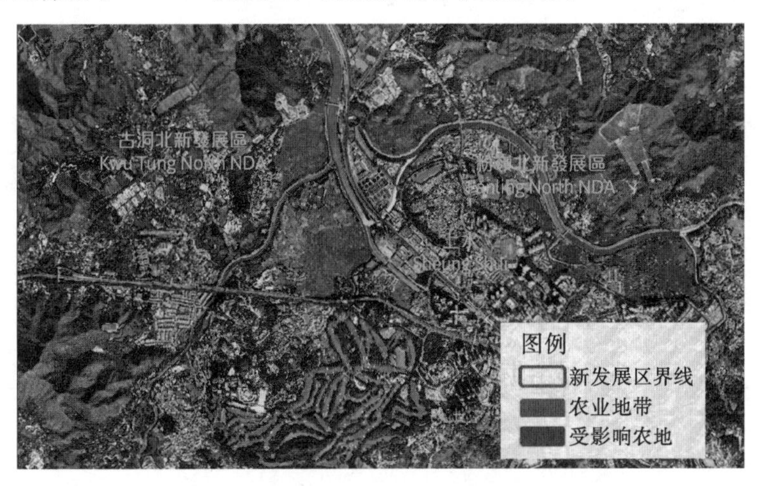

图 5.33　香港新界东北新发展区农业用地现状分布②(见彩图)

另外，未受影响的、有意愿继续从事农业生产的农户，通过“农地复耕计划”找寻合适地点购买或租用农地复耕。规划在新发展区附近寻找有潜力作复耕用途的土地约有 160hm²，香港未来制定政策协助受发展计划影响的农民复耕。

“农地复耕计划”由蔬菜统营处推出，用以保护优质的耕地，协助农民改善灌溉系统、排水系统、农场通道和租地安排，帮助农民在休耕地上恢复耕作。自 1988 年推行以来，每年平均有 10hm² 的农地恢复耕作。但可复耕的土地长期供不应求，2011 年据报轮候名

① 袁易天. 香港农地一块都不能少[OL]. 主场新闻，2012-9-19.
② 资料来源：香港规划署网站，http://www.pland.gov.hk/.

单约有 170 多人，估计要等两三年才可获得租赁土地①。

5.3.3 维护农田景观多样性

集约化、机械化、精细化的现代农业生产方式将以往丰富的农田景观转变为单一的用途，使农田生境在很大程度上偏离了区域自然生态系统，改变了农业景观的许多方面：从化肥大量投入、农业品种单一、有害生物经常爆发、土壤地力下降、地下水位降低、农田边缘植被消失到物种多样性减少。尽管同质的、单一的土地利用看起来高效而诱人，但这一系统存在很大的脆弱性，正如生态学家 E. 奥德姆极力主张在农田生态系统中采用自然多样的群落。人们仅仅因为一时的高产而依赖于一种或几种小麦或松树是最危险的，一旦疾病突发或气候骤然变化，特定的物种将遭到毁灭(法布士，2007)。

农田景观作为构成乡村景观的重要形态，是让人们“记得住乡愁”的重要环境意象。进行农田景观保护，须坚持保护与恢复并存、保护传统农田景观与现代农业高效生产相结合、人工农业植物群落与野生植物群落相结合、野生生物保护与居民休闲游憩相结合，将整个农业区域融入绿色空间大背景中，才有利于整体景观价值的提升。

1. 鼓励绿色生产方式

改变传统非绿色耕作方式，发展生态农业、绿色农业是现代农业的发展方向，也是改善农田景观的根本出路，因此，应减少农药化肥输入，使用节水灌溉技术，推广生态技术，减缓滞纳地表径流，减少土壤流失，降低农业面源污染。

绿色生态产业并非必须依赖于高新技术，传统农业系统中也有极为丰富的生态绿色生产经验值得借鉴。如合理混合种植，通过不同农作物的间作、混作、混播、套作，以及不同农业生产方式(农林牧副渔)的混合，打破单一的作物结构和景观形态，提高农作物多样性。如我国重要农业文化遗产中的福建尤溪联合梯田(竹林、村庄、田地、水系综合利用模式)和云南漾濞核桃作物复合系统(传统核桃与农作物套作农耕模式)。而不同农业生产方式的混合则是循环农业的高级模式，如立体利用水面、土地和光热资源。如浙江青田稻鱼共生系统(传统稻鱼共生农业生产模式，图 5.34)、贵州从江侗乡稻鱼鸭系统(传统稻鱼鸭共生农业生产模式)。

图 5.34　浙江青田稻鱼共生系统①

2. 优化农田景观结构

农田、道路、沟渠、林地、坑塘和树篱灌木带等共同构成农田景观(图 5.35)，这些要素的数量以及分布结构决定了农田景观中自然斑块－廊道的尺度和形状，可以反映出生物

---

① 维基百科. http：//zh. wikipedia. org/wiki/香港農業#cite _ note－2.

② 资料来源：百度网站. http：//www. 191. cn/read. php？ tid=380255&page=e.

的栖息地环境条件。优化农田景观结构必须依靠“山水林田路”统一安排，优化途径包括现有林地、绿篱、草地的管理，道路林带建设，农田林网建设，坑塘湿地恢复及传统农业景观(灌溉沟渠、梯田耕作方式、本地特殊农作物)保护等，在空间上实现的手段主要是农田斑块和廊道的建立，丰富生境，减缓破碎化。

成都市郊温江某地农田景观

成都市郊郫县国道沿线农田景观

图 5.35　多样性的农田景观①

欧洲国家农业集约化较早，对农田景观多样性和美学价值研究十分深入。德国农业景观和土地利用研究中心(Muemcheberg)通过对农田景观结构与动植物种类多样性的研究，提出“农田景观小结构”的概念，即面积小于 $1hm^2$ 且在农田景观中具有明显边界的非农田类型(江源，1999)，如林地、湿地、草地和灌木树篱带。研究表明，农田景观小结构的比例保持在 10%～20%，对维持农田生态系统的物种多样性有重要作用(江源，1999)。农田景观小结构的规划方式如表 5.13 所示。

表 5.13　农田景观中的小结构模式(江源，1999，重新整理)

结构模式			依托结构形式	适用性
廊道式	条形网络结构	以条形树篱围绕农田，并形成网络。地块的大小保持在 400～600m 长、150～200m 宽的规模	道路、沟渠、河流、机耕道、田埂、残留树篱	用于平原地区大面积农田的细分设计；很多研究也证明，该结构对于农业活动造成的生境条件变化的缓冲作用较小
	带形网络结构	带形宽度一般应为 10～30m，应该包括散生树木、树丛、小池塘和草地等多种复合结构	道路、沟渠、河流	为物种提供受农业活动相对较小的缓冲生境。对提高甲虫和鸟类物种的丰富度作用最为明显
斑块式	内部岛屿状结构	适用于大面积农田景观中的一种块状结构类型，面积通常在 $40～50hm^2$	残留林地、坑塘、湿地、草地	用于大面积农田景观中对小片洼地、水体岸边、侵蚀小沟、小高地等特殊生境的保护
	外部岛屿状结构	将强烈利用的(如割草草地等)或未被利用的生态系统(如森林等)与农田生态系统相互联系	残留林地、坑塘、湿地、草地	用于保护与农田景观相邻，但与农田景观隔离的其他类型的生态系统；对上述各类结构是一种补充，通常需要有足够的缓冲地带，在其中心完全禁止利用，或者应保持持续的高强度利用

“农田－树篱”模式是典型的传统农业景观结构。农田边缘、农田中、田埂上残留的树篱灌木丛的生物多样性相对集中。它们可以促进昆虫、鸟类、小型哺乳动物在农田中迁

① 资料来源：作者成都调研。

徙、栖息，同时阻隔不同田块之间病虫害的传播或其他干扰的扩散。同时，树篱灌木丛可以减缓地表径流冲刷、控制土壤侵蚀、保护农田土壤养分(图 5.36)。然而，为了方便现代耕作方式往往会清除树篱灌木丛。

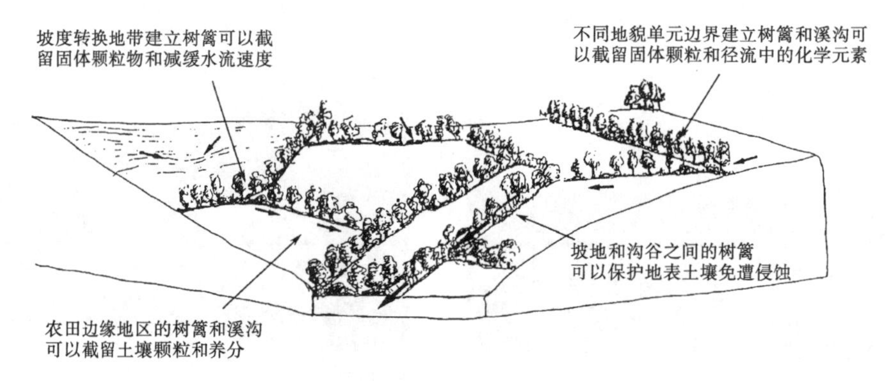

图 5.36　农田中树篱控制地表径流的作用(傅伯杰等，2011)

借鉴传统经验，可以沿河流、道路、沟渠、机耕道两侧开展农田林网建设，通过构建河流林网，把孤立的坑塘和残余林地联系起来；种植道路林网或树篱，为鸟类或其他动物迁移和捕食提供栖息地和通道；预防和减少农田的自然灾害。

农田林网建设已成为农业土地整理和高标准农田建设的一项重要内容①。如前述的小结构模式，较平坦的坝区可规划条形网络状的林网，做到一个耕作单元形成一个防护林网格。山地丘陵区可规划林带，林带应结合水土保持，根据坡度、坡向与地形进行规划，做到等高平行排列，合理布局。林网建设尽可能做到与护路林、生态林和环村林等相结合，减少占用耕地面积(图 5.37)。

平坝区农田林网与生态林和环村林结合

丘陵区农田林网与生态林和环村林结合

图 5.37　眉山城市郊区农田林网建设②

结合林业、农业部门意见，要适时、适地、适树进行林网建设布局。林带布局方向应

① 《高标准基本农田建设规范(试行)》(国土资发〔2011〕144 号).

② 资料来源：邢忠，叶林，等. 眉山中心城区 “166” 控制区概念性总体规划[R]. 重庆大学规划设计研究院有限公司，2015.

垂直于当地的主风向。林带纵横间距一般为 500～1000m，与道路结合建设的单行林带占地宽 50cm。西南地区，林网树种应选择符合当地实际的速生丰产林木，一般可选用白杨、水杉、柏树等树干较直、树冠较小的当地适宜品种，株距在 2～3m①。

林网建设要与田网布局协调。平坝区防护林长度应达到适宜植树造林长度的 90%以上，防护林网控制面积应占宜建林网农田面积的 75%以上；山地丘陵区防护林带长度达到适宜植树造林长度的 75%以上，防护林网控制面积应占宜建林网农田面积的 50%以上；风害区农田防护面积应不小于 90%。

相较于欧洲，我国人多地少，生态负荷重，农田耕作集约化程度低。因此，农田景观多样性建设必须结合农业产业开发来进行。

5.3.4　组织环城绿道游憩体系

绿色空间规划要充分发掘其在改善人居环境、改变市民生活方式，甚至促进地方经济发展等方面的价值，促进绿色空间内资源与城市生活的互动。当前，依托绿道网络及郊野公园建设环城游憩体系，正成为挖掘绿色空间内资源价值的一项重要举措。

绿道原意就是“道路或路线”，首先强调线型通行路径，宽度视沿线土地供给程度而定，几米到几十米均可，一般不需要特别划定用地范围。并且绿道建设鼓励利用稍加修整就能通行的废弃地、未利用地或原有路径，不需要较大的资金投入。因此，绿道代表着一种高效的、战略性的、以最少的土地保护最多资源的方法(罗布 · H. G. 容曼等，2011)。

“连接”和“多用途相容性”是绿道建设的关键：连接是人与土地的连接，人与公园、自然区、历史遗迹和其他开放空间的连接，通过空间上的相互接近或功能联系，促进和支持特殊过程和功能的发生；多用途相容性，是指保护生态、游憩娱乐、延续历史文脉等多用途之间的协作，以此获取更多利益和政治支持，特别是经济用途促进和提升绿色产业是绿道存在的基础。

Ahern(1995)认为，绿道网可以适应不同尺度的广阔土地，由小型连续的廊道组成，包括从市区到大陆的四级尺度。区域尺度上，美国阿帕拉契亚山径(Appalachian Trail，AT)的开辟和管理，证明了区域绿道的巨大力量。区域主义先锋本顿 · 麦克凯耶(Benton Mackaye)1921 年提出保护从缅因州到乔治亚州的阿帕拉契亚山荒野景观，并开辟山径的设想，使之成为分隔美国东北部城市连绵区、连接城市和乡村郊野的游憩通道(图 5.38)。AT 山径于 1937 年开通，全程 3575km，是美国最早的长途山径。

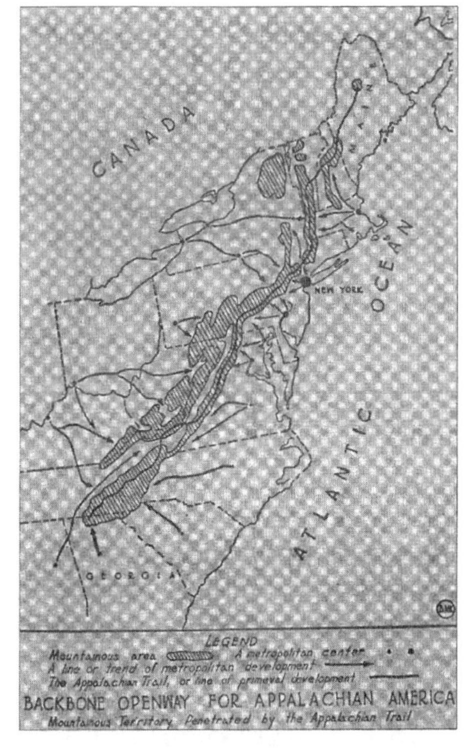

图 5.38　麦克凯耶设想的阿帕拉契亚山径(罗伯特 · D. 亚罗，2010)

① 《四川省高标准农田建设标准规程》(2011).

Lambro River 河谷绿道规划是意大利第一个绿道网络规划在市区尺度上的成功案例。意大利阿尔卑斯山南麓、邻近米兰的 Lambro River 河谷分布着多个市镇。Toccolini 等(2006)在规划中调查了 Lambro River 河谷 $235km^2$ 范围内的景观资源要素、居住与工作场所、交通节点、生活场所、现有绿道和历史步道，事实上，绿道网中 80%的路径已经存在，由于地形地貌、村庄城市阻隔等原因而断裂[图 5.39(a)]，规划最关键的任务是识别和修复网络中的“断点”，构建人与土地、城市村庄、公园、自然保护区、历史场地及其他开放空间的连接体系[图 5.39(b)]。

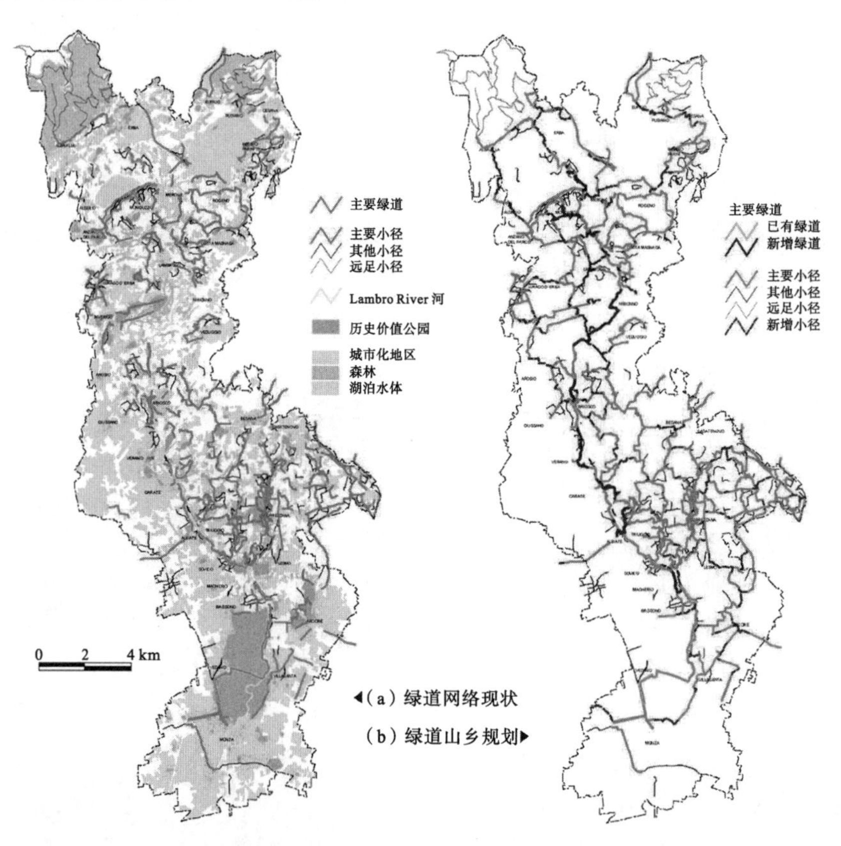

图 5.39　意大利 Lambro River 河谷绿道规划(见彩图)

5.4　控制生活功能：城镇化转型区和村庄规划建设

坚持“整体保护，点上开发”的原则，引导和控制各类建设活动的开展，适应环境紧约束，控制城市和村庄建设用地盲目拓展，鼓励与环境相融的开发模式，整理低效利用建设土地，优化产居一体的村庄布局模式，倡导市民绿色生活。

5.4.1　适应环境紧约束的建设用地管控

规划如果缺乏对环境各类约束条件的积极正面反馈，建设活动往往超过环境承受力，导致环境破坏下的经济与社会失衡，如云南、十堰、延安等地的“城镇上山”现象。因此，城市建设活动必须理清所处环境的自然特质，辨识约束建设行为的各类环境因子(地形地貌、水文资源、地质、自然植被等)，依据水桶效应原理科学评判多因子组合的协同作用，趋利避害，主动适应环境约束条件抉择建设用地的最适宜区位。

1. “刚柔”相济选择建设用地

以自然生态网络作为限定城市建设用地增长的重要手段，可以限制城市蔓延以及实现形态更紧凑、资源更节约、用地更集约的精明增长模式。建设用地选择应融入区域整体生态网络中，城市对于土地需求的增长应当受到所在区域生态安全格局的制约，城市生态红线首先应作为建设用地边界的“刚性”组成部分(叶林等，2011)。其次，通过用地建设适宜性分析，选取适宜建设的用地(适建区、限建区)，划定建设红线，作为建设用地边界的“柔性”组成部分。“刚柔”相济的“双线”叠合(图 5.40)，兼顾建设安全与生态安全的整体需求，是选择建设用地的基础框架。

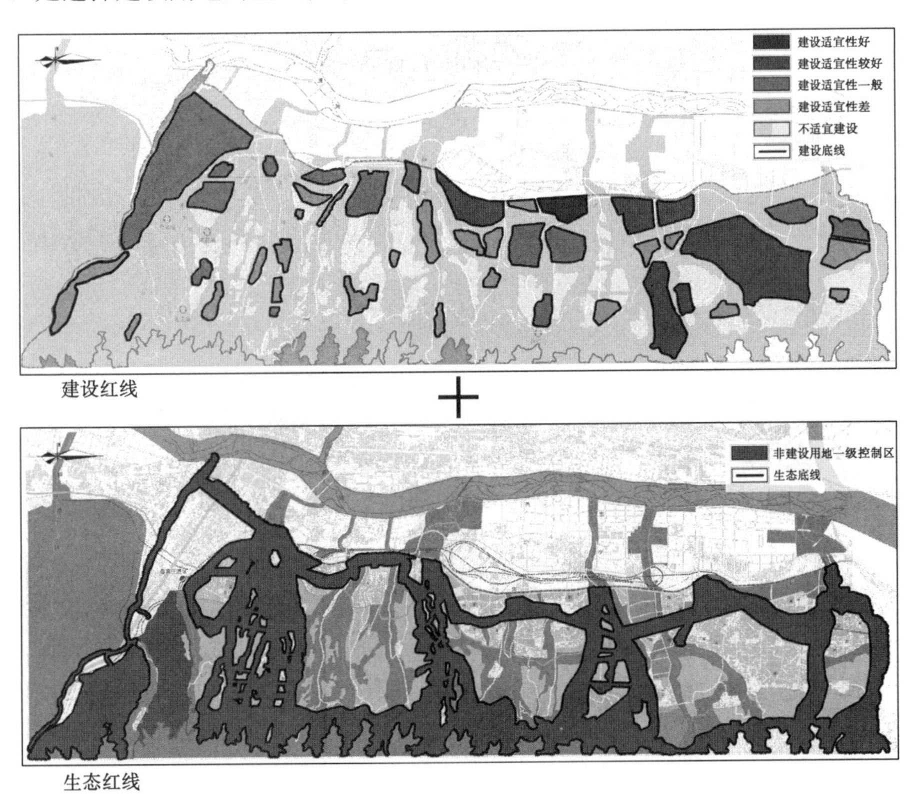

图 5.40　宝鸡市台塬区建设与生态红线按“双线”选择建设用地(黄光宇等，2006)

2. 环境承载力引导建设容量

承载力是指在一定时期、一定范围内，一定自然环境条件下，自然环境系统可以支持的增长量的限度，决定了在维持城乡自然环境保育良好的同时，可以容纳的最大发展水平。菲利普·伯克(2009)认为，承载力通常有三类因素：环境、物质和心理。环境因素包括自然生态安全网络的稳定性、地质灾害、水质、土壤侵蚀、生物多样性等；物质要素包括供水、交通、废物处理等设施；心理要素指人们感受环境质量和基础设施的服务水平。

自然环境资源的有限供应的度量是决定建设容量的基础，可以通过影响因子评价、公共决策和专家综合判定的方式来判断限制因素的上限或下限，重点明确可建设用地容量、人口容量和土地开发容量。

可建设用地容量是基于用地建设适宜性分析和生态敏感性分析的基础上，从建设工程和自然生态角度总体判断可建设用地的规模。可建设用地容量只是土地的二维规模控制，不能反映土地正常使用下的真实状态，必须与土地使用者数量和土地三维使用控制相结合。

土地使用人口容量是对使用者类型的反映，分为村庄人口和城镇人口。村庄人口是以农业生产为生存根本，通过农业用地总量反控村庄人口具有可操作性。在土地使用指标定量控制机制下，城镇人口以城市人均用地规模为上限标准进行核算，同时考虑环境制约确定下限标准。另外，水资源、交通等基础设施的承载力也是人口容量的上限。如，宝鸡台塬区内因地质环境基本无地下水可用，地表水虽然渭河支流水系发育，但只有两条支流可以使用且流量不稳定，是典型的水源性缺水区。因此，规划建议城镇建设用地依托相邻建成区基础设施，以外部输入为主，同时村庄居民点需立足自给，充分利用高山泉水资源，根据水资源总量控制人口。

3. 嵌入式建设用地布局模式

福曼提出的“聚集间有离析的格局”（AWO）被认为是景观生态学意义上最优的土地利用配置模式(图 5.41)。它强调“粗放纹理”（coarse-grain pattern）与“细致纹理”（fine-grain pattern）两者的结合，从空间上可理解为城乡建设区与绿色空间之间的相互渗透和契合。

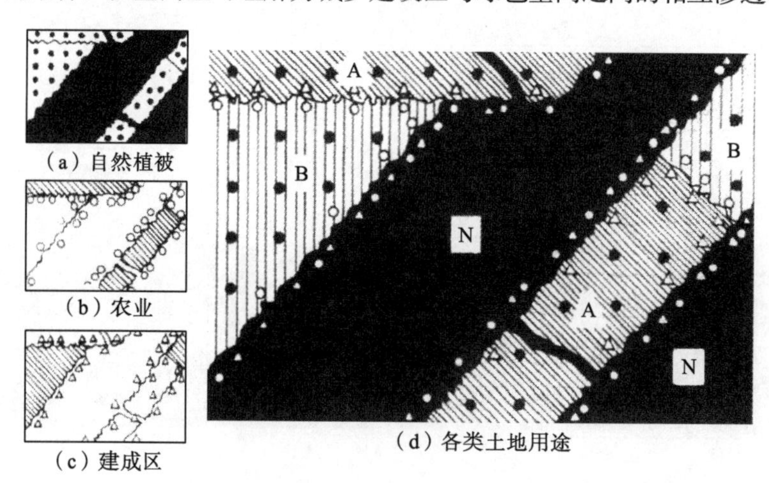

图 5.41　福曼提出的以聚集间有离析原理为基础的土地利用格局

（福斯特·恩杜比斯，2013）

“粗放纹理”是建设区外围的农田、森林等自然用地，通过小尺度的生态踏脚石和廊道深入建设区。反之，建设区除集中大规模的“粗放纹理”外，有小规模散点布局的独立建设用地和居民点嵌入自然用地中。AWO 模式强调，规划师应将土地利用分类集聚，并在建成区内保留小的自然斑块，同时沿主要的自然边界地带分布一些人类活动的“飞地”。

尽管 AWO 模式还没得到各空间尺度上的验证(福斯特·恩杜比斯，2002)，但对城市边缘区的城乡建设用地布局有很好的生态指导意义。借鉴 AWO 模式，城乡建设用地布局应该是镶嵌式的，城市建设与区域原本的生态格局相协调，新的建设不应形成大规模的“粗放纹理”，这种“嵌入式”的空间发展格局，有利于控制建设规模。

5.4.2　城镇化转型区建设管控

城镇化转型区是未来动态建设备用地，必须提前布局生态化、绿色化建设措施，其中需要重点关注的区域包括集中建设区边缘地带，以及远离集中建设区、散布在绿色空间内的各种独立建设用地。

1. 关联边缘地带管控

集中建设区是城市总体规划确定的，城市和乡镇未来时期将集中大规模建设的区域。集中建设区边缘地带是城市高强度建设区与开敞绿色空间相邻的、具有一定纵深的建设缓冲区，也可称为关联边缘地带。

关联边缘地带具有典型的边缘效应。邢忠(2001)在自然生态学定义的基础上，将城市地域中的边缘效应定义为“异质地域间交界的公共边缘区处，由于生态因子的互补性汇聚，或地域属性的非线性相干协同作用，产生超于各地域组分单独功能叠加之和的生态关联增殖效益，赋予边缘区、相邻腹地乃至整个区域综合生态效益的现象”(邢忠等，2006)。

“边缘效应是驱动城市与绿野高度融合发展模式的原动力”(邢忠等，2006)，边缘效应推动城市建设趋近绿色空间而发展。在城市绿色空间规划时，可以充分运用边缘效应开拓边缘、利用边缘、调控边缘向正方向发展。通过生态整体规划设计，将建设区与绿色空间相互分离的土地系统耦合成一个有机的环境增值系统，把社会和经济的可持续发展与环境的保护与改善联系起来，从而达到“产生超越各地域组分单独功能叠加之和的生态关联增值效益”的目的。

由此，关联边缘地带管控的目的在于确保边缘地带土地使用方式不对绿色环境造成负外部性，并通过平面与立体空间安排，挖掘、创造绿色空间对城市建设的增值效益，回收绿色空间的外泄效益，保障绿色公共资源的公平享用(邢忠等，2005)。如前述的河流水陆交错带土地利用就是典型的边缘地带管控。

绿色空间具有重要的非市场价值潜力，即环境反哺城市的经济价值，良好的景观环境和充足的绿量通过土地地产价值和政府财税、公众游憩、景观舒适等贡献给城市增值效益，推动城市吸纳新型绿色产业类型和高端服务行业的进驻，助力城市经济社会全面进步。一般而言，非产业化的绿色空间仅能为城市提供良好自然环境等有限的支撑作用[图 5.42(a)]，只有产业化的绿色空间对相邻地段的城市功能区的经济价值促进明显，并可以通过预先设置的绿色增值通廊将环境价值深入城市核心[图 5.45(b)]。

增值效益是双向的，其大小不仅取决于绿色空间的服务品质和规模数量，也取决于边缘地带的城市土地利用与空间布局方式。

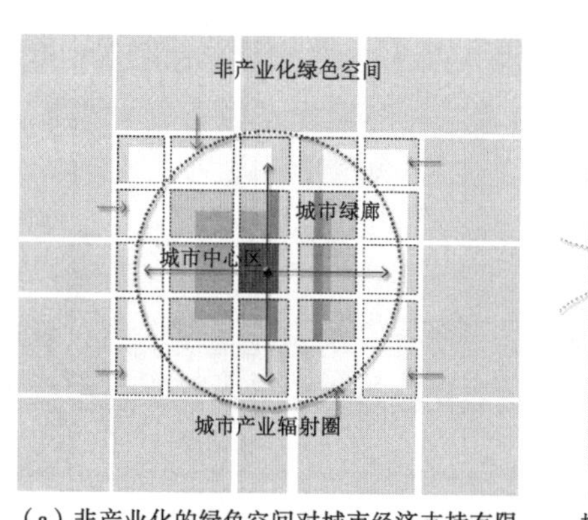

（a）非产业化的绿色空间对城市经济支持有限

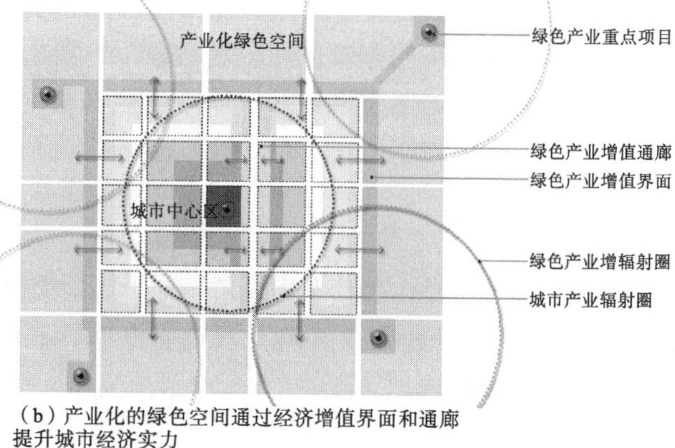

（b）产业化的绿色空间通过经济增值界面和通廊提升城市经济实力

图 5.42　产业化绿色空间反哺城市经济(邢忠等，2015)

首先，在平面布局上应增大关联边缘地带与绿色空间接触效率，在保护型镶嵌式建设用地分布方式下，通过集中建设区的组团化分隔、引入绿色环境等措施可以扩大接触面的边界长度，促进两者的有机融合(图 5.43)。

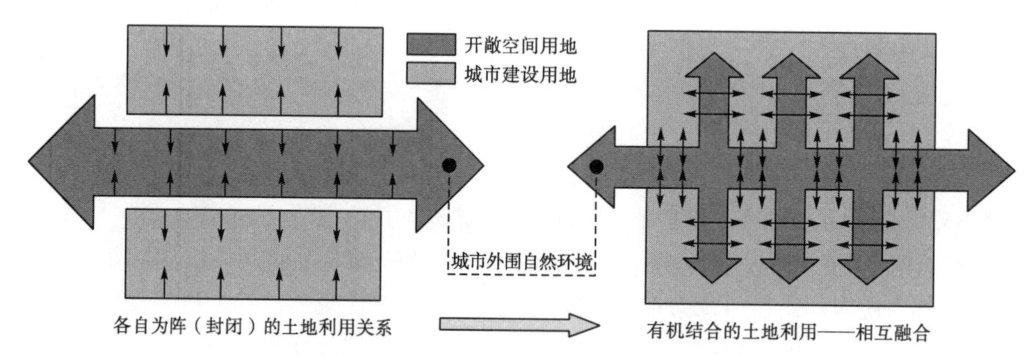

图 5.43　绿色环境与建设区的有机结合(邢忠，2007)

其次，立体布局上包含开发强度、建筑模式等规划引导措施。把绿色空间与相邻建设区进行相容性分析，是为了将有限的边缘地带土地资源安排给那些可以通过借用近邻绿色空间获取最大可持续增值效益，同时不会对绿色空间造成不良影响的土地使用方式(邢忠等，2007)(表 5.14)。

表 5.14　不同类型绿色空间关联边缘地带建设引导

绿色空间类型	与之相邻建设区边缘地带用地类型建议	与之相邻建设区边缘地带建设注意事项	建设原则
生态保育区	相容用地类型：居住区、科研机构、文化设施(博物馆科技馆)	严格遵循各类保护区范围； 安排与保护区配套的各类公共设施和预警检测设施； 低密度、低强度开发，控制建筑色彩、体量、风格	绝对保护
景观游憩区	不相容用地类型：仓储物流、工业用地、公用设施、交通枢纽与站场	不得影响和降低原场地景观特色和游憩价值； 提供多种观赏景观的开放性视线通道和眺望点； 低密度、低强度开发，控制建筑色彩、体量、风格	保护与利用并行
历史文化区	不相容用地类型：工业用地、仓储物流、交通枢纽与站场、公用设施	严格遵循文保单位保护范围； 不得影响文物风貌和历史价值； 控制建筑色彩、体量、风格	绝对保护

续表

绿色空间类型	与之相邻建设区边缘地带用地类型建议	与之相邻建设区边缘地带建设注意事项	建设原则
防护隔离区	—	维护各类防护区范围，规避各类自然与人工灾害；不得影响交通和公用设施正常运行	保护与利用并行
农林生产区	—	严格遵循基本农田保护范围；与农林景观风貌协调，符合居住生产使用要求，鼓励镶嵌式布局，避免集中连片布局	利用为主

资料来源：作者整理。

2.独立建设用地管控

城市和乡镇集中建设区外还有大致四类建设用地：

(1)区域性基础设施用地，如道路、电力、燃气、供水、排水、航电、环卫、农业灌溉等，建设依据是相关部门技术规定和专项规划。

(2)文物古迹保护用地。建设依据是文物保护专项规划。

(3)灾害治理与防护用地，如地质灾害点防治、水土流失整治等，建设依据是相关专项规划。

(4)独立建设用地。

另外，依据国土资源部、农业部《关于完善设施农用地管理有关问题的通知》(2010)，农林产业设施建设用地，如直接用于经营性养殖的畜禽舍、工厂化作物栽培或水产养殖的生产设施用地及其相应附属设施用地，农村宅基地以外的晾晒场等农业设施用地，属于农用地。

本书所指“独立建设用地”是位于城市和乡镇集中建设区之外的国有建设用地，分散布局于绿色保护区、农林生产区等区域，主要用于公益性、公共性、涉农性项目等。

1)独立建设用地类型

独立建设用地不包括区域交通设施用地、区域公用设施用地、特殊用地和采矿用地，并且禁止开展居住地产等经营性开发建设，禁止开展工矿企业、仓储(农产品储存出外)等同生态环境和风景游览无关以及破坏景观、污染环境的项目和设施(李兰昀等，2013)。独立建设用地可分为如下四种类型：

(1)重要公益性项目用地，与环境景观资源利用有关。特殊的医疗卫生用地(A5)，如康复中心、疗养院、传染病、精神病专科医院；社会福利用地(A6)，如福利院、养老院等；

(2)重要公共性项目用地，如科普馆(A21)、农业科研试验基地(A35)等，与自然环境保护、农业相关‘

(3)生态农业科技项目，如农业产业服务设施项目，农产品展示交易(B29)、仓储设施(W1)等，仓储设施必须用于农产品储存；

(4)景点管理服务项目，如森林公园、风景区内的管理及服务设施(H9)等，其中，服务设施包括旅馆、餐饮与娱乐康体设施，必须与户外娱乐、休闲和运动有关。

2)独立建设用地规模

由于独立建设用地多依托具体项目落地，建议以定量不定点模式分散灵活配置，用地规模实行总量控制。目前还没有统一的标准，可参照公园设计规范和郊野公园配套服务设施建设实践，按照中心城区内绿色保护区与农林生产区总面积的2%～3%进行控制(朱江，2010)，并结合不同区位生态环境条件、项目类型及功能进行具体分析后确定具体的控制比例。而不同地段独立建设用地的规模及范围等，可根据具体情况弹性调控。

3)建设活动引导

为适应环境特殊要求，独立建设用地上各类建设活动应遵循如下原则：

(1)各类保护性用地内的建设活动严格遵循相关法规要求。如《风景名胜区建设管理规定》(建城〔1993〕848号)第四条规定“在风景名胜区及其外围保护地带内，不得建设工矿企业、铁路、站场、仓库、医院等同风景和游览无关以及破坏景观、污染环境、妨碍游览的项目和设施。在游人集中的游览区和自然环境保留地内，不得建设旅馆、招待所、休疗养机构、管理机构、生活区以及其他大型工程等设施”。

(2)用地嵌入式分散布局于绿色保护区和农林生产区，单处独立建设用地则宜相对集中。

(3)采取低冲击建设模式。严格控制用地的使用性质、建设强度、高度、风格、色彩等与周围景观环境相协调。

5.4.3 村庄建设用地整理

村庄(集体)建设用地是归农村集体所有、用于建设项目的土地，包括宅基地、乡镇企业用地、公共设施和公益事业用地。近郊村庄普遍存在着居民点布局松散、建设用地增长较快、土地使用效益低下、地均产出低等现象。如，宝鸡市渭河南部台塬区共105.06km^{2}的范围，2010年共有451个农村居民点，平均农村居民点人口规模在5～1728人，用地规模0.032～110.57hm^2，人均居民点建设用地176m^2，远超过国家规定的最高人均占地150m^{2}的标准。这种现象在全国各地颇为普遍，随着近郊村庄的城镇化，我国“到2020年乡村的人口要减少2.8亿～3亿的规模，随着人口的转移，节余的地会闲置出来”，农村“空心化”问题将会日益严重。

村庄建设用地整理，是运用规划建设、产权调整和财税金融等措施，对村庄建设用地进行规模、空间布局和内部结构的调整和优化，从而提高村庄建设用地的利用效率和集约化程度(朱玉碧，2012)。村庄建设用地整理是一项综合建设行为，与城乡建设用地增减挂钩，与新农村建设、农村综合整治、农地规模化经营等国家政策密切相关。近些年，在城乡建设土地增减挂钩政策推动下，部分城市和地区操作不规范，将“增减挂钩”视为“依靠单一的村庄整理手段换取城市建设用地指标”，一味缩减村庄用地、建设安置小区，忽视护民、便民、利民，出现了强拆强建、大肆圈地、农民“被上楼”等问题。因此，必须将尊重村民意愿放在整理工作的第一位。

村庄建设用地整理的规划建设措施包括宏观和微观两方面：从宏观上控制农村居民点的布局(规模、数量和位置)，并从微观上优化农村居民点用地内部结构。

1. 居民点布局调整

调整近郊村庄居民点布局，一方面，要“紧凑发展”，限制居民点无序发展，鼓励村民集中居住和向城市居民转变，进行统一的土地整理，统筹村庄改造成本；另一方面，要“精明收缩”，有序安排农民适度聚居，避免盲目拆迁造成农民“被上楼”。必须对居民点的现状建设条件进行综合评价，并以此为依据提出拆迁安置、撤并、迁移、就地发展等不同的措施。

颜文涛等(2007)结合宝鸡市渭河南部台塬区现状建设情况，提出村庄用地条件适宜度评价体系，包含 6 个因子：生态综合敏感性指数、区位条件、交通可达性指数、居民点用地规模、居民点人口规模、饮用水源状况等(表 5.15)，其中生态综合敏感性指数由如表 5.16所示。

表 5.15　村庄用地条件适宜度评价指标体系(颜文涛等，2007)

评价因子	权重	评价等级				
		很适宜	较适宜	一般适宜	较不适宜	很不适宜
交通可达性指数	0.25	根据模型计算				
区位条件(与城区距离)	0.15	<0.5km	0.5～1.3km	1.3～2.1km	2.1～2.8km	>2.8km
水源状况	0.20	城市自来水	局部管网	井水、地下水	泉水	高山蓄水
人口规模/人	0.25	>1400	1050～1400	700～1050	350～700	<350
用地规模/hm^2	0.15	>39.3	22.8～39.3	13.8～22.8	5.9～13.8	<5.9
生态综合敏感性指数	单因子校准	根据模型计算				

表 5.16　生态敏感性分析指标体系(颜文涛等，2007)

评价指标	权重	评价等级				
		很敏感	较敏感	敏感	不敏感	很不敏感
现状用地类型	0.25	自然林地、灌木林地、人工林地	河流、湖泊、河漫滩、湿地草地	果园、公共绿地、人工草地、裸地、水塘等	旱地、菜地	各类已建设用地
高程/m	0.25	>828	753～828	678～753	603～678	528～603
地质条件	0.20	基岩山区	不稳定区	稳定性差区	稳定性较差区	稳定区
景观视线	0.15	一级	二级	三级	四级	五级
水土流失	0.15	重度	次重	中度	轻度	无
坡度分析	单因子校准	>30°	25°～30°	15°～25°	5°～15°	0°～5°
水资源保护/m	单因子校准	0～25	25～50	50～200	200～500	>500
景观林地生态价值/hm^2	单因子校准	>20	5～20	1～5	0.5～1	0～0.5
人文(文物)景观价值	单因子校准	一类	二类	三类	四类	五类

通过多因子综合评价，将居民点建设条件分为5级：很差、较差、一般、较好、很好。建设条件很好和较好的村庄，有一定的拓展余地，宜扩大居民点规模，推动建设农村新型社区，吸引其他农民就近聚居；建设条件一般的村庄，应限制继续扩建发展，提升居民点设施和环境；建设条件较差和很差的村庄，应逐步拆迁安置或撤并。通过奖励政策鼓励分散农户集中建设、鼓励拆迁农户向城市和新型社区集中，如农房拆1建1.5，多出的0.5住房可租赁或开设农家乐等服务设施。

2. 村庄内部结构优化

整治低效土地利用，挖潜增值。一方面，通过村庄废弃地整理，政府对空置、废弃的工矿和企业用地、废弃坑塘、闲置基础设施等，通过一定方式收回，可以整理为村委会、医疗点、养老院等公共服务或旅游服务设施，也可以对其进行复垦，从而盘活存量、控制增量，提高土地效率。

另一方面，对不符合绿色产业准入机制的工矿和企业用地逐步实施减量化措施。如，上海郊野公园单元规划中，积极引导乡镇工业用地的减量化，企业的腾退或搬迁费用一方面通过增减挂钩进行平衡，另一方面可利用银行借贷、政府贴息等方式滚动进行(殷玮，2015)。

5.4.4 道路生态化建设措施

城市郊区供给城市需求的密集的高速路、铁路、高压电力线、输气管道等各类基础设施廊道占用了大量土地，提供了从城市通向郊区的物质空间联系和潜在生物联系，也是科普教育和游憩休闲的主要场所。

电力线、输气管道从空中跨越或敷设在地下，在运行过程中对相邻土地生态功能影响较小，而在地表运行、四通八达的道路设施对生态环境造成很大扰动：使得生物栖息地高度破碎化、增加生物迁徙难度、破坏栖息地或降低栖息地品质、增加穿行动物死亡率，从而减少生物多样性和降低生态系统功能，并且对沿线一定范围内(道路影响区)的动植物分布、水环境造成破坏，并造成一定程度的化学污染，以及风、噪声、大气污染。理查德·T. T. 福曼在《道路生态学：科学与解决方案》一书中指出，道路系统生态化是促进道路系统顺应自然环境的根本措施，如果不考虑两者的协调，维护路网功能需要付出巨大代价。

影响道路系统生态的主要因素有：道路选线、道路网模式、路网密度、道路表面积和交通流量(Forman et al.，2008)。从这些因素着手，并辅以生态恢复手段，可以将道路系统生态化建设措施分为避让、缓解和补偿三种类型。

1. 避让类型

(1)避让即阻止或避免生态扰动。通过道路选线分析决定是否新增道路，分析其建设位置。道路选线要综合权衡社会、经济、自然要素。伊恩·伦诺克斯·麦克哈格(2006)认为，两点之间距离最短的路线不一定是最好的，在便宜土地上的距离最短也不一定是最好的，最好的路线应是社会效益最大而社会损失最小的路线。他在纽约里士满园林大路的选线规划中，运用成本－收益分析，首次将自然和景观资源(水、森林、野生动物、游憩、居住、历史、土地价值)作为收益价值进行评估，并综合工程技术(坡度、地质、土壤、排水、易冲蚀程度)、灾害避让(洪水)要素，通过多要素叠图选取社会损失最小的路径，避免了仅从建设工程角度选线的局限性。

(2)通过路网与生态网络叠合分析，识别生态－交通冲突地带(瓶颈区)，从而调整道路走向或关闭道路，降低人类活动造成的干扰。如，荷兰的方法比较便捷(Forman et al.，2008)：首先编制该地区主要生态网络图(主要的植被分布、动物走廊和水体)，然后将道路网络叠加在生态网络图上来识别冲突地带，针对性地进行生态恢复与补偿(图 5.44)。

(3)交通性道路远离水体、湿地、景区核心区等。

(4)控制穿越生态核心区的交通流量，将交通集中到少量的干道上，以减少噪声和阻隔效应。

(5)增加必要的交通流量时通过拓宽道路而非新增道路。

(6)控制生态核心区内道路宽度，满足基本通行即可。

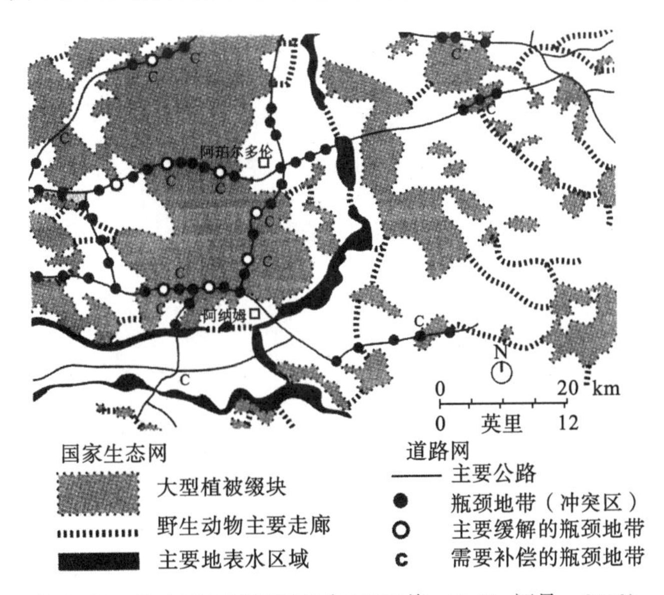

图 5.44　生态网与道路网叠合(理查德·T. T. 福曼，2008)

2.缓解类型

(1)缓解类型，即让生态扰动最小化。清洁的水环境和许多需要较大活动范围的动物可以在较大的植被覆盖区内得以有效保持，因此，应保持或建立大面积的无路区域，避免路网均匀分布。如，相同道路网密度和不同生态条件的 4 种不同道路网模式(图 5.45)：(a)路网均匀分割用地，增加生态破碎化，不提倡采用；(b)和(c)路网采用小环路和尽端式，增加了无路区域的规模和连通性，仍有调整余地；(d)路网将交通流最大程度控制在有限区域。

(2)道路线形结合地形，避免过于截弯取直，通过适度弯道设计降低车速，这样既可以使进入生态区的车辆“通而不畅”，保护山区生态环境，又可以充分利用沿线的旅游资源，发挥旅游效力。

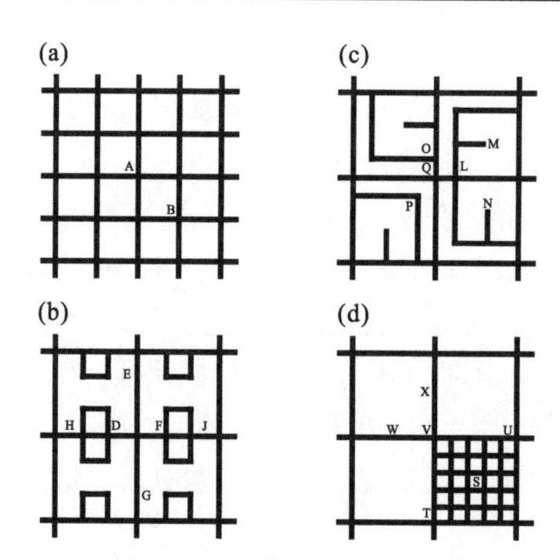

图 5.45　不同道路网模式的生态效应(理查德·T.T. 福曼，2008)

注：具有相同道路密度和不同生态条件的不同的道路网模式。空白为有植被区域。

(3)顺应地形，使用土壤路肩、植被防护带和道路分台的方法来减少地形扰动、交通噪声，防护保持水土。在地形特别复杂地段，从降低道路工程难度、减少工程填挖量和生态保护的角度出发，一条道路的上行道和下行道整体或局部可以进行分别选线，即上行道和下行道可以采取同坡错落、同梁分坡或同沟分坡等形式，可以利用坡地和沟谷进行生态绿化，形成多视点景观效果(图 5.46)。

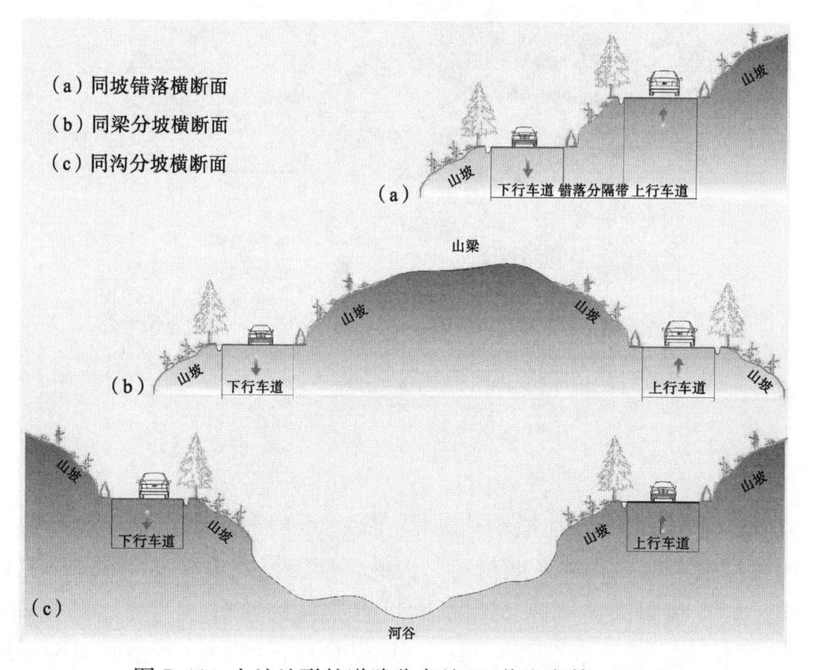

图 5.46　山地地形的道路分台处理(黄光宇等，2006)

(4)修复生态网络结构，在主要连接点建立供动物穿越的上跨或下穿通道，增加道路两侧生物连通度。

(5)对道路沿线水环境进行管理，减少水体污染。

(6)道路或停车场设施采用渗透性路面。

3. 补偿类型

(1)补偿类型，即就近另建生态补偿区。建立一个保护质量更高的生态补偿区(比受影响区规模更大，离受影响区不太远，生态环境质量更好)，以平衡那些不可避免或无法缓解的生态扰动。

(2)扩大原生态环境区的面积。

(3)恢复被破坏河流、湿地等的生态环境。

(4)建立生态廊道和踏脚石，促进动植物的活动。

5.5　响应复合功能导向的用地布局规划集成

中心城区尺度的规划内容十分丰富，需要针对各地不同发展情况，因地制宜地选取规划的重点(图 5.47)。通过规划要点相关度的直观分析(表 5.17)，作者认为，中心城区绿色空间规划必须确立基本空间管制要求，重点实施五大核心计划，安排实施行动计划，即通过“六图一表”的形式凝练复合功能与用地布局的建设管理意图。“六图一表”包括基本空间管制图、关键廊道与斑块计划图、森林建设计划图、绿色产业计划图、村庄建设用地整理计划图、环城绿道计划图，以及行动计划表。

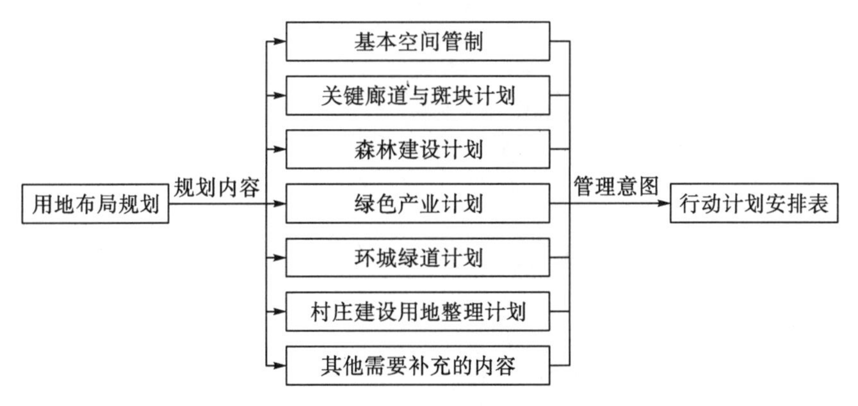

图 5.47　中心城区绿色空间用地布局规划内容

“六图一表”编制路径可以从如下两方面理解：

(1)编制内容是装配式的，“六图一表”是核心，各地可结合发展需求灵活增加其他内容。如，山地区增加山体廊道修复计划，农业地区增加农田林网建设计划，河流湖泊地区增加水陆交错带控制计划等；

(2)编制过程是叠加式的，以城市规划对城乡空间配置为基础，叠加建设、国土、环保、产业等部门意图和管理手段，运用生态整体规划理念将多部门要求凝练为生态、生产、生活用地布局安排。

需要强调的是，划定“三区”和增长/开发边界，以及保护性用地并非绿色空间规划的任务，而是城市总规编制的重要课题。另外，保护性用地具有独立的编制程序和管理体系。因此，绿色空间规划具有落实“三区”、增长边界和保护性用地边界以及相关建设管理要求的职责。

表 5.17　中心城区绿色空间用地布局规划的要点

规划要点 / 实施区域		基本空间管制				生态网络与关键区规划				都市农业与游憩业规划					城镇化转型区和村庄规划			
		适建区、限建区、禁建区*	生态功能红线	城市增长/开发边界*	保护性用地	生态用地布局	关键廊道管控	关键斑块管控	城市森林建设	农业用地布局	游憩服务业布局	都市农业布局	农田林网建设	环城绿道建设	关联边缘地带管控	独立建设用地管控	村庄建设用地整理	道路设施生态化建设
绿色保护区	生态保育区																	
	景观游憩区																	
	历史文化区																	
	防护隔离区																	
农林生产区	基本农田																	
	一般农田																	
	林业生产区																	
城镇化转型区和村庄	城镇集中建设区																	
	独立建设区																	
	村庄																	
五大核心计划							★		★		★			★			★	
备注		* 所指要点并非绿色空间规划任务，而应由城市总体规划确定，绿色空间规划应与之协调																
			代表强相关性					代表弱相关性						代表不相关性				

5.5.1 基本空间管制

“三区”“四线”、生态红线、城市增长/开发边界、各类保护性用地是城乡规划体系中土地与生态资源管理的重要手段，是刚性管制内容，均有清晰的划定办法和管理规定，此处不再赘述。四者之间的空间关系可以从如下几点理解。

1)管制目的

“三区”、“四线”、城市开发边界、保护性用地是为了开发性建设范围限定、建设行为管理；生态红线是为了保护生态空间最小规模与最优结构。

2)考量要素

(1)“三区”更综合，考量生态、社会、安全、经济要素，如北京禁限建分区将建设限制要素分为水(涉及蓝色空间)、绿(涉及绿色空间)、地(地震与地质)、环(环境保护)、文(文物保护)五个大组，共 16 类要素。

(2)“四线”特别针对绿地、水体、市政、文物古迹保护。

(3)生态红线包括对生态安全有重要意义的生态功能区、基本农田耕地、水体与水源地、林地、重要山体等，以及其他需要进行生态控制的区域。

(4)城市开发边界是综合考量“三区”、生态红线及保护性用地研究的结论，并结合城市发展态势确定的一段时期内城市建设范围的边界。保护性用地特别针对基本农田、自然保护区、风景区、地质公园、水源保护区、水产资源、文物古迹等需重点保护的自然、生物、景观和文化资源。

3)控制范围

(1)建设管理角度。

禁建区范围包含绿线、蓝线、保护性用地范围；

限建区、适建区范围包含城市开发边界范围；

城市开发边界范围包含紫线、黄线范围。

(2)保护角度。

生态红线范围包含蓝线、绿线范围；

禁建区范围与生态红线范围部分重叠。

5.5.2 五大核心计划

五大核心计划包括：关键廊道与斑块计划、森林建设计划、绿色产业计划、环城绿道计划、村庄建设用地整理计划(表 5.18)。

表 5.18 核心计划的内容

序号	计划名称	计划核心内容建议
1	关键廊道与斑块计划	关键廊道(斑块)识别；关键廊道(斑块)范围与规模；关键廊道(斑块)分级分类规划建设导引；生态修复措施

续表

序号	计划名称	计划核心内容建议
2	森林建设计划	森林资源调查；森林植被空缺分析；森林空间布局与优化；森林分类（生态林、景观游憩林、原料林）建设导引；森林植被配置
3	绿色产业计划	都市农业与游憩服务业资源调查；集中连片农业用地布局；都市农业项目库及布局；游憩服务业项目库及布局；游憩服务设施分级分类布局；游憩线路设置
4	环城绿道计划	绿道线路设置；绿道沿线景观、游憩、文化资源布局；绿道服务设施（购物、卫生、娱乐、交通设施等）分级分类布局；绿道道路断面设计
5	村庄建设用地整理计划	村庄居民点布局调整；村庄人口与用地规模引导；村庄公服设施与公用设施配置；村庄废弃地整治；村庄工业用地整治

5.5.3　实施行动计划表

规划实施是将规划成果转化为一系列在规划期限内完成的具体行动和任务。行动计划表应当是相关责任主体共同认可的安排，据此采取必要的行动以保证计划按预定方向推进。

行动计划应当包括：

(1)既定行动的时间安排，明确短期和长期规划内容；

(2)既定行动实施的优先级，通过很重要和重要分级，在时间安排和资金安排上给予差异性支持；

(3)在政府部门和相关管理组织者之间分配责任，明确责任主体；

(4)资金安排计划；

(5)行动目标或达到的指标，衡量实施是否达到目标。

行动计划可以分为两种类型：

(1)年度实施行动计划。年度实施计划应与国民经济社会发展规划、城市总体规划、土地利用规划、环境总体规划，以及主要专项规划的年度计划、年度重点项目协同，同步在空间上落实各部门的项目。

(2)以重点专项建设和重点地区为主体的项目库（表 5.19）。落实重大项目用地需求，对重大民生和公益性绿色空间项目给予优先保障，确保城市重要发展片区、重点发展项目顺利落地实施，并指导各部门分年度实施。

表 5.19　眉山城区农林产业重点专项建设项目库示例（邢忠等，2015）

所在区域	产业分类	项目或任务	现状	优先级	完成时间	责任部门	实施目标或指标
岷东新区	生态林业	苏坟山桃园	初具规模，果品外销省外	很重要	近期	岷东新区管委会，富牛镇	2000 亩水蜜桃基地
		长虹茶坪种植园	已有小型茶场	很重要	近期	崇礼镇	1200 亩优质绿茶场
		河东柑橘园	柑橘是本地传统果品	重要	远期	富牛镇	1890 亩优质新品柑橘园
		岷江湿地作物基地	蔺草是本地特色经济作物	很重要	近期	富牛镇	芦苇、蔺草种植基地 1050 亩

续表

所在区域	产业分类	项目或任务	现状	优先级	完成时间	责任部门	实施目标或指标
岷东新区	生态林业	桐坡中药材种植园	已有中药材种植合作社	重要	远期	富牛镇	川芎、泽泻、当归、白芷生产基地 600 亩
	现代设施农业	万坝蔬菜园	初具规模	重要	近期	崇礼镇	优质生态蔬菜基地 1500 亩
		崇礼泡菜种植基地	规模较大，市重点项目，多家规模以上食品企业原料地	很重要	近期	市农业局、商业局、岷东新区管委会、崇礼镇	泡菜种植基地 5000 亩

5.6　本章小结

功能组织与用地布局规划重点解决中心城区绿色空间复合功能与用地配置之间协调的问题，兼容并重生态环境质量和生产生活效率。用地布局规划是将上层次战略政策转化为具体规划建设措施，并为下层次详细控制提供更为详尽的控制依据，弥补了法定中心城区规划相关内容“只提原则而缺操作”的不足。

用地布局规划吸纳绿地系统、河湖水系、综合防灾等专项规划内容，在中心城区合理组织“生态、生产、生活”复合功能。针对不同主导功能，用地布局中采取“保护、引导与控制”差异性的规划措施，确保生态功能得以保障，生产功能得以引导，生活功能得以控制，可以有效缓解中心城区绿色空间“低供给与高需求”的矛盾。

用地布局规划改变基于单一功能导向的、分散的传统用地配置思路，力图实现复合功能在用地空间上的整合，并将庞杂的规划任务集成为“六图一表”操作路径，以便于开展规划编制和管理控制。

第6章　用地单元绿色空间详细控制

中心城区绿色空间用地布局规划由于执行周期长、覆盖范围广，许多重要规划意图只能是较为粗略的。用地单元详细控制是针对具体场地、局部地段的详细规划，控制性详细规划作为微观尺度的唯一法定规划形式，是本章重点讨论的内容，在本章中“详细控制”与“控规”两者概念可互换。绿色空间具体场地的资源利用问题必须通过控规的引导落实到后续的土地使用管理中，使其具有与建设用地控规类似的法律地位及羁束力，才能保证规划有效实施。香港、深圳、武汉、成都、宝鸡等地的控规编制经验也证明，用地布局规划延伸到控规阶段是绿色空间实施管理的必然趋势。

6.1　用地单元详细控制的任务

6.1.1　用地单元详细控制的目标

详细控制(控规)是用地布局与建设之间“承上启下”的关键规划层次。需要把用地布局规划中观引导转化为对具体用地的微观控制，“自上而下”，从整体到局部，由粗到细，层层夯实，逐步落实，以保持规划的延续性和促进城市总规的有效实施。同时，详细控制又要适合具体保护与建设活动的要求，需要针对每个用地的特殊性开展分析与规划，引导每个用地差异化的最佳利用方式，并且“自下而上”体现局部弹性与整体刚性的结合。这样，通过从城市整体出发“自上而下”式的推演与从用地自身出发“自下而上”式的校核，共同确定用地具体建设控制措施，最终达到对整个绿色空间的控制和管理，以保障整体利益最大化。

控规与用地布局规划的差别主要是规划内容差别、深化程度差别、空间尺度与时间尺度差别。比照中心城区总体规划，用地布局规划阶段的图纸比例为1∶10000或1∶25000。控规控制阶段图纸，建设用地上比例为1∶1000或1∶2000，非建设用地上比例可能达1∶5000。

用地布局规划是中长期规划，而详细控制阶段虽然没有法定的编制周期规定，但是应该根据经济、社会、环境变化，或者重大建设情况变化，及时调整规划，一般规划期限为5年左右。详细控制阶段较短的时间尺度决定了它的控制内容可以根据实际情况更加灵活地变化，提升了规划的灵活性和有效性。

6.1.2　用地单元详细控制的焦点问题

建设用地控规经验提供了可借鉴的经验和可避免的缺陷。当前，建设用地控规存在如下问题(汪坚强，2009)：①控规与总规脱节。控规偏重于地块控制，对总规的城市发展目标与定位、规模控制等战略内容交代不充分；②缺乏上位依据和指导。控规指标拟定的上位依据不足，往往“就地块谈地块”来确定；③抹杀地区的差异性。不同地区大多选择近似的控制体系，控制模式雷同化、无差别。除了这些共性问题外，绿色空间存在比建设用地控规更突出的外部性、公平性、绿色化和弹性控制问题。

1. 回收外部性价值

如第 2 章所述，绿色空间价值不仅包括市场价值，还包括生态和社会非市场价值。后者被置于公共领域，具有显著的公共物品属性，这部分价值不能在土地使用者的收益中体现出来，是外部性价值。必须寻找有效的方法或途径来将绿色空间的外部性价值进行内部化，即回收外部性，并尽量通过经济补偿方式将这部分价值可视化，转移给绿色空间土地使用者、管理者，激励他们的积极性。

控规作为一种公共政策，是政府部门依据有关的法律、法规、技术标准，通过许可、禁止等手段，对土地使用者的活动施加直接影响。控规本身并不能直接回收外部性价值，而是通过对土地、空间的控制以确保足够数量、高质量的绿色空间，以此保障生态和社会价值的实现。

同时，绿色空间相邻的建设区的不当使用会直接干扰绿色空间，这是建设区的负外部性。抑制相邻建设区的负外部性，引导建设活动与绿色环境相适应也是回收绿色空间外部性价值的重要手段。抑制负外部性的要素主要有三个，即土地使用性质控制、用地边界和用地面积控制、容积率控制。可以将绿色空间生态和社会价值在建设区转化为可持续的地产、娱乐、消费、政府财税等经济价值。

2. 兼顾公平与效率

“社会生态公平”和“经济生态高效”都是生态整体规划思维的基本原则。“公平”追求实现公共利益的最大化，实现各种资源的共享、共用，然而过度平衡会导致效率低下；“效率”体现为自由市场主体追逐经济价值的最大化，同样，过度逐利极易带来社会不公。“公平”与“效率”二者是对立统一关系，相辅相成、互为条件，经济的可持续发展，必须在强调效率的同时兼顾公平。同理，绿色空间规划要处理好两者的关系就要既有所侧重，又要兼顾。当前的现实是，人们过度追求绿色空间经济效率而忽视了公平。

绿色空间资源是公共物品，各种利益主体都可以使用；同时，由于稀缺性，一些人占有了某种利益，就意味着另一些人失去相同的利益。政府主导、相关利益参与的规划应当发挥“协调者”作用，通过识别和确定公众利益，担负起保证绿色空间资源公共属性的职责。着重落实绿色空间的公共、公用和公益用地，包括关键生态廊道和斑块、高产农田、主要景观资源等，明确哪些内容可以交由市场主体自由发挥，哪些必须由规划指导；合理确定相关用地的规模和范围. 并体现分类指导的原则。

3. 协调刚性与弹性

建设用地控规控制指标及措施往往缺乏动态、灵活的调整机制，造成规划的弹性和刚性矛盾。弹性内容存在基于两点：一是城市发展选择的多元；二是实际情况的千变万化（程国辉等，2007）。

在市场经济环境下，多方利益主体参与绿色空间建设使得未来的不确定因素增加，基于当前需求所做的规划显然不可能完全适应未来发展，这就要求控规必须要预留适度的弹性，但同时要协调好刚性与弹性的度。

首先，绿色空间虽为一个整体，但不同片区、地段的现状条件、发展目标和定位以及承担的功能都不同，通用型的控制方法不能应对片区间的差异性，应当细分不同用地单元的类型，根据每类单元的特点编制各异的控规。如生态红线区则应凸显刚性控制，农林生产区则给予产业选择的足够弹性空间。这样，对不同类型用地单元采取相适应的规划控制方式和指标体系，突出重点，使控制更加有效和深入。

其次，弹性过多也部分意味着“搭便车”的机会越多，会给建设管理带来漏洞，使寻利者有机可乘。因此，对“保护”和“控制”的内容应偏于强制性，如重要生态结构（生态红线、关键生态区、关键廊道）、开发性使用方式（控制人为干扰，对环境造成破坏性或不可恢复的影响的开发行为，如道路、设施、村庄）；对“引导”的内容应偏于弹性，如功能引导建议、非开发性使用方式（利用环境资源、并与环境协调的农业、林业、旅游业活动）。

6.2　“单元引导＋片区/场地控规”的分层控制体系

分区规划在大中城市编制体系中，处于总规意图向控规落实的关键节点。但分区规划并非强制，在《城乡规划法》中也没有明确，可能导致分区规划所应发挥的“上下规划衔接”的关键性作用失效。并且由于控规自身的某些局限和缺陷，也对这些衔接问题无力解决，导致控规成果的不适应性（汪坚强，2009）。

为应对这一问题，《城市、镇控制性详细规划编制审批办法》（2011）第十一条建议“编制大城市和特大城市的控制性详细规划，可以根据本地实际情况，结合城市空间布局、规划管理要求，以及社区边界、城乡建设要求等，将建设地区划分为若干规划控制单元，组织编制单元规划”。因此，以“控制单元”为基本单位，向上衔接总规和分区规划，向下落地管理意图，在单元内进行总量控制，实施动态平衡，已经成为控规编制的发展趋势（刘慧军等，2012）。上海、广州、深圳等地已经开展了类似实践，如广州在分区规划与传统控规之间建立以控制单元为核心的控规导则。

此外，在建设主体和项目尚未明确时就划定细小地块，很难准确预测实际的建设需求。因此，运用“控制单元”在较大范围内确定控制要素，实际建设中再根据相关利益者的诉求在单元内部调整和平衡指标，这也是控规弹性的体现。

参考上述经验，大中城市的绿色空间规划可尝试构建“单元引导＋片区/场地控规”的分层控规编制模式（表6.1），在传统的场地控规之上，结合城市分区规划建立类似于建设用地控制单元规划的绿色空间单元发展引导。“单元发展导则”和“控规图则”两个层面共同组成规划成果形式，其中“导则主恒，图则应变”。如2008年编制完成的《杭州市生态带概念规划》提出建设6条生态带作为控制单元，并分别编制控规，对生态带内各类用地和建设进行了精细控制。小城市一般可直接开展控规的编制。

表 6.1 绿色空间控规分层控制体系

编制分层		编制形式	用地规模	实施主体	控制内容	作用
单元引导		单元发展导则	几十到几百平方公里	区、街道、乡镇、园区管委会	确定“生态优先、绿色生产、宜居生活”3 个导向下的总量规模、主导功能、强制性界线	控规编制的基本单位；分解总量控制指标；指导场地控制
片区/场地控规	生态型片区	控规图则	几十公顷到几十平方公里	行政村	确定关键生态廊道和关键生态斑块本身维系保育、土地使用、环境容量、生态结构、行为活动、景观风貌、安全防护的要求	直接指导场地建设与保护的依据
	生活型场地		几十公顷	行政村	确定独立建设用地和村庄开发建设的土地使用、行为活动、景观风貌和公服设施要求，重点限制过度建设并突出绿色化、景观化导向	

“单元引导+片区/场地控规”编制模式用意在于既重视规划管控政策的稳定性、连续性，又承认具体实施的可变性；在具体实施的过程中，允许下一阶段的设计人员和管理部门按实际情况，做适当调整。

6.3 单元引导的编制

单元引导是将中心城区划分为若干个控制单元，将用地布局规划“六图一表”内容逐一分解到每一单元中，着重体现核心目标的量化落实，通过发展导则的形式，细化用地布局规划总体控制内容，协调各区乡镇与相邻城市建设区的发展关系，安排各区乡镇内生态、生产、生活等空间资源的关系，确定各类用地的功能配置、空间布局和建设规模，引导城乡建设活动与城市总体规划要求相适应，让各区乡镇拥有一份“量身定做”的发展策略指引，从而富有积极性地主动实施。

6.3.1 基于实施主体的单元划分

中心城区是城市规划控制范围，并非独立的行政管理单位，绿色空间规划建设的实施主体是区、街道，及乡镇一级政府，以及各类园区管委会(农业园区、工业园区、旅游园区)，这些行政机构拥有相当的土地管理和审批权限。为利于行政管理和规划组织实施，绿色空间控规可采取基于实施主体的单元划分方法：充分考虑实施主体的行政边界，将行政区划与用地空间发展进行衔接，形成以区、街道、乡镇、管委会为单元的规划指引文件。

上海市在市域集中建设区以外区域建立了郊野单元规划制度[1]。以镇域为一个基本单

① 郊野单元规划是对集中建设区外郊野地区进行用地规模、结构布局、生态建设和环境保护的综合部署和具体安排，是指导集中建设区外土地整治、生态保护和建设、村庄建设、市政基础设施和公共服务设施建设等规划编制、项目实施和土地管理工作的直接依据。上海市规划和国土资源管理局，《郊野单元规划编制审批和管理若干意见(试行)》(2013)。

元，对于镇域范围较大，规划内容、类型较为复杂的，适当划分为 2～3 个单元(刘俊，2014)，每一单元作为统筹城乡规划、土地规划等各类规划的基本空间单位。这一方式实现了项目管理到单元管理的跨越，规划不再局限于一块一块的项目区，而是通过在郊野单元，整单元、继而整村、整镇地推进规划工作，实现全域整体管控的目标(管韬萍等，2013)。

在《眉山中心城区“166 控制区”概念性总体规划》中，尊重各区乡镇行政管理边界，在城市建设区边界形态十分复杂的区域结合铁路、高速路、城市干道、江河等对城市功能有重大分割作用的人工与自然边界对单元界线适度调整，将规划区分为 9 个单元(图 6.1)。

各分区规模及所含乡镇村

分区	规模(km²)	乡镇	村庄
N分区	31.25	悦兴镇	前锋村、金光村、蓬墩村、英勇村、东方红村、罗家村
		太和镇	龙石村、狮子湾村、龙亭村、高店村、建国村
		尚义镇	顺河村
		象耳镇	乐象村
W分区	30.99	尚义镇	舒林村、熊公村、云阁村、黄庙村、顺河村、人民村、全意村
		白马镇	许村、万坡村、龚村、桥楼村
		松江镇	君乐村、龙堰村
		象耳镇	红旗村、红岗村、七里村
S分区	14.66	松江镇	新民村、鲜滩村、君乐村、龙堰村、中坝村
		象耳镇	农林村
		城区	新村社区、先锋社区、平春社区、瓦窑社区
E分区	88.15	太和镇	河东村
		土地乡	长虹村、永光村、双灯村
		富牛镇	广携村、桐坡村、牛路口村、松林村、相东村、曾庙村
		复盛乡	中复村、观盛村、中桂村、中塘村
		崇礼镇	玄羲村、柏杨村、万坝村、石子村、膜颐村、韩宾村、白马村、大定桥村、光华村、岷江村
		永寿镇	永江村、永德村
总计	165.05	——	

图 6.1　眉山城区绿色空间基于实施主体的单元划分(邢忠等，2015)

6.3.2　“一主三副”的单元发展导则

运用叠加规划思路，每个单元的发展导则采用“一主三副”形式进行分解导控。

“一主”指控制总览导则(图 6.2)，控制每个单元“生产、生活、生态”的总用地规模、主导功能、城市发展备用地和村庄建设用地规模、基本空间管制要求，以及生态网络、绿色生产和宜居生活分项建设策略。其中，城市发展备用地和村庄建设用地规模、基本空间管制要求是规定性控制(刚性、应该达到的指标和要求)，其余为引导性控制(弹性、最好能够达到的指标和要求)。

“三副”指生态优先分项控制导则(图 6.3)、绿色生产分项控制导则(图 6.4)和宜居生活分项控制导则(图 6.5)，细化分解总览上的控制要求。

各区乡镇可对照“一主三副”发展导则中相关规划控制要求，编制下一层次的控制性详细规划或建设项目的修建性详细规划，并经过相关程序上报审批并进入招商引资程序。

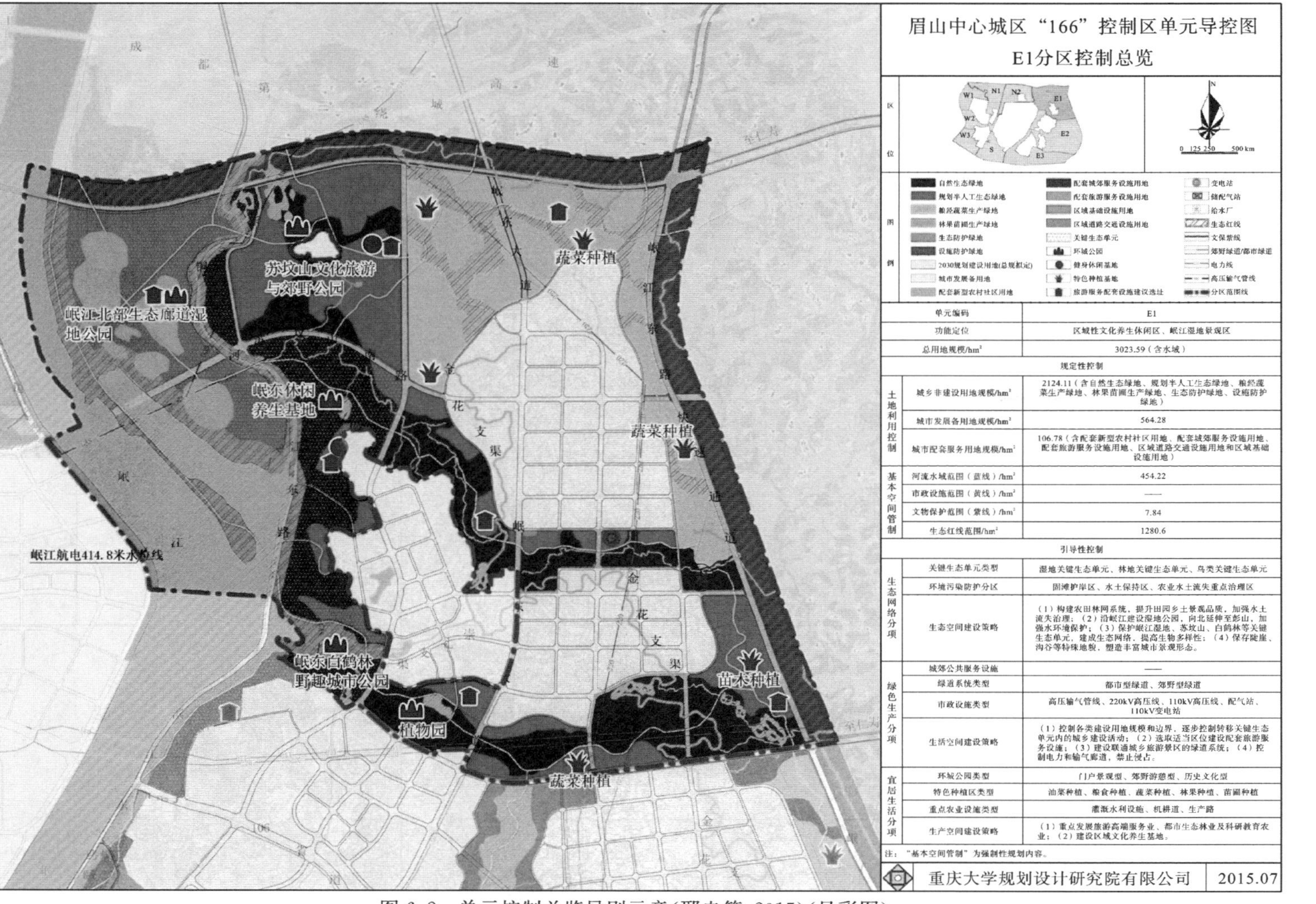

图 6.2　单元控制总览导则示意(邢忠等,2015)(见彩图)

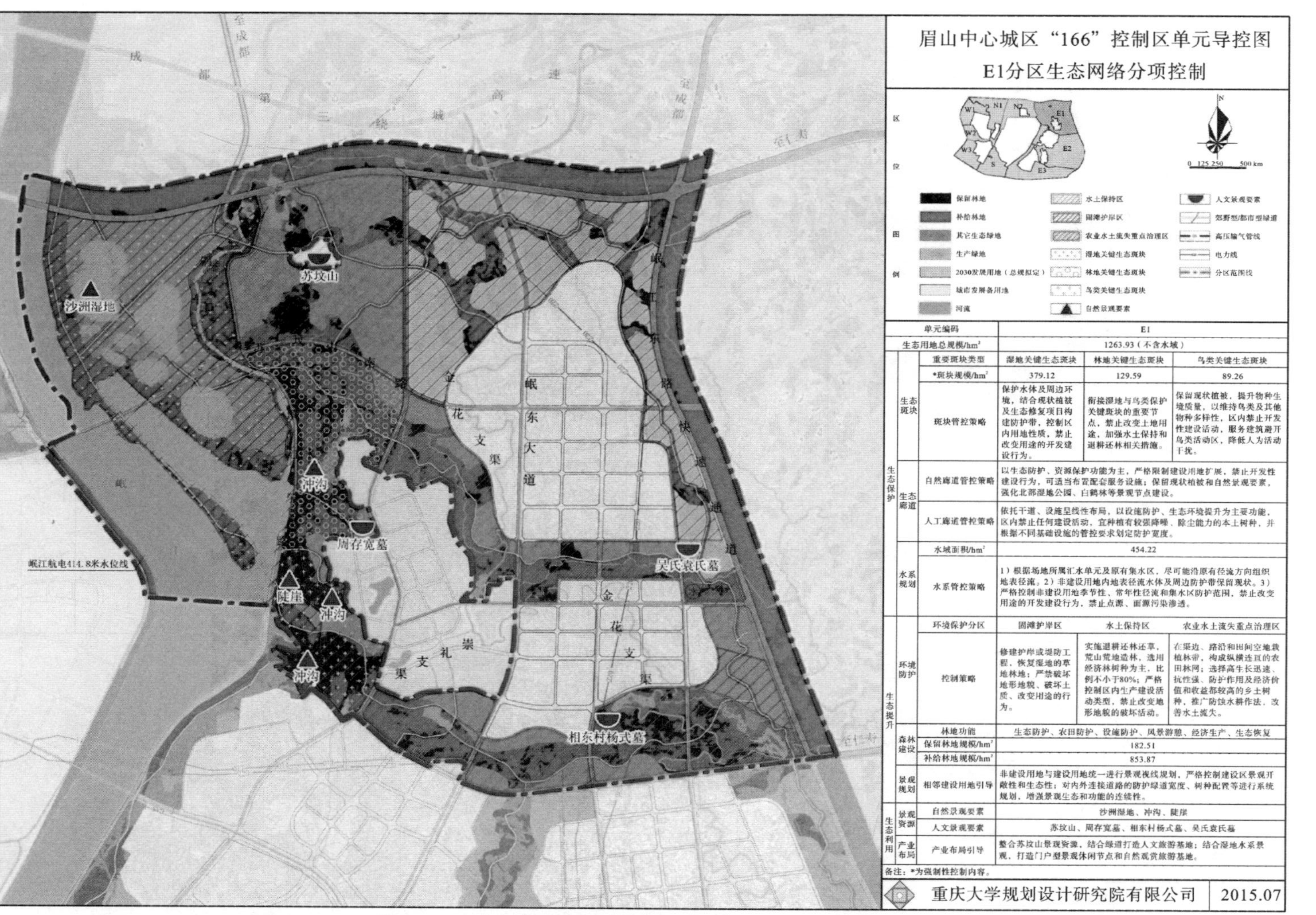

图 6.3　生态网络控制导则示意(邢忠等,2015)(见彩图)

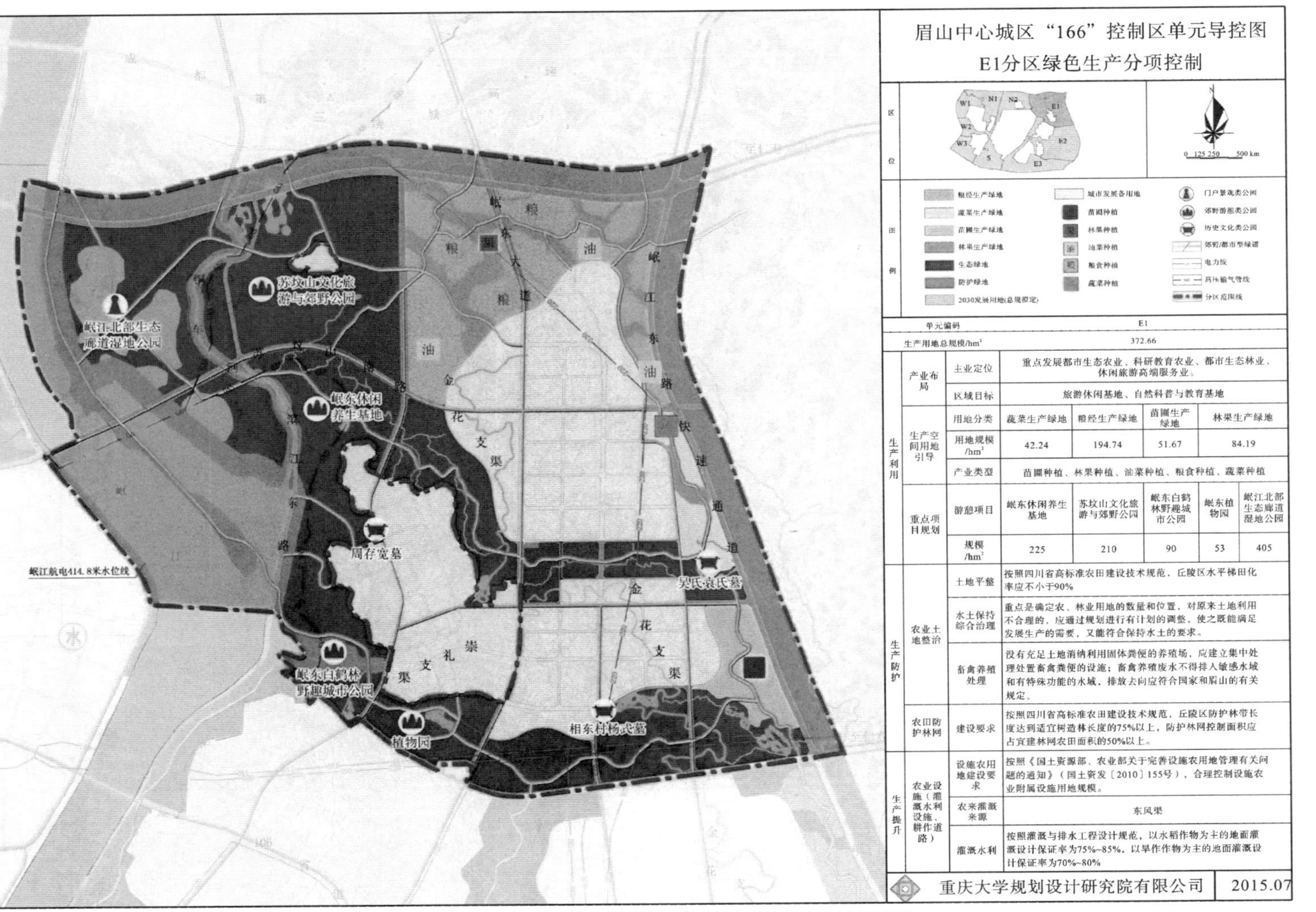

图 6.4 绿色生产分项控制导则示意(邢忠等,2015)(见彩图)

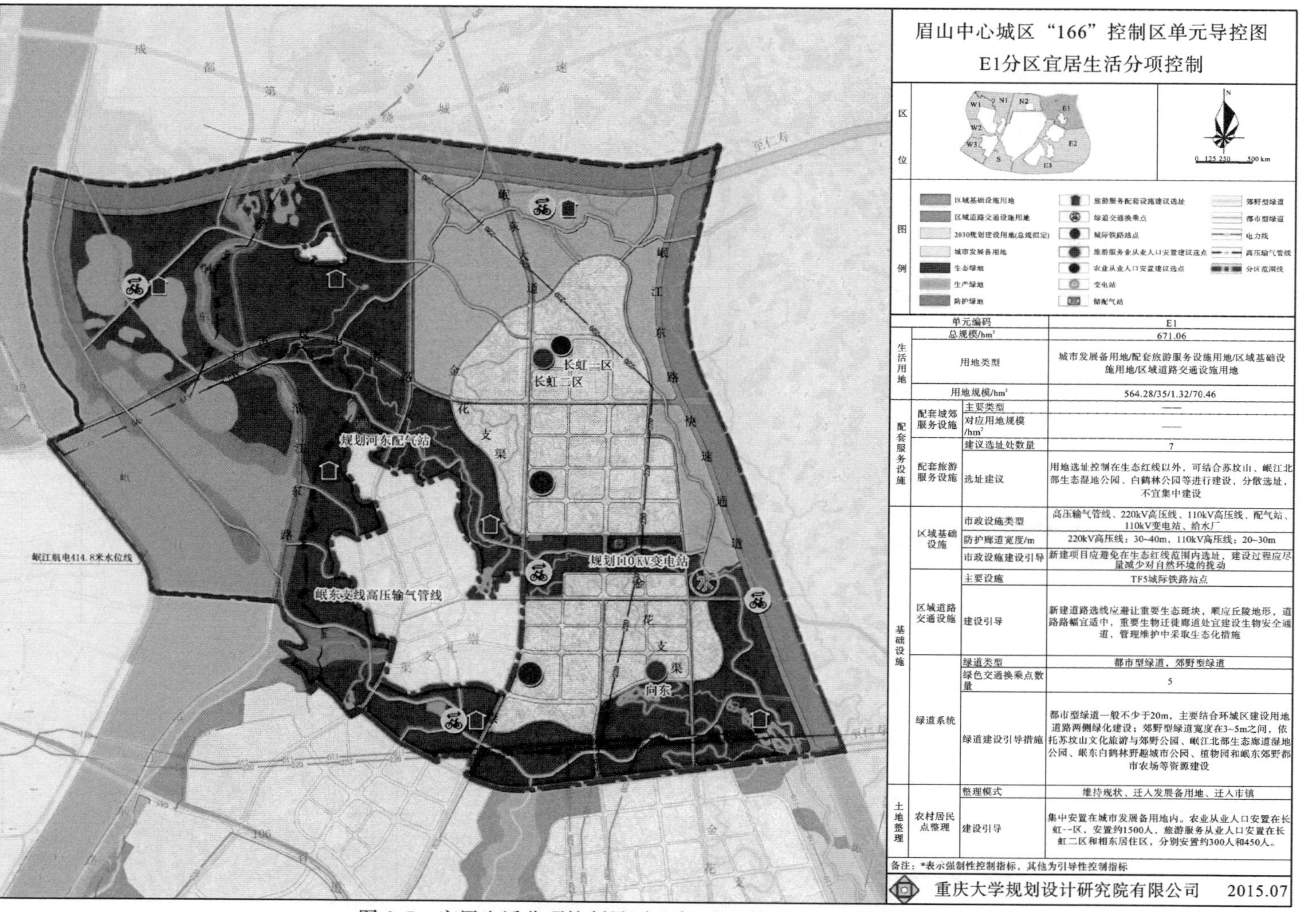

图 6.5 宜居生活分项控制导则示意(邢忠等,2015)(见彩图)

6.4　片区/场地控规的编制

6.4.1　探索适应环境特征的控制要素

适应环境特征的控制要素体系贯彻规划意图，并促进管理工作日常化和条理化。绿色空间地域广阔，控规覆盖所有用地既无必要，也存在难度。因此，遵从“抓主放从”原则，重点管制生态和景观敏感、所处生态结构重要、建设与保护矛盾突出，以及法定保护用地等关键性区域，而一般农田等非关键区域，通过单元引导阶段的控制措施即可。

一般城市地区的控规主要为建设用地开发服务，强调土地开发强度的控制，而绿色空间的片区/场地控规不但要控制开发建设，还要保护生态环境和景观资源，深化绿色化、景观化控制的相关内容。

借鉴建设用地管制经验，作者认为(叶林等，2014)，可从定形控制、定量控制、定性控制、定位控制和关联边缘地带控制 5 方面，兼顾“结构”“功能”与“指标”，针对保护与利用不同目标建立相适应的控制要素体系。

(1)定性控制：确定各片区/场地在绿色空间整体结构上的功能定位，以及使用相容性。

(2)定形控制：对平面和立体三维形态进行引导。文克 · E. 德拉姆施塔德等(1996)在《景观设计学和土地利用规划中的景观生态原理》一书中，运用景观生态学原理对生态廊道、斑块、边缘和景观结构结构之间的相互作用进行了阐述，提出了诸多生态用地中小尺度的平面形态的基本规则，是指导平面形态规划的重要手册。该书认为，生态最优的斑块形状(图 6.6)，一般呈太空船形状，核心区是圆形的，这有利于对资源的保护，部分边界是曲线形的，还有供物种扩散的指状延伸。

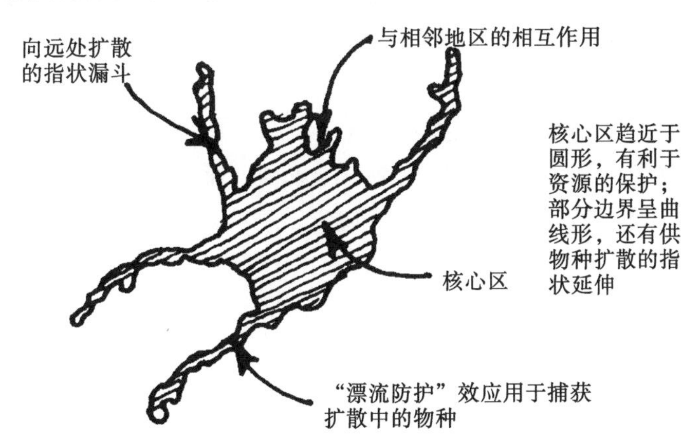

图 6.6　生态最优的斑块形状(文克 · E. 德拉姆施塔德等，2010)

立体形态主要是从景观风貌角度维护自然景观格局，做到显山(山体轮廓线)露水(滨水岸线)，并控制建筑高度和轮廓线。

(3)定量控制：根据各片区/场地的主导功能选取合适的指标类型，并提出相适应的数量阈值。必须确定强制的规定性指标的极限值(最大或最小值)，如保护林地面积、基本农田面积；引导性指标可以是区间值，也可以是极限值，如林地郁闭度、山体廊道最小宽度、河流廊道最小宽度、大气环境标准、地表水环境标准。

(4)定线控制：除了“四线”外，重要边界和范围线的坐标控制点位可以根据规划管理需要予以确定。一些是法定管理边界，如各类保护性用地、基本农田、水源保护区等的界线；一些是使用方式分区控制线，如生态红线、林地保护线、郊野公园、建设用地等的界线；还有防护隔离区控制线，如道路和市政管线的防护廊道线、地质灾害高易发区、洪泛区界线。

(5)关联边缘地带控制：为回收绿色空间的正外部性、抑制负外部性，需要对绿色空间与城市集中建设区之间的关联边缘地带进行控制，通过引导相邻城市建设行为，在结构、功能、容量、形态方面与绿色空间兼容，将其转化衍生成经济、景观等“附加值”，并以此将强制性保护引向自觉维护(邢忠等，2006)。

6.4.2　生态型片区/生活型场地划分

根据刚性与弹性结合原则，主要从事农林生产活动的生产空间不需要严格的控详层面控制。因此，控规用地按照主导功能可以分为生态型和生活型两类。另外，重要的关联边缘地带需要特别控制时也可以单独编制控规。如前文所述，为便于行政管理与组织实施，中心城区尺度的单元划分尽量不打破行政区界线，而地方尺度的规划必须考虑具体项目和市场为主体的实施过程，所以，不同类型场地划分标准有所差异。

1. 生态型片区

所谓片区，是指用地范围较大的场地，它不限于小尺度场地。复杂自然环境营造了丰富的基本环境区，包括山体、河流等关键生态廊道，也有林地、湖泊湿地等关键生态斑块。这些环境区具有相对完整地生态过程和生态结构，但人为划定的规划控制边界(如行政边界)往往并没有兼顾生态过程和结构完整性，致使规划管控行为对环境区造成分割、干扰。而维持边界的完整性是保证边界内自然生态过程连续、生态结构完善的基础。

这样，在以实施主体行政边界的控制单元与以基本环境区为边界的生态片区之间似乎存在矛盾。作者认为，应延续中心城区用地布局规划中对关键生态廊道和生态斑块的总体引导，总体以实施主体行政边界为控制单元边界，当生态型片区(规模可从几十公顷到几十平方公里不等)在某一控制单元内时，将关键生态廊道和生态斑块作为独立的生态片区，发挥生态“核心区”或“网络中心”的作用，如风景名胜区、森林公园、湖泊湿地区的划定和建设；当生态型片区跨越多个控制单元时，应在这些控制单元之间尽量保证廊道和板块空间边界完整，形成统一的控制措施。

关键生态廊道和生态斑块内不是纯粹非建设区，可能岛屿状保留部分独立建设用地或村庄建设用地(规模小，组团状分散布局)，为回收正外部性抑制负外部性，并全面把握关键生态廊道和生态斑块内穿孔、分割、破碎化等结构变化的规律，应将这部分存在动态变化可能性的建设用地一并纳入控制，控制要求按照生活型场地执行。

重庆市《缙云山、中梁山、铜锣山、明月山管制分区规划》中，“四山”尺度宏大，规划基本保证“四山”廊道的完整性边界，将山体分解到以区(如沙坪坝区)为控制单元进行管理和目标考核。同时，按山系、分段、分地块编号，制定山体每一区段的管制区划(图 6.7)，使规划成果有较强的可操作性。区内不排斥农业生产、生态工程、村民自用住宅、重大基础设施、重要公益性项目等行为。

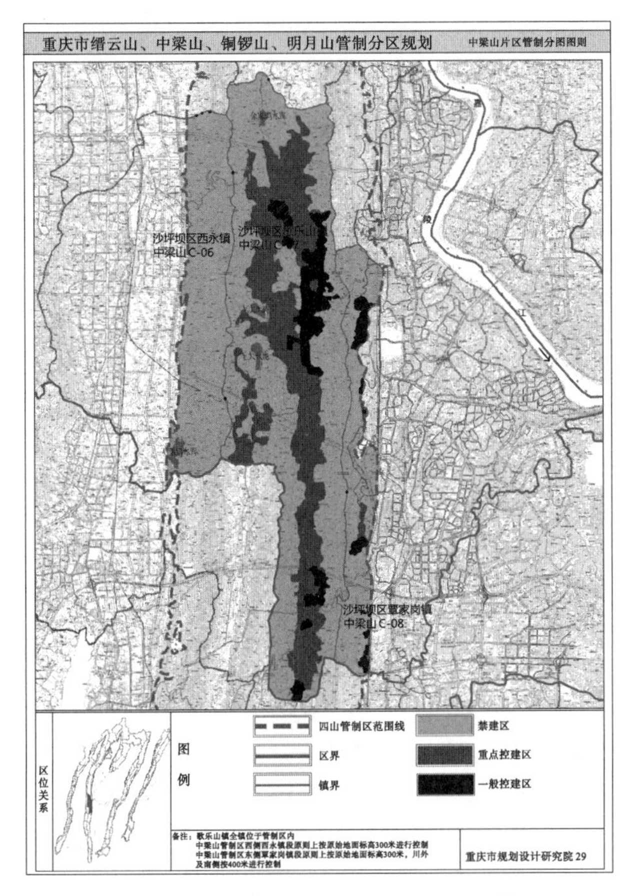

图 6.7　“四山”规划中某片区控规①

2. 生活型场地

独立建设用地和村庄建设用地可作为生活型场地。即使位于生态场地范围内，因建设规模较大、生态或景观敏感、区位十分重要等原因必须要加强管理的建设用地，也应单独作为生活型场地单位。

6.4.3　控规指标体系

1. 指标设置原则

1)相关性原则

指标应当抓住前述的控规焦点问题，以物质空间规划为主线，选出有代表性的规定性

① 资料来源：重庆市规划设计研究院. 2006.

和指导性指标，舍弃经济、社会等与物质空间关系不大的指标。

2)共识性原则

选取的指标应经相关专业或专项规划确认，指标阈值应采用国家相关规范规定、标准中已经获得公认并经过反复实践检验的数据。

3)可操作性原则

制定指标所需要的信息应当容易获取，量度尽量简单，对管理者的决策有确实的支持与指导作用。

4)刚性约束原则

对限制发展区域进行严格的规划控制，适当增加规划的强制性控制内容和规定性指标(刚性、应该达到的指标)，以更好地保护自然资源。

5)弹性适应原则

指导性指标(弹性、最好能够达到的指标)并非可有可无，而是指这部分内容变动较大，存在多种发展可能性。

2.生态型片区指标体系

生态型片区指标体系是重点延续和细化用地布局规划指标体系中的生态空间指标部分。应将关键生态廊道和关键生态斑块本身维系保育、土地使用、环境容量、干扰行为、生态元素开发利用、生态元素与区外联系要求等通过控规落实到具体地块、具体指标上。指标细分为规定性指标和指导性指标。主要从以下 6 个方面来构建控制指标体系(表 6.2)。

表 6.2　生态型片区控规指标建议表

控制内容	控制子项	控制指标/内容	指标属性
土地使用	用地性质	—	规定性
	用地面积/hm^2	—	规定性
	用地边界	—	规定性
	用地使用相容性	—	指导性
环境容量	生态要素量	林地覆盖率(%)	规定性
		本地木本植物指数、山体保存度(%)、水域保存度(%)、水体岸线自然化率(%)、河道绿化普及率(%)、受损弃置地生态与景观恢复率(%)	指导性
	环境要素量	大气环境标准、地表水环境标准、大气环境标准、噪声环境标准、生活垃圾无害化处理率(%)、污水处理率(%)	指导性
	居住人口量	居住人口数(人)	指导性

续表

控制内容	控制子项	控制指标/内容	指标属性
生态结构	结构形态	各类保护性用地范围线、基本农田范围线、水源保护区范围线、林地保护线	规定性
	结构数量	林地郁闭度、林地类型(乔灌木比例)、山体廊道最小宽度(m)、河流廊道最小宽度(m)、动物上跨或下穿通道数量(个)及位置	指导性
行为活动	开发建设活动	提出引导措施，划定“四线”，对现状建设提出搬迁、拆除、改造要求	指导性
	农林业活动	提出引导措施，推广发展精细粮食、绿色蔬菜、花卉苗木等都市农业	指导性
	旅游服务业活动	提出引导措施，安排休闲、娱乐、康体、旅游产业项目，规定游客容量(m^2/人)	指导性
	交通活动	道路宽度(m)、道路横断面、交通换乘节点数量(个)及位置、静态停车设施数量(个)，道路防护带宽度(m)，绿道宽度(m)与横断面	指导性
景观风貌	景观分区	提出引导措施，可划分沟谷和崖壁景观区、湖泊湿地景观区、林地景观区、农业景观区	指导性
	视线通廊	提出引导措施，控制山脊轮廓线、山体制高点、景观眺望点，以及视线通廊的走向和宽度(m)	指导性
安全防护	自然安全	地质灾害分区界线(地质灾害高易发区、中易发区)、洪水位线	规定性
	设施安全	道路、市政设施廊道保护线和宽度(m)	规定性

1)土地使用控制

土地使用控制是对片区内各类用地性质、用地面积、用地边界和用地使用相容性进行规定。生态型片区以非建设活动为主，而并非意味着是“均质”的非建设区域，存在着错综复杂的现状土地使用情况，主要包括水域(E1，含自然水域、水库、坑塘沟渠)、农林用地(E2，含耕地、园地、林地、草地、其他农林用地)和其他非建设用地(E9)，以及各类交通道路和市政管线、村庄和独立建设用地。应依据不同片区的土地现状和环境资源条件，根据用地布局规划的发展导则有重点的控制主要用地的使用，如基本农田、林地、水域的面积与边界；并依据资源条件确定与生态型片区环境相容的村庄建设用地和各类独立建设用地的面积与边界。

2)环境容量控制

环境容量控制指对片区内必需的、能够承载的生态要素量、环境要素量和人口量等做出合理规定。其中，生态要素量一般包括本地木本植物指数、山体保存度、水域保存度、林地覆盖率、河道绿化普及率、受损弃置地生态与景观恢复率、水体岸线自然化率；环境要素量是限定对环境造成污染和危害的污染物排放量最高标准，明确大气环境标准、地表水环境标准、噪声环境标准、生活垃圾无害化处理率、污水处理率等，可根据规划对象的具体情况增减。人口量包括常住人口和旅游人口规模，需要结合生态环境、景观资源、服务设施、市政设施的承载力进行评估，特别注意那些最为短板、视为门槛的限制要素。

3)生态结构控制

对维持地块安全的生态系统结构特征、生态元素的服务功能、生物交流通道等状况提出要求或作出规定，并将其落实到具体地块上。控制指标包括划定各类保护性用地范围线、基本农田范围线、水源保护区范围线、林地保护线，确定林地郁闭度、林地类型(乔灌木比例)、山体廊道最小宽度、河流廊道最小宽度、动物上跨或下穿通道数量及位置等。

4)行为活动控制

片区内的各类建设活动、农林业活动、旅游服务业活动、交通活动等行为活动会对生态环境造成扰动。一方面对必要建设活动进行环境影响评估，作为选址、选线的依据；另一方面，严格管制各类建设活动范围和强度，景观或生态核心地带的居民点、工业企业应尽可能迁出安置，垃圾填埋场、矿场、采石场应当坚决关停，处于非核心地带的居民点、工矿企业，可在规划控制下逐步腾退。

农林业活动控制要结合地块目前种植业、养殖业、采伐业的使用方式，并兼顾生态结构维护和绿色产业调整要求，鼓励退耕还林还草，推广发展精细粮食、绿色蔬菜、花卉苗木等都市农业。

旅游服务业活动控制要结合风景资源、文化古迹和农业资源，安排休闲、娱乐、康体、旅游产业项目。

应当尽量避免公路、铁路贯穿景观或生态核心地带。当技术上无法避免贯穿时应缓解车行交通干扰、鼓励绿色出行方式，控制道路走向、道路宽度、道路横断面设置、交通换乘节点(重点是绿道与城市公共交通之间的换乘)、静态停车设施等，在交通性道路两侧设置足够宽度的防护带，对绿道线路走向、宽度、横断面进行安排。

控制自然保护区、风景名胜区、森林公园、国家地质公园、水利风景区等的游客容量，对接受外来参观、学习、观赏等人员的最大数量做出规定。风景名胜区、森林公园、国家地质公园、水利风景区的游客容量要求可按照《景区最大承载量核定导则》(LB/T 034—2014)执行，农业观光园、郊野公园等一般景区也可参照执行；自然保护区按照《自然保护区生态旅游规划技术规程》(GB/T 20416—2006)执行。

5)景观风貌控制

绿色空间往往存在地貌、水域、生物、古迹等各类重要风景资源，是塑造城市特色风貌的最佳背景。规划必须结合区内的地形地貌和自然山水架构，审慎地进行景观环境建设。依照视觉美学和景观设计原则，对这些风景资源加强空间利用和保护的引导，控制景观区、景观节点和视线通廊。如山地城市重点控制重要山脊轮廓线、沟谷和崖壁景观区、湖泊景观区、山体制高点、景观眺望点的位置或范围，以及视线通廊的走向和宽度等。

6)安全防护控制

生态结构控制目的是维护生态安全，安全防护控制是规避自然和人为灾害，保证人类行为活动的安全。控制措施包括划定地质灾害分区界线(地质灾害高易发区、中易发区)、洪水位线、设施廊道保护线(道路、管线)。

3. 生活型场地指标体系

传统的建设用地控规选择的指标主要有：用地性质、用地面积、容积率、建筑密度、建筑高度、绿地率和人口容量。位于绿色空间内的村庄和独立建设用地除了满足这些基本要求外，还应重点限制过度建设，并突出绿色化、景观化导向(表 6.3)。如《风景名胜区建设管理规定》(建城〔1993〕848 号)第四条规定“按规划进行建设的项目，其布局、高度、体量、造型和色彩等，都必须与周围景观和环境相协调”。《自然保护区条例》第三十二条规定，“在自然保护区的核心区和缓冲区内，不得建设任何生产设施。在自然保护区的实验区内，不得建设污染环境、破坏资源或者景观的生产设施……在自然保护区的外围保护地带建设的项目，不得损害自然保护区内的环境质量……”

表 6.3　生活型场地控规指标建议表

控制内容	控制子项	控制指标/内容	指标属性
土地使用	用地性质	—	规定性
	用地面积/hm^2	—	规定性
	用地边界	—	规定性
	用地使用相容性	—	指导性
行为活动	开发建设活动	提出引导措施，划定“四线”，合理控制开发强度，降低建设容积率、建筑密度、建筑高度，控制足够的绿地率	规定性
	交通活动	道路宽度(m)、道路横断面、生态化停车设施数量(个)、控制禁止开口路段	指导性
	低冲击开发措施	提出引导措施，明确下沉式绿地率(%)、透水铺装率(%)和绿色屋顶率(%)	指导性
景观风貌	建筑风貌	提出引导措施，控制建筑的空间组合关系、体量、风格、色彩	指导性
	景观视线	提出引导措施，控制山脊轮廓线、山体制高点、景观眺望点，以及视线通廊的走向和宽度(m)	指导性
公服设施	独立建设用地	提出引导措施，满足必要需求	指导性
	农村新型社区和新型居民点	提出引导措施，包括村庄管理、教育、医疗卫生、社会保障、文化体育和商业服务等六类	指导性

1)土地使用控制

对各类建设用地进行合理安排，审慎布局新增建设用地，对于已有建设用地提出保留或腾退意见和限制要求。

绿色空间内独立建设用地规模实行总量控制，而不同区段独立建设用地的具体要求，可根据景观资源、环境容量、生态承载力进行弹性调控。土地使用控制指标包括各类用地性质、位置、面积、边界和用地使用相容性，以及容积率、建筑密度、建筑高度、绿地率等，如重庆市主城区独立建设用地规划指标的讨论(表 6.4)。

表 6.4　重庆市主城区独立建设用地建设引导(李兰昀，2013，有修改)

空间类型	单处项目独立建设用地面积/hm^2	容积率	建筑密度/%	建筑限高/m	绿地率/%	建筑风貌控制
风景名胜区	0.2～2.0	≤0.2	≥20	≤10	≥60	与风景名胜资源相结合，体现历史文脉与地域特色，色彩宜采用冷灰色调
自然保护区	0.2～2.0	≤0.2	≥20	≤10	≥60	与自然和风景资源相结合，体现历史文脉与地域特色，色彩宜采用冷灰色调
郊野公园	0.2～2.0	≤0.2	≥20	≤10	≥60	宜采用自然、原生态建筑，色彩可相对丰富、明亮
农林生产区	0.5～5.0	≤0.3	≥25	≤10	≥50	宜以民居风格，与周边环境相协调，色彩宜采用冷灰色调
旅游景点	1.0	≤0.2	≥25	≤10	≥50	结合景点功能与环境相协调色调突出旅游主题，色彩宜采用冷灰

村庄建设用地总量按照居住人口规模核定，人均建设用地指标按照《村镇规划标准》(GB50188—93)和地方规定执行，现状人均建设用地已超过 $150m^2$/人的，规划用地标准不得超过 $150m^2$/人。各地执行标准差异较大，如《重庆市村规划技术导则(2009 年试行)》规定了 60～$110m^2$/人幅度，综合建设条件、人均耕地面积核定。丘陵和山区指标尽量压缩，散居村民原则上不新建和扩建住宅，鼓励村民向农村新型社区和新型居民点集中。

2)*行为活动控制*

符合用地布局规划的单元发展引导，满足保护性用地建设管理要求，严格限制建设活动的范围和强度，如《风景名胜区建设管理规定》第四条规定，“在风景名胜区及其外围保护地带内，不得建设工矿企业、铁路、站场、仓库、医院等同风景和游览无关以及破坏景观、污染环境、妨碍游览的项目和设施。在游人集中的游览区和自然环境保留地内，不得建设旅馆、招待所、休疗养机构、管理机构、生活区以及其他大型工程等设施”。对重要建设活动加强管理，如《风景名胜区建设管理规定》第五条要求对“公路、索道与缆车；大型文化、体育与游乐设施；旅馆建筑；设置中国国家风景名胜区徽志的标志建筑；由上级建设主管部门认定的其他重大建设项目”从严控制。

运用低冲击建设理念，将自然途径与人工措施相结合。首先，控制开发强度，降低容积率和建筑密度，留出足够的绿地空间，防止土地大面积硬化，最大限度减少对原有水文环境的破坏。其次，按照《海绵城市建设技术指南——低影响开发雨水系统构建(试行)》(2014)要求，控规阶段可以明确下沉式绿地率(高程低于周围汇水区域的绿地占绿地总面积的比例)、透水铺装率(人行道、停车场、广场采用透水铺装的面积占其总面积的比例)、绿色屋顶率(绿化屋顶的面积占建筑屋顶总面积的比例)等指标，指导下层级规划设计或地块出让与开发。同时，还可以结合景观塑造，适当扩大河湖湿地，增加雨水花园和蓄水绿地，促进雨水、地表水的渗透、滞纳、积存和净化。下沉式绿地率、透水铺装率和绿色屋顶率等一些指标阈值还在实证中，借鉴深圳市光明新区建设生态城区的经验值[①]，因场地功能、建设条件差异，下沉式绿地率 60%～80%(道路不小于 80%)，透水铺装率 30%～90%(道路不小于 90%)，绿色屋顶率 20%～50%。

交通活动控制在于组织顺畅的场地交通流线、控制禁止开口路段、推广生态化静态停车场。

3)景观风貌控制

首先引导建筑的空间关系、体量、风格、色彩等与绿色环境协调。建筑布局分散与集中结合，顺应地形地貌、植被分布等环境条件，避免大填大挖、砍伐大量植被，填埋湿地水体。对建筑轮廓线、建筑高度、视线通廊、观景平台加强控制，避免遮挡重要景观。

4)公服设施控制

各类保护性用地内，如风景名胜区，公服设施主要是指游览设施，包括吃、住、行、娱、购等设施的配置，其指标选取依据的是符合自然景观客观承载力的游客需求量。沿城乡绿道设置游憩服务设施，尽量充分结合景区和村庄服务设施，避免重复建设。

农村新型社区和新型居民点的公服设施包括村庄管理、教育、医疗卫生、社会保障、文化体育和商业服务等六类，按照《镇规划标准》(GB 50188—2007)、《村镇规划标准》(GB 50188—93)及地方规定执行。

4. 关联边缘地带指标体系

绿色空间对关联边缘地带的增值效益主要通过景观舒适性和公众游憩可达性带来的经济收入、地产价值、政府财税等体现出来，所以，保证土地使用相容性、景观舒适性和公众游憩可达性是控制的重点(表 6.5)。

表 6.5　关联边缘地带控规指标建议表

控制内容	控制子项	控制指标/内容	指标属性
土地使用	用地使用相容性	提出引导措施，规避工业用地、仓储物流、交通枢纽与站场、各类公用设施	指导性
景观风貌	建筑风貌	提出引导措施，控制建筑的空间组合关系、体量、风格、色彩	指导性
	景观可达	提出引导措施，组织开放空间系统(带形广场、公园、视线通廊)	指导性

① 住房城乡建设部. 海绵城市建设技术指南—低影响开发雨水系统构建(试行). 2014：67.

安排相容度高的土地使用类型。如第 5 章所述，将有限的边缘地带土地资源分配给那些可以通过借用近邻绿色空间获取最大可持续增值效益，同时不会对绿色空间造成不良影响的土地用途，如居住、科研教育、医疗卫生等，规避工业用地、仓储物流、交通枢纽与站场、各类公用设施。

场地平面空间组织上，构建场地内部与绿色空间相连通的开放空间系统(一定宽度的带形广场、公园、视线通廊)，扩大场地建筑与绿色空间的接触面，增加公众视觉上和步行进入绿色空间的可达性。

在立体空间上，引导建筑的高度、体量、风格、色彩等与绿色环境协调，鼓励低密度低强度开发，并采取低冲击建设模式。

6.5 片区/场地控规的控制模式

从规划管理实施角度，除了围绕重点问题制定差异性的指标体系外，不同类型的场地应采取相适应的控制模式。

6.5.1 “项目图则”控制模式

以具体项目实施或管理为契机，将一定范围内较大规模的土地整体纳入控制范围，类似于《城市、镇控制性详细规划编制审批办法》(2011)中的“控制单元”。项目类型可以是各类保护性项目，如水源区、风景区、重要湖泊水体、山体、动植物栖息地、林地、本地特种作物保护等，也可以是旅游服务等产业性项目。出于整体保护、方便实施管理目的，多选取相对完整的关键生态廊道和生态斑块作为规划控制的基本单元。

1. 保护性项目图则

保护性项目以重要资源的刚性保护为目的，并通过关联边缘效应控制限制相邻建设活动的负外部性。

1999 年深圳市提出了法定图则全覆盖的目标，其中位于城区内的 4 处水库水源地成为法定图则研究的重点之一，目的在于“保护水源的清洁、卫生和安全，体现水源保护与环境控制优先原则，严格控制片区内的各项建设用地”①。每处水库地区控规编制范围内不是均质的非建设用地，还涉及大量现状村庄和城市建设用地，因此，在成果(包括文本和图表两部分：文本是规划控制条文，图表是规划控制图及其附表，两者均具有法律效力)表达上，图表包括“总图表+分图表”：总图表对水库区全范围的控制规定，分图表对区内建设用地的控制规定。

总图表指标体系主要包括(图 6.8)：建设与非建设用地范围、各类土地使用性质、用地规模、非建设用地产业导向、水源保护两级分区界线等。特别规定：一级水源保护区内的土地用途除必要的水工设施外，其余用地均为非建设用地，包括水域、水源涵养林、人

---

① 深圳市宝安 103-T8&303-T5 号片区[铁岗－石岩水库地区]法定图则．深圳市规划和国土资源委员会(市海洋局)网站. http：//www. szpl. gov. cn/xxgk/csgh/fdtz/.

工湿地和自然生态湿地四大类；二级水源保护区内的非建设用地的主要土地用途为生态农业用地和林地等，其中分布的现状零星建设用地和建筑均应取消或拆除。

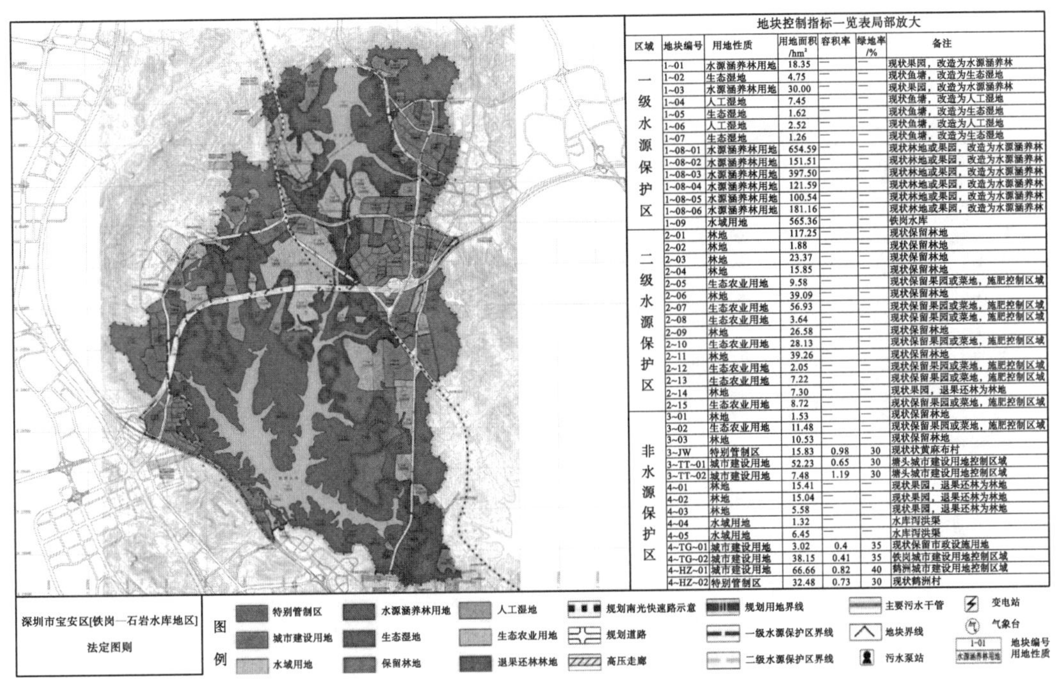

地块控制指标一览表局部放大

区域	地块编号	用地性质	用地面积/hm²	容积率	绿地率/%	备注
一级水源保护区	1~01	水源涵养林用地	18.35	—	—	现状果园，改造为水源涵养林
	1~02	生态湿地	4.75	—	—	现状鱼塘，改造为生态湿地
	1~03	水源涵养林用地	30.00	—	—	现状果园，改造为水源涵养林
	1~04	人工湿地	7.45	—	—	现状鱼塘，改造为人工湿地
	1~05	生态湿地	1.62	—	—	现状鱼塘，改造为生态湿地
	1~06	人工湿地	2.52	—	—	现状鱼塘，改造为人工湿地
	1~07	生态湿地	1.26	—	—	现状鱼塘，改造为生态湿地
	1~08~01	水源涵养林用地	654.59	—	—	现状林地或果园，改造为水源涵养林
	1~08~02	水源涵养林用地	151.51	—	—	现状林地或果园，改造为水源涵养林
	1~08~03	水源涵养林用地	397.50	—	—	现状林地或果园，改造为水源涵养林
	1~08~04	水源涵养林用地	121.59	—	—	现状林地或果园，改造为水源涵养林
	1~08~05	水源涵养林用地	100.54	—	—	现状林地或果园，改造为水源涵养林
	1~08~06	水源涵养林用地	181.16	—	—	现状林地或果园，改造为水源涵养林
	1~09	水域用地	565.36	—	—	铁岗水库
二级水源保护区	2~01	林地	117.25	—	—	现状保留林地
	2~02	林地	1.88	—	—	现状保留林地
	2~03	林地	23.37	—	—	现状保留林地
	2~04	林地	15.85	—	—	现状保留林地
	2~05	生态农业用地	9.58	—	—	现状保留果园或菜地，施肥控制区域
	2~06	林地	39.09	—	—	现状保留林地
	2~07	生态农业用地	56.93	—	—	现状保留果园或菜地，施肥控制区域
	2~08	生态农业用地	3.64	—	—	现状保留果园或菜地，施肥控制区域
	2~09	林地	26.58	—	—	现状保留林地
	2~10	生态农业用地	28.13	—	—	现状保留果园或菜地，施肥控制区域
	2~11	林地	39.26	—	—	现状保留林地
	2~12	生态农业用地	2.05	—	—	现状保留果园或菜地，施肥控制区域
	2~13	生态农业用地	7.22	—	—	现状保留果园或菜地，施肥控制区域
	2~14	林地	7.30	—	—	现状果园，退果还林为林地
	2~15	生态农业用地	8.72	—	—	现状保留果园或菜地，施肥控制区域
非水源保护区	3~01	林地	1.53	—	—	现状保留林地
	3~02	生态农业用地	11.48	—	—	现状保留果园或菜地，施肥控制区域
	3~03	林地	10.53	—	—	现状保留林地
	3~JW	特别管制区	15.83	0.98	30	现状状黄麻布村
	3~TT~01	城市建设用地	52.23	0.65	30	塘头城市建设用地控制区域
	3~TT~02	城市建设用地	7.48	1.19	30	塘头城市建设用地控制区域
	4~01	林地	15.41	—	—	现状果园，退果还林为林地
	4~02	林地	15.04	—	—	现状果园，退果还林为林地
	4~03	林地	5.58	—	—	现状果园，退果还林为林地
	4~04	水域用地	1.32	—	—	水库泻洪渠
	4~05	水域用地	6.45	—	—	水库泻洪渠
	4~TG~01	城市建设用地	3.02	0.4	35	现状保留市政设施用地
	4~TG~02	城市建设用地	38.15	0.41	35	铁岗城市建设用地控制区域
	4~HZ~01	城市建设用地	66.66	0.82	40	鹤洲城市建设用地控制区域
	4~HZ~02	特别管制区	32.48	0.73	30	现状鹤洲村

图 6.8　深圳市铁岗-石岩水库地区法定图则总图表(局部)①(见彩图)

分图表进一步细化对分散在水库周边的村庄和城市建设用地的关联边缘效应控制(图 6.9)。指标体系主要包括：分区建设模式引导、土地使用性质、使用相容性、用地规模、容积率、绿地率、配套设施。重点对各级水源保护区内的建设用地进行分区细化引导(表 6.6)。

表 6.6　对各级水源保护区内建设用地的引导①

建设用地分区	用地特征	引导措施
拆除整治用地	位于一级水源保护区范围内现状所有建设用地和二级水源保护区内河流两岸 10～15m 范围内的现状所有建设用地以及区内零星分布的现状建设用地	应拆除作为水源涵养林的用地
控制整合用地	位于二级水源保护区内应异地置换的工业用地和规划预留控制用地	置换出的用地和规划预留控制用地可作为绿地及公益性公用设施用地
限制建设用地	位于二级水源保护区内近期保留符合环保要求、截污设施完善、建筑质量较好、规模成片的村民住宅用地和工业用地	应限制其新建、改建与扩建，并逐步减少该用地的建筑总量

① 资料来源：深圳市规划和国土资源委员会(市海洋局)网站. http：//www. szpl. gov. cn/. 有修改.

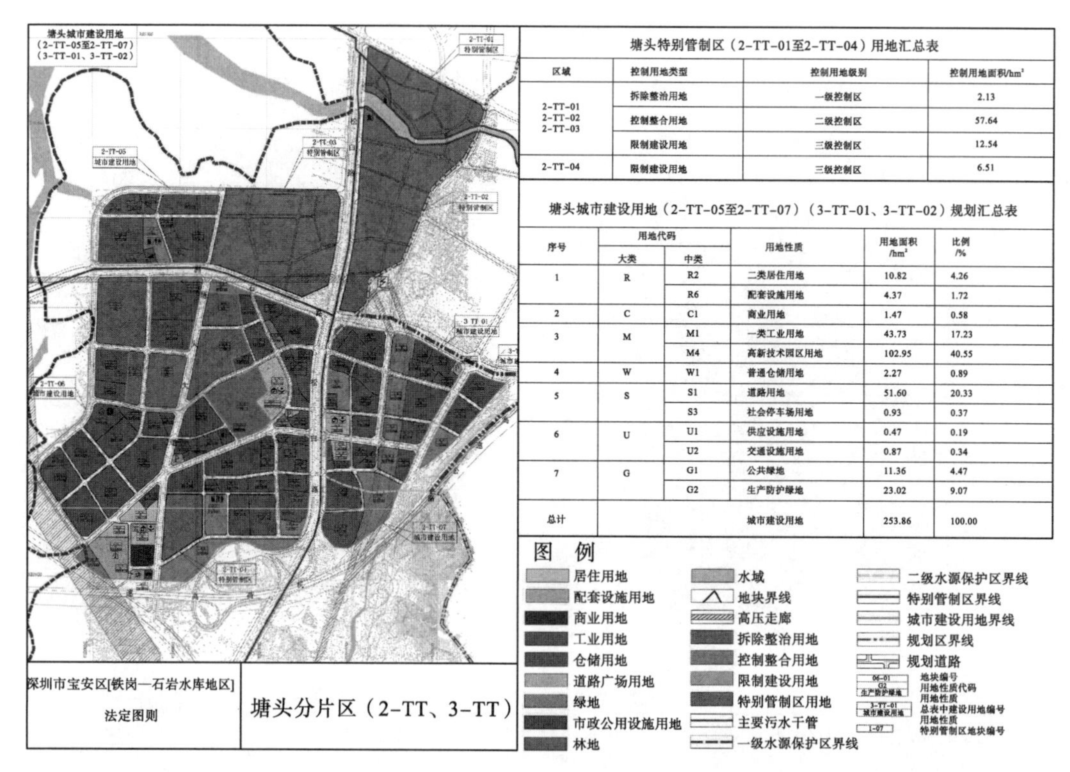

塘头特别管制区（2-TT-01至2-TT-04）用地汇总表

区域	控制用地类型	控制用地级别	控制用地面积/hm²
2-TT-01 2-TT-02 2-TT-03	拆除整治用地	一级控制区	2.13
	控制整合用地	二级控制区	57.64
	限制建设用地	三级控制区	12.54
2-TT-04	限制建设用地	三级控制区	6.51

塘头城市建设用地（2-TT-05至2-TT-07）（3-TT-01、3-TT-02）规划汇总表

序号	用地代码		用地性质	用地面积/hm²	比例/%
	大类	中类			
1	R	R2	二类居住用地	10.82	4.26
		R6	配套设施用地	4.37	1.72
2	C	C1	商业用地	1.47	0.58
3	M	M1	一类工业用地	43.73	17.23
		M4	高新技术园区用地	102.95	40.55
4	W	W1	普通仓储用地	2.27	0.89
5	S	S1	道路用地	51.60	20.33
		S3	社会停车场用地	0.93	0.37
6	U	U1	供应设施用地	0.47	0.19
		U2	交通设施用地	0.87	0.34
7	G	G1	公共绿地	11.36	4.47
		G2	生产防护绿地	23.02	9.07
总计			城市建设用地	253.86	100.00

图 6.9　深圳市铁岗－石岩水库地区法定图则塘头分片区分图表(局部)(见彩图)

2. 产业性项目图则

产业性项目由市场运作，在保障基本空间管制的基础上，必须符合市场的动态调节规律，因此，市场参与部分内容的弹性引导十分重要。

武汉天兴洲是长江中的滩洲，至今保持着生态原样，整体生态环境良好。武汉市主城区 A2001 编制单元(天兴洲)控规中(图 6.10)，基本空间管制内容通过“五线”(道路红线、绿线、紫线、蓝线及黄线)定位控制必要的主次道路、防护绿地(生态防护绿地和生态涵养林地)、文保单位、河流湖泊，以及机动车停车场库、公共交通、燃气走廊、输油管线走廊和堤防保护线等基础设施用地。弹性控制体现在如下三点①：

(1)“五线”以外的用地功能以引导为主，不落地不定位，允许市场配置生态观光农业用地、景点建设用地、旅游服务设施用地等，建设用地范围也根据项目需要确定。

(2)建设强度进行总量控制，阈值取可建设用地平均净容积率(总建筑面积与可建设用地的净用地面积的比值，净用地面积不含规划道路面积)，不具体到每块场地。

(3)“五线”根据重要程度分为实线与虚线控制管理。实线控制的地块及线网设施，其位置、边界、建设规模、控制要求等原则上不得更改，如道路红线、紫线；虚线控制的地块，其位置、规模及控制要求等原则上不得更改，用地边界可以根据具体方案深化确定，如绿线、蓝线，以及机动车停车场库、公共交通、雨污水处理等部分设施用地(黄宁等，2009)。

① 武汉市主城区 A2001 编制单元(天兴洲)控制性详细规划方案批前公示 http：//www.wpl.gov.cn/pc-0-31620.html.

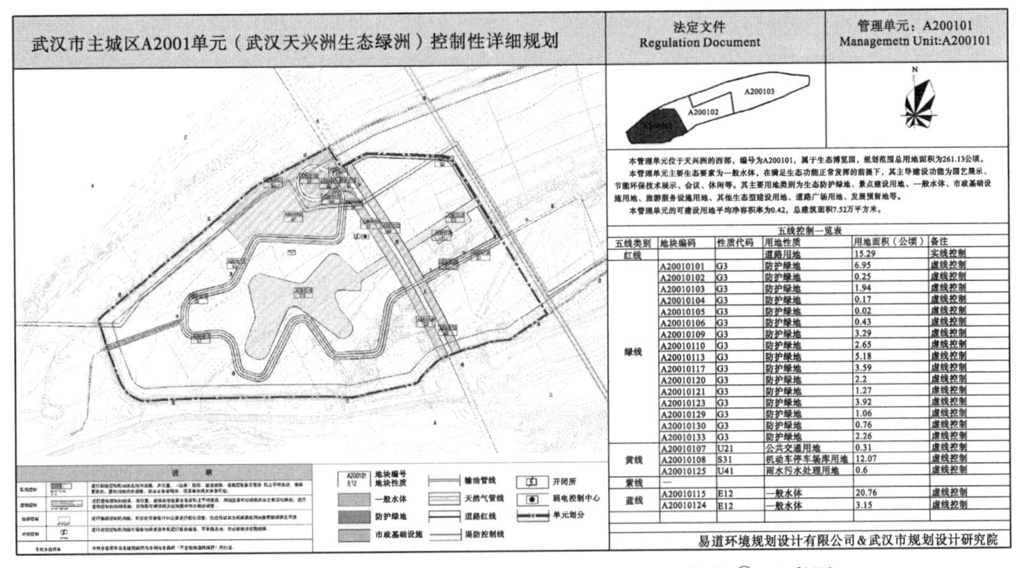

五线控制一览表

五线类别	地块编码	性质代码	用地性质	用地面积（公顷）	备注
红线			道路用地	15.29	实线控制
绿线	A20010101	G3	防护绿地	6.95	虚线控制
	A20010102	G3	防护绿地	0.25	虚线控制
	A20010103	G3	防护绿地	1.94	虚线控制
	A20010104	G3	防护绿地	0.17	虚线控制
	A20010105	G3	防护绿地	0.02	虚线控制
	A20010106	G3	防护绿地	0.43	虚线控制
	A20010109	G3	防护绿地	3.29	虚线控制
	A20010110	G3	防护绿地	2.65	虚线控制
	A20010113	G3	防护绿地	5.18	虚线控制
	A20010117	G3	防护绿地	3.59	虚线控制
	A20010120	G3	防护绿地	2.2	虚线控制
	A20010121	G3	防护绿地	1.27	虚线控制
	A20010123	G3	防护绿地	3.92	虚线控制
	A20010129	G3	防护绿地	1.06	虚线控制
	A20010130	G3	防护绿地	0.76	虚线控制
	A20010133	G3	防护绿地	2.26	虚线控制
黄线	A20010107	U21	公共交通用地	0.31	虚线控制
	A20010108	S31	机动车停车场库用地	12.07	虚线控制
	A20010125	U41	雨水污水处理用地	0.6	虚线控制
紫线	—				
蓝线	A20010115	E12	一般水体	20.76	虚线控制
	A20010124	E12	一般水体	3.15	虚线控制

图 6.10　武汉市主城区 A2001 编制单元(天兴洲)控规①(见彩图)

6.5.2　“地块图则”控制模式

地块图则是通常采用的模式。通过自然边界或人工边界将建设与非建设用地划分为彼此独立的地块，并设置差异性的指标体系。

《宝鸡市渭河南部台塬区生态建设规划》中，指标体系包括控制性指标和建设导引两大部分，根据一、二、三级管制等级而差异化。如“一级控制区”，控制性指标包括六类(图 6.11)：①描述性与规定性指标：用地编号、用地性质、用地面积等；②水域控制指

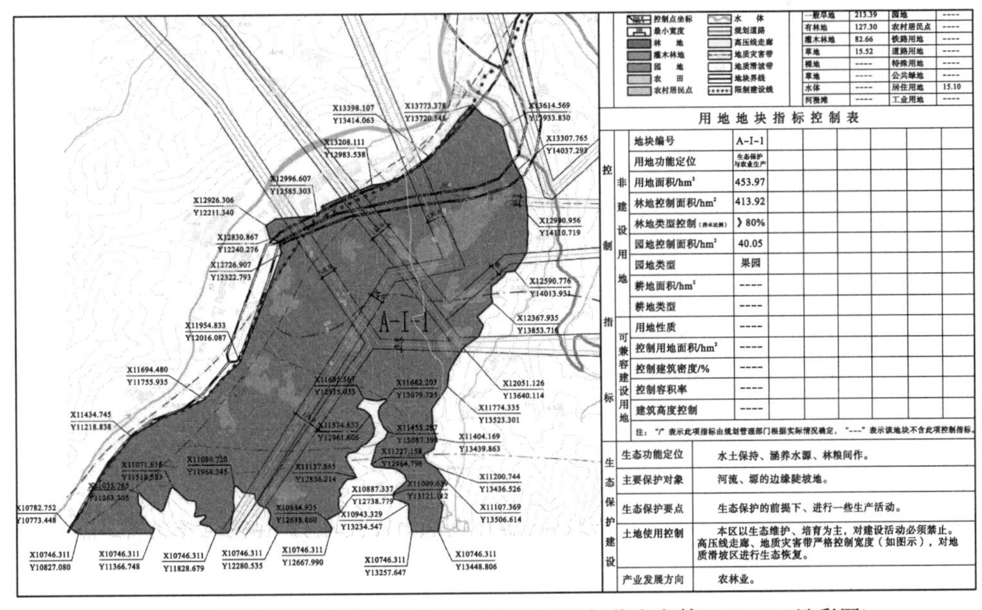

一般草地	213.39	园地	----
有林地	127.30	农村居民点	----
灌木林地	82.66	铁路用地	----
草地	15.52	道路用地	----
裸地	----	特殊用地	----
草地	----	公共绿地	----
水体	----	居住用地	15.10
河滩滩	----	工业用地	----

用地地块指标控制表

		地块编号	A-I-1
控制指标	非建设用地	用地功能定位	生态保护与农业生产
		用地面积/hm²	453.97
		林地控制面积/hm²	413.92
		林地类型控制（乔木比例）	〉80%
		园地控制面积/hm²	40.05
		园地类型	果园
		耕地面积/hm²	----
		耕地类型	----
	可兼容建设用地	用地性质	----
		控制用地面积/hm²	----
		控制建筑密度/%	----
		控制容积率	----
		建筑高度控制	----

生态保护建设	
生态功能定位	水土保持、涵养水源、林粮间作。
主要保护对象	河流、塬的边缘陡坡地。
生态保护要点	生态保护的前提下、进行一些生产活动。
土地使用控制	本区以生态维护、培育为主，对建设活动必须禁止。高压线走廊、地质灾害带严格控制宽度（如图示），对地质滑坡区进行生态恢复。
产业发展方向	农林业。

图 6.11　渭河南部台塬区“一级控制区”图则(黄光宇等，2006)(见彩图)

① 资料来源：武汉市国土资源和规划局网站. http://www.szwh.gov.cn/.

标：水体面积、河道宽度、滨河绿带宽度、滩涂(面积)等；③自然生境控制指标：林地面积、草地面积、山体面积等；④农业生产用地控制指标：果园、农田(旱地、水田)等规模；⑤辅助设施用地控制指标：辅助设施类型、用地面积、建筑密度等；⑥生态容量控制指标：不透水地面面积、人口容量等。建设导引包括生态功能定位、主要保护对象、生态保护要点、土地使用控制、生态优化与多样性、产业发展方向、空间布局要点等部分。

6.6 本章小结

用地单元详细控制重点解决宏观、中观规划意图“自上而下”推演与具体用地自身出发“自下而上”校核之间结合的问题。用地单元详细控制借鉴建设用地控规经验，更关注外部性、公平性、绿色化和弹性控制等问题。

根据城市弹性管理原则，构建了“单元引导+片区/场地控规”的分层控规编制模式；针对生态型、生活型、关联边缘型片区/场地的保护与利用不同目标，从定形、定量、定性、定位和关联边缘地带控制五个方面建立了相适应的控制要素体系；从管理实施角度，提出了项目图则和地块图则的控制模式。这些措施形成了相对完善的用地单元详细控制内容和有效的控制实施手段，弥补了法定控规对绿色空间忽视的不足。

第7章 绿色空间规划实施与管理策略

俗话说“三分规划、七分管理”，城市规划不仅是对未来一段时期内城市的社会经济发展、空间布局、功能组织、土地使用及设施建设的综合部署，更是对各项建设项目的具体安排和实施管理。

规划实施管理是技术与政治高度结合的过程(菲利普·伯克，2009)，是绿色空间规划的落地关键步骤，需要精细化、规范化的公共政策进行指引。现阶段绿色空间规划方案和实施管理往往脱节，究其原因，一方面是规划师普遍认为编制绿色空间规划只是技术问题，与政府行政管理、金融、产业、社保等制度主动衔接少，既往技术蓝图式、空间实体形态式的规划成果无法适应市场经济大环境；另一方面，当前可依据的绿色空间相关实施管理政策比较匮乏。因此，需要加强绿色空间规划的公共政策导向，完善深化规划编制手段，学习借鉴先进空间管理工具，制定创新行政管理机制、合作协调组织策略、经济激励与救济政策，形成多手段、多政策协同管理机制。

绿色空间规划实施和管理政策至少可以发挥四个方面的作用：一是协调工具，协调、包容相关主体利益，转变为公共政策，保障管理实施工作顺利开展；二是组织工具，在条块分割管理的常态下，需要强有力的工作框架和组织机制将各部门力量整合起来，形成“多管齐下”的合力；三是激励工具，恰当的空间管制、行政、财税、金融、土地、法律、社保政策可以激发各方主动参与建设的热情；四是宣传工具，多方利益者的支持是绿色空间建设成败的关键，鼓励公众参与和媒体宣传来达成建设的共识，并转化为全社会共同遵循的政策约束。

7.1 完善规划编制途径

7.1.1 空间规划走向空间政策

在城市内涵式集约发展形势下，城市规划公共政策愈加重要。我国长期缺乏体系化、制度化绿色空间政策，个别部门法规政策中零散地表达了一些相关内容，但相互之间会存在不一致、甚至矛盾的地方，远不能适应精细化、规范化管理要求。

绿色空间建设的成败取决于是否能将土地空间配置转化为具体行动政策(姜允芳，2015)。城市规划政策体系包括国家、区域和地方政策三个层面(何子张等，2011)。就研究范围和尺度，绿色空间规划政策是延续和深化国家、区域规划政策要求的城市规划政策的一部分，包括作为城市空间引导的空间框架政策与作为规划许可依据的开发控制政策。前者如国家层面的各类法律、法规、规章、标准等，可以是地方性法规、政府规章、标

专题代码	专题名称
PPS1	实现可持续发展
PPS3	住房
PPS4	规划为了可持续经济发展
PPS5	规划为了历史环境
PPS6	规划为了城镇中心
PPS7	乡村地区可持续发展
PPS9	生物多样性与地质保护
PPS10	规划为了可持续废物管理
PPS11	区域空间战略
PPS12	地方发展框架
PPS22	可再生能源
PPS23	规划和污染控制
PPS25	发展和洪泛风险

图 7.1　英国规划政策陈述

准，重点在于系统性和战略性；后者包括政府令、规定、办法、通知、技术导则、行政许可等部门文件，如城市总体规划、法定图则，重点在于实用性和时效性。只有将规划成果和部门文件转变成政策或行政命令，才对具体行动具有羁束力。

空间框架政策与开发控制政策应上下贯通，并适度整合部门分散政策，形成具有统一管理、连续管理效力的“政策群”，以保障依法行政、维持社会公正、规避负外部性。

1988 年，英国发布“政策指引”，用以取代复杂的政府文件，其中之一是“规划政策指引”(planning policy guidances，PPGs)，用以具体指导规划行为。PPGs 在 2004 年经重新修订后更名为“规划政策陈述”(planning policy statements，PPSs)，见图 7.1。与绿色空间关联紧密的有乡村地区可持续发展(PPS7)、生物多样性与地质保护(PPS9)、发展和洪泛风险(PPS25)等。到 2012 年，PPSs 被“国家规划政策框架”(national planning policy framework，NPPF)取代时，政府陆续发布了 25 项专题，分项阐释规划政策。

PPGs、PPSs 是一套动态维护的政策群，可以针对不同时期城市建设的热点问题适时补充。另外，PPGs、PPSs 虽非法律文件，但为投资人和地方等相关利益者提供了政府允许或限制建设的信息，同时也约束了政府的规划政策和原则。

近几年国内部分省市也开始了类似尝试。“广东省城市规划指引(GDPG)”是广东省住房和城乡建设厅针对某些规划建设专题而发布的一系列政策群，是针对“不同时期城市规划建设和管理方面存在的突出问题、省内各地城镇的发展动态和社会公众普遍关注的规划热点”而制定的。目前已发布不少于 9 个指引，包括《广东省区域绿地规划指引(GDPG—003)》和《广东省环城绿带规划指引(GDPG—004)》，与国家和地方有关政策相衔接，是对绿色空间规划政策和技术的强调、深化和补充，是地方绿色空间规划编制和实施管理的依据。

政策体系化建设需要公众与政府协力完成，既需要政府自上而下主动检讨，更需要公众自下而上积极反馈，是一个长期、动态协调过程。在缺乏规范性政策群的情况下，借鉴城市绿地系统规划等专项规划编制经验，以规划建设部门之力完善、细化公共政策导向的规划编制方法和技术导则不失为一种退而求其次的选择，如作者在第 6 章提出的“单元引导——片区/场地控制”的空间政策体系。

7.1.2　开放型协作式规划模式

传统城市规划是“自上而下”运作的，过程是单向且相对封闭的，难以正面回应各种利益主体的对话，难以支持各部门意图的衔接。协作式规划强调城市规划是复杂的决策过程，规划制定与实施有赖于各利益主体、各部门的共同努力，通过加强协作交流减少冲突和隔阂。

协作规划模式(collaborative planning)为规划提供了“上下互动”沟通的解决思路和平台，规划师的角色从技术决策者转变为协调者和组织者。

1. 部门协作

绿色空间涉及的利益主体广泛，保护与利用矛盾巨大，要实现规划目标，规划编制应调整思路，从原先主导规划方案设计向服务相关部门、服务利益主体转变，让各利益主体在规划平台上都有发言权。

然而，协作式规划也会遇到具体操作上的问题。例如，不同利益主体的目标往往难以趋同，甚至无法达成共识，这将大大延长规划编制周期，降低决策效率；再者，在资本市场力量主导或政府力量过大的地区难以有效建立平等的协商机制(董金柱，2004)。

在城市快速发展、规划周期不足、要求决策快速的背景下，根据规划对象的空间范围、强度规模、规划目的和深度，对深度参与决策的利益主体予以选择性限定(叶林等，2013)，也不失为一种兼顾效率与部分公平的办法。如，《佛山市区域绿地专项规划》编制机构选取国土、旅游、农业、环保、林业、防灾等相关市级部门及各级地方政府，进行重点协作，让规划编制成为整合各部门和地方力量合作的平台，将绿色空间的控制由各部门独立负责转向协作分担，进而实现整合条块部门行政力量共同保护绿色空间的目的。规划机构结合佛山行政管理的特点，制定了“激发兴趣—访谈—协商—约定”四步走的工作思路(马向明等，2006)，见表7.1。

相对于区域绿地、绿道等，城市绿色空间在城市行政区内，不存在跨区域协调管理问题，而主要是城市各部门之间的协调。

表7.1　佛山市区域绿地专项规划中部门协作工作思路(马向明等，2006)

工作步骤	工作内容	具体操作
第一步	告知影响—激发兴趣	通过工作启动进行动员，使各部门能全面地了解并参与到区域绿地规划中，重点针对各部门的工作目标，分别阐释区域绿地将如何推动各部门目标的实现，以及可能协助其解决的问题
第二步	访谈与对话	了解彼此的目标与政策。在规划调研阶段积极地与各相关部门和地区政府展开了交流和访谈，一方面是为收集有关资料，更重要的是了解各部门在绿地工作中的主要目标和政策
第三步	协商—建立同盟关系	通过反复的协商，项目组一方面依据各部门的目标和政策，平衡建设用地和区域绿地之间的关系；另一方面，在区域绿地规划中落实各部门的保护项目
第四步	约定—求同存异	在征求意见的过程中，规划师借助前期与各部门就区域绿地保护达成的共识，以及通过与各部门“结盟”而获得的支持，以区域绿地中包含的各类资源保护目标为依据，“有力”地与各地方政府进行协商和约定

2. 多规协调

绿色空间相关编制在 4 个领域都有体现：规划部门——城乡总体规划及绿地系统、绿色基础设施、非建设用地等专项规划；国土部门——土地利用规划；环保部门——环境保护规划；农林产业部门——产业发展规划。另外还有林业、旅游等部门编制的风景名胜区规划、森林公园规划等。由于编制主体、规划目标、技术规范、指标标准等不同，各类规划中涉及绿色空间的表述也不一致。

完善绿色空间规划编制必须协调各类规划，才能实现“一个空间一个规划，一个规划分头实施”。多规协调的核心是城市规划牵头，多部门合作规划，解决绿色空间资源配置中的主要矛盾，重点协调 4 类空间规划：城市规划、土地利用规划、环境保护规划和产业发展规划，最终通过“一张图”指导操作。协调路径包括：

1)建立跨部门协调机构，解决重大问题

首先，明确“四规”部门规划各自对绿色空间管理的职责，有的放矢，提高决策准确性。成都市城乡统筹规划中明确各规划不同职能：产业发展规划——确定产业发展方向、产业门类和产业政策，城市规划在用地上予以落实；土地利用规划——确定一定时期内建设用地规模指标，建设用地服从城市规划，基本农田等耕地布局与城市规划确定的生态环境保护区结合；城市规划——确定城乡各类用地的布局和形态，建设用地规模与土地指标协调(赵钢，2009)。

在工作组织上，建立跨部门协调机构，可以由市领导牵头各部门负责人参与的工作领导小组，协调解决规划工作流程中的重大问题，如各部门规划立项、规划制定、规划审查及实施管理中出现的矛盾。

2)建立多规信息平台，支撑技术协作

城市规划与土地利用规划都是综合性规划，具有法律约束性和全局调控功能，需要在发展方向、总体规模等重大事项上协调，否则用地控制将无所适从(杨树佳等，2006)。借鉴上海、武汉、广州等地开展的“城市总体规划与土地利用总体规划协调”经验，信息平台内容包括：统一规划空间范围和自然环境本底信息；统一环境、社会、经济等基础数据；统一建设用地拓展方向和城市总体形态、建设用地和非建设用地边界、城市人口和建设用地规模、基本农田规模和边界；相互衔接的用地分类体系等内容。

上海市规划和国土资源管理局开展了“两规合一”城乡统筹规划方面的探索，2013 年提出“郊野单元”规划制度[《郊野单元规划编制审批和管理若干意见(试行)》]，创新了“从规划到土地实施衔接管理”的机制，改变了“传统上规划编制由规划部门负责、项目操作由土地部门负责的分离做法”(宋凌等，2014)。这一规划制度的创新体现在：

第一，规划编制过程创新：将土地实施管理要求提前植入规划，实现了规划与土地衔接管理。具体情况是，郊野单元规划编制由土地规划设计单位承担，规划实施方案由城乡规划设计单位承担。

第二，规划内容创新：整合运用城乡规划和土地规划双重控制手段，形成总体布局规划、土地整治规划、生态景观规划、村庄建设、土地整治项目实施政策等一系列规划和研究成果(管韬萍等，2013)。

7.1.3 主动衔接法定规划体系

长期以来，绿色空间规划及类似规划一直作为一种研究型的非法定规划，其实施和管理的效果并不理想。因此，绿色空间规划应主动积极衔接法定规划体系各层面的规划控制和管理政策，争取将规划内容纳入法定规划体系，一方面为绿色空间的管理提供法律依据，有利于规划的实施，另一方面，也是满足规划“全覆盖”的要求和实现区域统筹、城乡统筹的有效手段之一。

对绿色空间规划本身而言，探索衔接法定规划体系的方法，是该规划类型在现有规划体系下生存、完善及有效发挥作用的必然措施。绿色空间规划纳入法定规划体系可以有五种形式：

第一，赋予绿色空间规划法定地位，将其纳入城乡规划体系。对应于城镇体系规划、城市总体规划和详细规划的层次，可将绿色空间规划分为三级：区域绿色空间规划、城市绿色空间规划、地方绿色空间规划。该方法实施难度大，可以作为未来努力的方向。

第二，可比照绿地系统规划，尽管是专项规划，但是通过颁布类似于《城市绿地分类标准》和《城市绿地系统规划编制纲要》等确立近似的法定地位。但绿地系统规划与绿色空间规划有较多重叠之处，新增类似专项规划的可能性不大。

第三，作为城市总体规划的专项规划，将绿色空间规划内容，特别是强制性规划内容，如生态红线、环境敏感区控制，纳入城市总体规划之中，从而使规划内容得以法定化，这是当前众多城市总体规划编制中的必然环节。

第四，通过政府制定地方法规或政府规章的方法将绿色空间规划的成果法定化，这是将绿色空间规划纳入地方法定体系的重要方法。如，深圳、无锡、武汉发布的各市《基本生态控制线管理规定》，重庆市发布的《“四山”地区开发建设管制规定》，成都市针对环城“198”区域以地方法规形式颁布了《成都市环城生态区保护条例》。

第五，将规划成果落实到控规，通过法定图则和文本形式法定化，如深圳的城市集中水源区控规规划就是一种简单的尝试，但还不够系统，需要完善绿色空间控规编制体系及指标体系。

综上，后三种方法具有实践经验，十分可行。第三种方式最便捷，通过城市总体规划吸纳内容即可实现，适合于不具有地方立法权、管理能力不高或绿色空间管理不紧迫的中小城市；第四种方式获得的法律地位最高，第五种方式实施更具体、管理更有针对性，适合于精细化管理能力先进、绿色空间管理压力大的较大城市。

7.1.4 自下而上推动公众参与

约翰·弗里德曼(John Friedmann)在1993年提出了非欧几里得规划模型(non-euclidian model)，认为处在一个难以预见的时代里，应将规划直接联系实践工作，实时地面对面交流，积极地参与区域和地方的变化，鼓励越来越多的有组织的市民加入公共决策过程，最终形成人们日常生活的空间而不是政府官僚喜爱的面子工程。

城市规划的政策效应，在于引导各种利益关系，疏解利益冲突。绿色空间管理实施涉及面广且影响较大，是一项系统工程，必须集思广益，不同利益主体以公众参与形式参加到政府规划决策中来。绿色空间资源具有公共产品特征，公众积极参与对维护公共利益极为关键。另外，公众参与对规划最直接的益处在于能激发公众对项目的支持。

规划相关利益主体类型众多，有些是直接利益相关(如转移安置村民)，有些是间接利益相关(周边居民)，必须筛选并分析关键参与者的行为，正是这些参与者决定了项目以怎样的方式进行(菲利普·伯克，2009)。从土地角度，关键参与者及行为包括：

(1)土地所有者(国家或集体组织)对土地预期使用的计划，如保护耕地，占用耕地建设基础设施。

(2)土地管理者(政府相关管理部门)对土地征收、土地规划编制和执行、土地使用许可的计划，如征收征用农户土地作为生态保护区，建立水源保护区。

(3)土地使用或经营者(承包土地的农民、购买或租赁土地的企业开发商、获得划拨土地的事业单位等)的开发使用计划，如农民流转土地给企业作为农业园区、开发商建设住宅、娱乐设施。

(4)土地规划师，协调各方利益，编制规划与项目建议，并提交给政府审核。受到改变土地外部性影响的其他相关利益者，他们对开发规划提出支持或反对意见，如关注农田生态价值的公众。

当然，从社会、经济等其他角度分析的关键参与者是不同的，规划不可能做到“面面俱到”“一碗水端平”，需要依据规划目标审慎筛选，如前文提及的《佛山市区域绿地专项规划》编制经验。

公众参与的途径包括：项目发起的公众支持；协作规划过程的讨论、权益表达；项目建设和实施过程的监督、建议(姜允芳，2015)。然而，公众难以做到全程参与，多数情况下只能事后表达，多为规划编制完成后“公示”过程中的群众观阅和意见提交，通常对规划较难形成具体影响，特别是在绿色空间这类利益关系复杂的区域。

深圳城市规划管理在开展公众参与、关注利益平衡等方面走在全国前列，例如生态线的划定及其管理规定和实施意见的出台也经过了相对严格的程序和一定程度的意见征询过程。但吴丹等(2011)认为，由于生态线规划在很大程度上仍是城市政府与农村集体进行土地利益博弈的结果，没有也无法完全吸纳原农村集体的诉求，虽然经过较为系统的意见征询，但仍主要针对区政府及街道办层面，社区未能充分参与其中。由此可见，导致公众参与不足的原因是多方面的。

为促进社区和居民参与，深圳、成都、厦门、武汉等城市推行了社区规划师或乡村规划师制度，取得很好的协调效果。2003 年成都市首创乡村规划师制度，运用于全市未纳入城市规划区的 196 个乡镇。乡村规划师通过公开招聘、征集志愿者、选调任职、选派挂职等 5 种方式配备专业技术人员，通过培训合格上岗，实行年薪制。其职责除了为乡镇政府决策提供技术支持外，还要深入乡村基层调查，代表乡镇村利益向上级政府和规划部门提出意见和建议。

借鉴台湾的“社区规划师制度”，深圳市规划国土管理干部挂点到社区作为其规划师顾问。通过了解社区居民的真实愿望，建立直接而畅通的诉求渠道；向居民宣传规划知识，增强规划的透明度，从而促进社区问题的针对性解决，将利益矛盾化解在源头。社区规划师可以帮助社区辨识发展条件，因地制宜地制定社区发展规划，将规划土地各项政策、方案与社区规划意愿进行整合(吴丹等，2011)。

总体上，“自上而下”的政府决策管理与“自下而上”的公众参与决策必须结合，只有这样才能全面准确地了解各方利益诉求和发展意愿，因地制宜地制定建设管理措施，使政府的管理和服务迅速有效地惠及各方。

7.2　优化管理工具

与国际经验相比较，国内绿色空间政策仍以行政法规为主体，以行政管理手段作为执行工具。在市场多元投资主体条件下，这些显得相对单薄(姜允芳等，2015)，需要研究制定有效的行政、经济、社会、生态等协同的有效管理机制，可以考虑吸取国外的一些先进经验。

美国是分权制国家，无论是联邦政府还是州政府都不同程度地采取分权措施，相当一部分公共管理的权力下放到地方的县或城市政府。因此，美国在国家、州、区域和地方各级均有提出管理工具，且工具类型多样，大致包括 5 种(菲利普·伯克，2009)。

(1)条例，包括分区区划、土地细分条例、形态准则、公共设施配套条例、增长速度条例、增长边界等；

(2)地段规划，包括历史地区、邻里、中心区、商务公园、滨水空间规划等；

(3)激励机制，包括容积率奖励、开发权转移、聚集开发、快速项目审查等；

(4)设施融资，包括专款、影响费、重税、税收等；

(5)行政程序，包括法令调整、项目审批、设计评价、咨询、争端解决。

国内实践中也使用上述部分工具，并积累了较成熟的经验，如分区区划、城市增长/开发边界，但还没有形成体系化的“工具包”。

菲利普·伯克(2009)指出，在上述复杂的工具类型中选取适应性工具的原则有三点：①基于管理工具与重要规划目标之间的联系；②基于管理工具与空间尺度和规模之间的联系，如宏观层面工具包括区划、城市增长/开发边界、生态红线，微观层面的包括场地控规、设计准则和设计引导等；③也可以是基于城乡空间扩展模式的选择，看管理地区是在城区还是郊区。当然，不同的法律制度背景、社会经济发展阶段、规划编制和管理体系也是需要考虑的原则。因此，管理工具的借鉴和选取应该因地制宜，具有针对性、适用性。

7.2.1　借鉴资源管理区划工具

分区区划是最常见、最重要的规划管理工具。传统的区划制度用来控制土地开发权，如土地利用的类型、范围或被开发土地的使用强度、建筑体量，其主要目标是避免私人开发决策带来负外部性，将存在潜在矛盾的土地利用方式分隔开。但传统区划制度并非完美，它往往采取强制手段，缺乏公平性，经常遭遇相关利益主体的强烈抵制；同时也是一种消极的措施，其暂缓开发的意图远大于资源保护，并且往往迁就于现状而非完全取决于自然环境特征，因此没法充分有效利用环境资源(黄书礼，2002)。

美国于20世纪20年代开始将区划制度用于开放空间、农田和环境敏感区等的保护，并不断地适时调整、补充，一些融入资源管理目标的管理工具应运而生。邢忠等(2014)将其中适用于城市边缘区生态环境保护的管理工具分为政府工具集成(governmental tool box)、彻底买断(outright purchase)、自愿计划(voluntary programs)三类。其中，宏观层面最普遍的区划工具包括规划单元式开发(planned unit developments，PUDs)、叠加分区(overlay zoning)、农业保护分区(agricultural protection zoning，APZ)，以及绩效标准分区(performance zoning)，这4种工具对当前国内实践有极好的参考价值，并且有些已在国内运用。

1.规划单元式开发

通常将一块整体场地作为开发对象提供给土地利用者，开发者在规划时能将环境敏感区予以完整保留为开放空间，将开发活动集中起来以减少对环境的干扰。这种开发方式可以为开发者提供更多弹性规划方案，并有利于重要区域的保护(图7.2)。通常有3个重要特征：

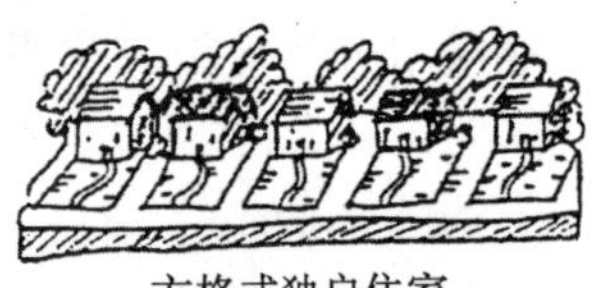

图7.2　传统分区管制与规划单元式开发对基地的影响区别(黄书礼，2002)

注：传统分区管制缺乏弹性，导致用地规则化(如方格式)；规划单元式开发使用地配置较灵活。

(1)没有特别规定的开发规模，适用于各种规模的场地；

(2)是多种土地利用方式、建筑类型及多密度混杂的区域；

(3)开发是长期的，一般采取分期开发方式，以便建筑、布局及用途能弹性配合市场、技术、资金或观念的改变而修正。

第6章针对生态型片区的控规管理，其本质上就是一种规划单元式开发，包容了建设开发活动，可以要求新建筑临近、聚集而建，以留出足够的土地作开放空间、农业用地和生态区，也可以减少建设开发的成本。

2.环境叠加分区

叠加分区是在某一地区的基础空间分区的基础上重叠额外分区的管理要求，用于保护的特色要素。依据管理目标不同而有诸多分类，已成为美国、中国台湾等城市区划法规普遍采用的模式。

叠加分区并不是对某一地区的全覆盖，而是在具有特色要素的范围内额外制定分区规划，以“补丁”方式进行补充或调整。类似的，国内多采用特殊地段专项规划的方式，如自然保护区划、动植物栖息地区划、水源保护区区划、历史文化保护区区划等。第6章提出每个单元的发展导则采用“一主三副”形式，“一主”指控制总览导则，“三副”指生态优先分项控制导则、绿色生产分项控制导则和宜居生活分项控制导则，本质上也是叠加分区规划(图7.3)。

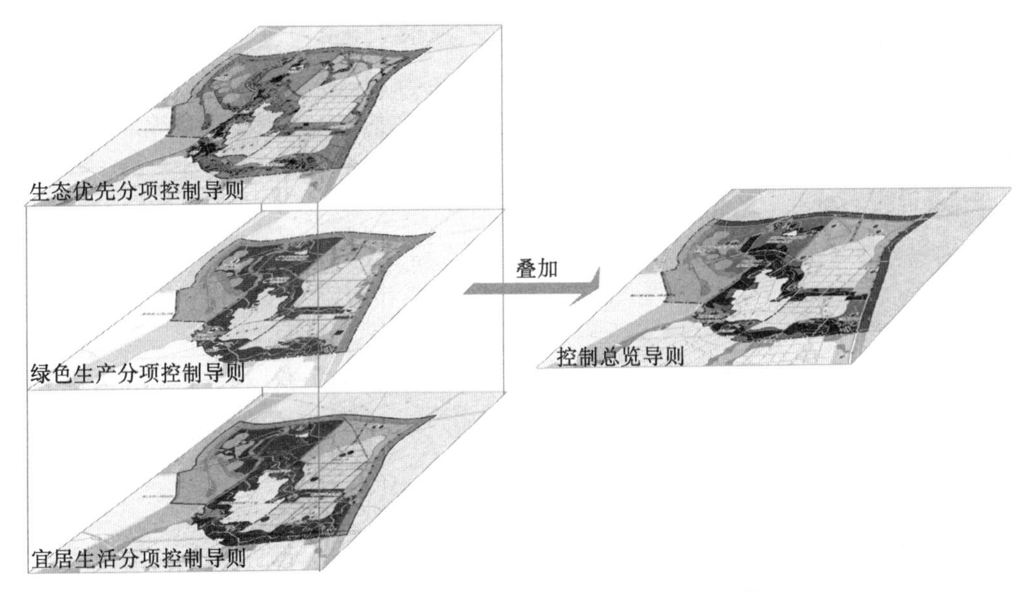

图7.3 眉山“一主三副”单元发展导则的叠加(邢忠等，2015)

叠加分区有较大的灵活性和针对性，可以在同一空间范围上叠加针对不同目标的多种区划要求，并针对性细化和明确相关管理要求，在不对基础分区进行较大调整的情况下就能及时补充。但要注意的是，叠加分区并非专项规划形式上的简单重叠，否则无异于当前部门条块管理的方式，所以，其关键是形成叠加管理合力。

绿色空间管理特别需要借鉴的是环境叠加分区(environmental overlay zoning)。环境叠加分区覆盖范围具有明确环境指向，是对重要的生态、文化感知、资源生产、自然灾害防护等环境敏感区，以及污染控制区进行特殊管理。如，美国波特兰市于1989年设立的环境叠加区涵盖了包括河湖湿地、滨水区、高地森林等重要的自然资源地区。

在实施管理过程中，该范围内的所有活动需同时遵守基础分区和环境叠加区的管理规定，当两类法规出现不一致时，由于后者的法规条文更为严格，通常优先遵守(沈娜等，2014)。

3.农业保护分区

国内农田保护的主要规划工具是基本农田保护制度和城市增长/开发边界管理。美国则发展了农业保护分区、农业用途规划(agricultural use zoning)、集聚区规划(clustering zoning)和增长边界多种方法。

美国农业保护分区通常采用现代技术手段，如地理信息系统和遥感等，进行科学的土地资源调查、土地质量评估和土地利用监测。分区管制内容规定了农田和非农田使用分区界限，对空间布局、邻近农地允许建造房屋数量、城市扩展边界等，都有明确的规定与详尽的评价指标，并阻止土地被划分得过小以至于难以耕种，多种手段使重点农业区保持稳定的农业用途，防止土地细碎化。

1971年美国艾奥瓦州黑鹰县着手研究农田非农转变的问题，决定通过分区来实现农田保护政策。1973年制定了一套土地生产玉米及其他农作物的潜力分级系统(CSR)，以此确定农田保护分区范围。CSR 的等级从 5 分到 100 分，70 分及以上的农田土地是“一类土壤”，具有较高的单位玉米产量；同时允许农民在 70 分以下的土地开展乡村住宅建设活动，地块最小面积为 3 英亩。该系统被转化为农业分区条例，实践中运作效果很好，许多农田重新分区或向非农化转变的潜在要求被阻止，地方农业经济逐步稳定，城市扩张受到很好控制(弗雷德里克·R. 斯坦纳，2004)。农业分区条例尽管在事实上限制农民出让土地，但仍得到县内农民的强烈支持(美国农田信托基金会，1997)。

4. 绩效标准分区

上述 3 种特殊区划管理方法虽然解决了传统区划的部分问题，但对自然环境仍采取消极处理方式，即将不宜开发地区保留出来为开放空间，造成资源不能充分利用。20 世纪 70 年代，美国宾夕法尼亚州巴克斯县创设的绩效标准分区制度提出了进一步改善土地使用区划的方法。

绩效标准分区不同于传统的仅以使用方式作为管制的依据，而是对使用方式所产生的外部影响作为管制标准。外部影响的评判就是绩效标准(performance standard)，是基于公共利益的考量，运用科学方法分析各类资源允许开发的承载力，并以此来管制土地使用方式与强度。这些标准可以依据规划目标选取社会、经济、环境等各类因素，如交通影响、污染程度、噪声、气味、震动、地表水流量和开放空间的设置等来确定，常用于环境敏感区的标准包括容许砍伐植被量、最小开放空间比、非渗透地表面积比、土壤流失率、洪水处理能力等度量值。从这个角度来看，环境敏感区规划管理成败的关键取决于绩效标准制定是否合理，而非空间设计要求(黄书礼，2002)。

绩效标准分区着重于开发行为对环境的冲击影响，以促使开发行为与环境之间更为协调。一般的区划直接限定某种活动或使用允许或不允许，例如陡坡地禁止开发。绩效标准管制的重点从直接的限制要求转移到理想结果的引导，但未规定达成结果的方法，如可以允许部分陡坡地的开发，只要开发设计能规避地质灾害及其他必须保护区域。

由此，各分区在遵守所确定的绩效标准下，可允许任何相容土地使用类型，开发者可自行核算土地开发强度，经由不严格的约束，以增加土地使用弹性。

7.2.2 灵活运用土地管理工具

依据公共利益对土地进行管理是城市政府对绿色空间各类土地行使公有产权管理的重要手段。广义上，城市政府的土地管理权包括土地征收权、规划编制和执行权、土地使用许可权，即城市政府可以运用各种管理工具约束绿色空间各类土地按照规划要求进行布局和使用，特别是位于生态红线范围内需要强制管理的土地。

在我国土地制度框架内，生态红线范围的土地获得方式一般有两种：①申请划拨闲置的国有荒山、荒滩、荒地等；②以公共利益的名义，购买征收或征用国家所有制土地和集体所有制的农用地、山林、水体等。然而，在市场经济中，所有土地都趋向于经济回报最大，土地价格攀升将使政府公共财政负担加重，从而影响绿色空间土地获得。另外，生态红线的划设涉及土地权属(土地所有权、土地使用权、土地租赁权等)的改变，以公共利益购买土地很难与市场价格挂钩，从而引起相关利益人的抵触。因此，可考虑综合运用如下多种方式进行土地管理：

(1)通过有偿购买和协议结合的方式获取土地所有权。

(2)实行土地所有权与管理权分离，农民保留所有权和使用权，须在规划指导下从事农林生产活动。

(3)实行土地所有权与租赁权分离，农民保留所有权和使用权，土地流转，整体承租给有担当的企业从事允许的绿色产业活动，将建设管理职能交予政府。

(4)有些区域内的土地权属不改变，允许私人地产存在，但土地开发权须在规划指导之下。

(5)制定完备的配套政策进行引导，如征地安置补偿政策、承租土地政策、保留所有权政策和支农富民政策等。

7.2.3 合理释放激励救济工具

传统的各部门通过行政与法规手段控制的模式在市场经济多元主体环境下已经部分失效，激励机制和救济政策成为平衡各方利益、引导各方主动参与建设的重要手段。唯有激励救济手段及时释放到位，各利益方皆受益，绿色空间才能得以有序开发。

1.规划激励工具

激励机制包括密度奖励、开发权转移(transfer of development right，TDR)、快速项目审查等。

开发权转移是限制环境资源区等限制开发地段的建设，允许原有的土地开发权转移至指定范围内适宜开发的地区，转移中政府往往会给予一定建筑高度或容积率奖励，是具有经济激励作用的一种制度安排(图7.4)。其基本原理是，开发商通过奖励获得更高的开发利润，避免在环境资源区进行建设，从而使得开发商和社会公共利益都得到满足。一般而言，奖励标准的制定应该经过严密的技术论证和反复实证，因地制宜、因项目而异。

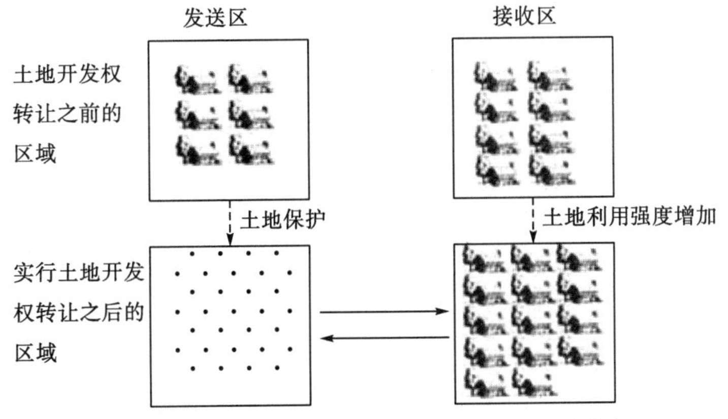

图7.4 开发权转移示意(丁成日，2008)

开发权转移在美国得到广泛实施，在环境资源和农田保护中的效果已经显现出来(丁成日，2008)。新泽西州松林地(pineland)(面积4452km²)是美国重要的生态林地保护区。

1980 年，松林地保护委员会开始实施开发权转让计划，确定了保护区内的容积“发送区”和“接收区”：“发送区”（面积为 1489km^2）指生态保护区、森林区及农业生产区；划定了三个层次的开发接收区，即城市发展区、乡村发展区及村镇区(金广君等，2007)。

开发权转移政策的优点在于：调动市场资金和社会力量保护绿色空间资源；提供了一种以低成本对大面积区域进行保护的有效途径；通过引导开发向指定接收区转移，促进土地集约利用和提升开发质量。其最主要缺点在于：制度设计和实施比较复杂，效果具有不确定性(李家才，2009)。

国内部分城市已经开始探索建立开发权转移政策。2014 年 11 月，《东莞市生态文明体制改革实施方案》便是一种尝试，以水乡经济区为试点，通过“容积率指标异地使用”“推动城乡建设用地增减挂钩”等多种方式，鼓励开发权转移和市场化交易①。另外，“城乡建设用地增减挂钩”政策，某种程度上也是解决开发权转移的问题，只是出发点并非限制环境资源地段的开发，而是通过整理乡村土地将乡村建设用地开发权转移到城镇，能够部分起到耕地保护和节约集约用地的作用。

2. 规划救济工具

广义的规划救济，是指通过完善法律法规、申诉程序、执行程序等内容，对因规划的编制、审批和修改而造成利益主体的权益侵害行为进行预防、阻止或补偿，达到重新分配利益的目的(何加威，2012)。救济途径主要包括公众参与、行政救济和财政补偿。

依据《行政诉讼法》和《行政复议法》，行政救济是指利益主体因其合法权益受到国家行政机关侵害时，向有关国家机关提出申述或提起诉讼，要求纠正或给予补救的制度。有学者认为，城市规划应该在规划编制和审批之前开展行政救济，防止规划实施对利益主体造成潜在危害(陈锦富等，2005)。如，深圳市对生态控制线内、重要生态功能区外的各类合法建筑给予相应的救济，深圳市人民政府《关于进一步规范基本生态控制线管理的实施意见》(2013)要求“合理疏导线内、重要生态功能区外的已建合法建筑及构筑物，鼓励通过权益置换、异地统建等多种途径调到线外，暂不调整的，经人居环境、水务、城管等相关部门审查后，根据对生态环境影响程度，采取保留使用、完善配套、转型升级、收回土地使用权等不同的管理措施”。

财政补偿是对受到规划影响的利益主体通过免租、免税、补贴和补偿等手段进行经济救济。生态补偿是其中一种类型，综合运用政府与市场手段，对损害环境的行为进行收费，刺激行为主体减少其行为带来的负外部性；反之，对保护环境的行为进行补偿，激励行为主体增加带来的正外部性，从而达到保护环境公益价值的目的。其本质是，通过将环境价值经济化(环境价值换算成货币价值)进行制度化保存。

我国的生态补偿制度才刚起步。2014 年 10 月起施行的《苏州市生态补偿条例》开创了地方生态补偿立法的先河，该《条例》指出，主要通过财政转移支付方式对因承担 5 类环境资源(水稻田、生态公益林、重要湿地、集中式饮用水水源保护区、风景名胜区等)保

---

① 东莞水乡试点空间开发权转移[OL]. 新华网，http：//www. gd. xinhuanet. com/2014－11/17/c _ 1113283562. htm.

护责任使经济发展受到一定限制的区域内的有关组织和个人给予补偿。该条例的施行势必会对我国绿色空间生态补偿制度的规范化起到引领、推动作用。

7.3　创新管理机制

有效的管理应通过多种利益集团的对话、协调、合作达到最大程度动员各类管理资源，以补充市场交换和政府自上而下调控的不足，最终达到多元、多层次、双赢的目的。

当前国内以行政为主体的管理机制和在市场化背景下微观决策力的多元化很容易形成矛盾，使得绿色空间的实施绩效与规划目标相去甚远，对原有管理机制进行创新势在必行。

7.3.1　弹性选择多元管理模式

绿色空间管理过程存在不确定性，采用适当的管理模式，会大大降低管理的成本和风险。政府机构长期对土地管理权和经营权的垄断，决定了国内主要采取政府主导、民间(非营利组织、私人)有限参与的管理模式(图 7.5)。

1. 专门机构管理模式

该模式是政府主导模式之一[图 7.5(a)]。该模式是对重要生态资源独立划定管制范围，并制定特别管理措施。为了加强对各级自然保护区、森林公园、风景名胜区、水利风景区、地质公园等的保护和建设，我国在这些区域建立了专门的，甚至具有一定行政级别的管理机构。

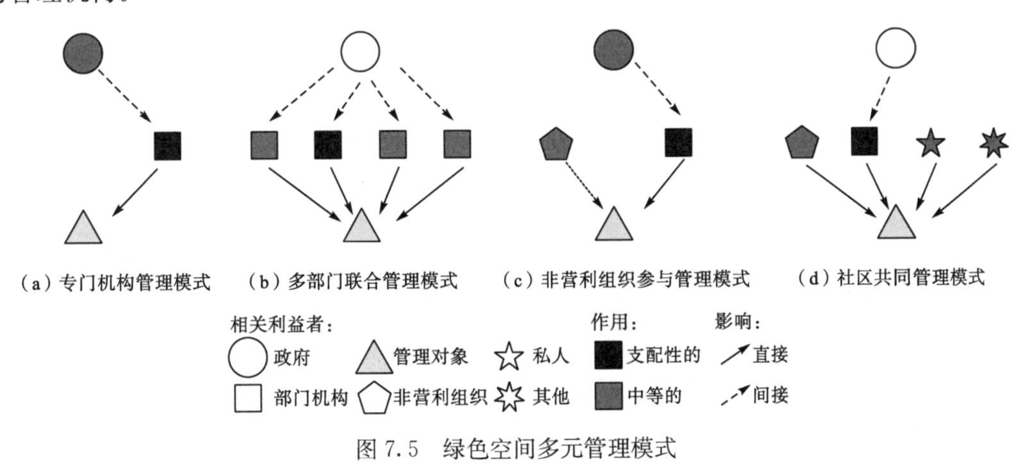

图 7.5　绿色空间多元管理模式

这一模式首要的是确保管理人员的专业素质和管理工具技术的专业化，需要对区内各类自然和景观资源充分了解。该模式的优点在于：管理边界清晰明确；有专项的管理资金；有相关法规条例和专项规划作为管理依据，管理执行力度有保障。缺点是：作为一级行政机构，需要发挥行政部门的权力和义务，“麻雀虽小，五脏俱全”；管理目标不能聚焦，区内往往牵涉移民安置、原社区居民生存、开发投资等经济民生问题，降低了管理效率。

1976年颁布的《郊野公园条例》规定，香港郊野公园由渔农自然护理署(下设郊野公园及海岸公园管理局)负责管理。郊野公园及海岸公园委员会是管理决策支持机构，委员会广泛吸收非政府组织的知名人士参与，提高决策的开放透明度和科学合理性(图7.6)。香港郊野公园的经营不以赢利为目的，纯公益性，管理中与政府其他部门没有复杂的行政联系。因此，在满足日常管理要求时，尽量缩减机构设置、简洁办事流程，从而提高管理效力、节约管理成本(张骁鸣，2004)。

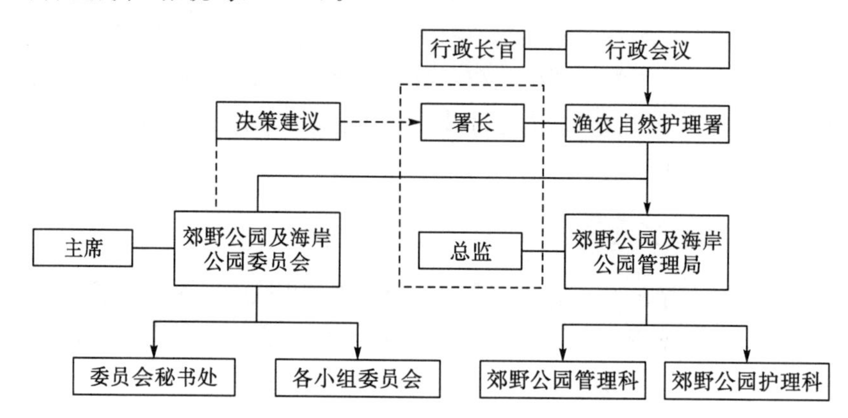

图7.6　香港郊野公园管理架构(张骁鸣，2004)

专门机构管理模式采用自下而上的方法，较少得到相关利益主体的支持，特别是受到管理限制的原住居民和投资人。另外，该模式只能用于特殊保护区域，并不能推广到整个绿色空间，特别是受到人类高强度使用影响的区域。

2. 多部门联合管理模式

由两个或多个政府部门共同管理[图7.5(b)]，这是当前国内绿色空间管理的常态。这一模式的关键是要确保参与联合管理的部门统一管理和信息交流平台，分配管理职责，按照统一行动计划分期完成任务，并制定奖惩制度。否则，就会出现条块分割、各行其是，甚至消极怠工的局面，而这是当前存在的突出问题。

不同保护性用地之间存在空间范围叠合时，也可采用联合管理模式。如《风景名胜区条例》第三十四条规定，区内涉及自然资源保护、文物保护以及自然保护区的，还应当执行国家有关法律、法规的规定。《地质遗迹保护管理规定》第十五条指出，地质遗迹保护区如果分布在其他类型的自然保护区内，地质矿产行政主管部门经授权后，可以在原自然保护区管理机构的协助下，对地质遗迹保护区实施管理。

该模式的优点是多部门参与使得解决问题的手段更多样，缺点是需要建立较为复杂的联合管理的协调机制。如，深圳市建立了“基本生态控制线”联席会议制度，分管副市长担任会议召集人，成员单位包括：发展改革、经贸信息、规划国土、人居环境、监察、水务、市场监管、城管等部门及各区政府。联席会议的职责是“负责协调审议基本生态控制线的线内进驻项目选址、信息调查、优化调整、统筹规划、监督考核等重要事项”。

3. 非营利组织参与管理模式

非营利组织或非政府组织是绿色空间管理的重要参与者和监督者，是政府管理的重要补充[图 7.5(c)]，在一些国家地区甚至成为管理的主力。非营利组织必须以不牟利为基准，积极与地方政府机构合作，寻求主动介入管理的途径，同时配备专业的技术人员，对志愿者进行培训。

成立于 1992 年的香港“郊野公园之友会”(Friends of the Country Parks)，由环保热心人士和现任或退任的政府管理人员组成，以推动郊野公园发展及鼓励市民善用自然资源为目的。通过募集资金、组织志愿者维护、推行郊野活动、公众科普教育、出版宣传等措施参与郊野公园的管理，该组织仅 1995 年就募集超过一千万港币用以修建郊野山径之一的“卫奕信径”，又于近年致力于出版一系列“放眼大自然”的书籍，向市民普及郊野知识，成为政府管理中最为重要的非政府伙伴①。

4. 社区共同管理模式

社区共管模式源于加拿大政府协调土著居民和国家公园管理中所采取的措施。该模式是对政府单一管理方式的修正[图 7.5(d)]，可以运用于大多数保护型的区域，如森林公园、水源保护区等。

保护区内居民的积极参与和协助在很大程度上决定了管理是否有效。相对政府主导的管理模式，社区共管模式尊重社区居民合法权利(对保护区部分资源的所有权、使用权和收益权等)，把社区居民视为重要的管理成员。通过协调当地社区和保护区之间的未来目标，促进社区居民积极参与，并通过制定政策让他们分享利益，把孤立的生态系统变成了开放的经济社会生态系统，从而达到高效管理的目的(刘霞，2011)。

首先，完善保护区管理体制。建立由当地政府、社区居民、保护区管理机构、科学研究机构等组成的协调组织，协调管理目标、保护措施、使用方式、社区经济社会发展等重大问题。

其次，确立“管理契约”制度。通过上述协调组织，制定具有约束力的“管理契约”，对各方义务和责任进行明确。由此，在各方之间形成有效的约束，防止任意行为。

“管理契约”在规划上表现为共同制定的规划管制要求，通过规避社区居民不当使用的负外部性，积极引导对绿色空间增值效益的利用(如引导绿道沿线农房改造、丰富旅游服务功能，增加经济收入)，使被动保护变为主动保护(邢忠，2005)。

7.3.2　部门协作实现综合管理

政府主导的专门机构管理和多部门联合管理模式是目前绿色空间实施管理的主要模式，必须摒弃效力低下的条块分割管理方式，从单兵作战走向共同责任，从部门管理走向条块结合，实现部门协作的综合管理(图 7.7)。

1. 纵向“条”协作

我国土地管理权一直实行垂直管理模式，城市政府土地规划与土地的控制力度方面得到有效提升，土地管理的刚性与权威性得到加强。与此同时，这种垂直管理模式也带来了

① 郊野公园之友会. http://www.focp.org.hk/FOCP2/current.php.

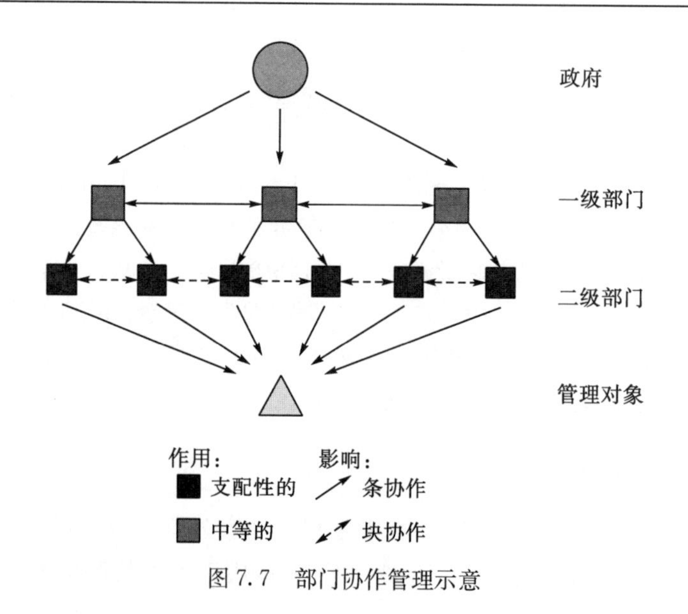

图 7.7　部门协作管理示意

规划实施的相关问题，绿色空间建设管理的实施主体是城区、街道和周边乡镇一级政府，以及各类园区管委会(农业园区、工业园区、旅游园区)，如果这些实施主体没有被赋予相关的土地管理权，就会使实施的灵活性与积极性有所减弱，甚至造成行政惰性。因此，有必要将绿色空间部分管理权适当下放到各实施主体。

深圳市在基本生态控制线管理中，尝试了一系列旨在激发区级政府实施主体积极性的探索，如探索土地利用总体市区两级管理模式，以及近期建设规划与年度实施计划的编制平台等。借此，一方面，按照土地利用总体规划市区两级的管理模式，市规划国土部门控制生态线范围总量和市区重大项目或跨区域项目的调整工作，各区根据相关规划负责辖区内的指标平衡及具体地块调整工作；另一方面，参照近期建设规划与年度实施计划，由各区申报各辖区的生态恢复计划和线内社区发展规划，市规划国土部门负责统筹，市政府对各区的执行情况加以考核(艾勇军等，2011)。

2. 横向“块”协作

法律授权给城乡规划的政策功能局限于城市空间开发调控(建设工程活动)方面，限制了城乡规划所能调动的政策资源，必须与其他部门的政策协同(何子张等，2008)。可以通过明确各部门责任、建立目标管理制度来实现横向“块”协作。

在生态控制线管理中，深圳、武汉、东莞市通过行政立法来协调各部门管理工作，明确各部门管理职权范围和职责。如，《武汉市基本生态控制线管理规定》中第四条明确指出了发展改革、规划、土地、园林、环保、林业、城管等有关的职责(表 7.2)。

表 7.2　武汉市基本生态控制线管理部门职责

主管部门	职责任务
城乡规划部门	负责组织编制基本生态控制线的划定和调整方案，依法对基本生态控制线内的建设项目实施规划管理

续表

主管部门	职责任务
国土部门	负责依法对基本生态控制线内的土地进行监管，依法收回基本生态控制线内土地，做好基本生态控制线内违法用地的查处工作
发展改革部门	负责基本生态控制线内的项目投资管理
城市管理综合执法部门	负责依法对基本生态控制线内违法建设行为进行查处，加强巡查工作，防止基本生态控制线内出现新的违法建设
环保部门	负责基本生态控制线内环境影响评价、环境监测，并对环境违法行为依法进行查处，将基本生态控制线内污染物排放纳入全市污染物排放总量控制，削减基本生态控制线内的污染负荷
林业、园林部门	负责根据基本生态控制线的规划要求，做好森林、林地、绿地、自然保护区等的保护与管理，组织实施绿化建设，并依法查处相关违法行为
水务、农业、文物等部门	负责加强对基本生态控制线内的水体、农田、文物等的监督和管理，并依法查处相关违法行为

资料来源：《武汉市基本生态控制线管理规定》，2012。

不同部门的职责各异，一般以城乡规划和国土部门牵头，相关部门的辅助作用也很重要。香港城市水利和林务部门开展的工作对郊野公园的建设也发挥了至关重要的作用。1945～1946 年，香港林木于战争期间损失惨重，1940 年植林土地面积尚有 81 平方英里①，但 1945 年全港林木都已被砍掉②。1953 年开始，林务部门推行快速植林计划，包括每年种植 405hm^2 新植被，除了避免水土流失外，还可提供柴薪、建材及木材，也可改善乡村经济。林务政策延续至今，效果十分显著，仅 2000～2014 年各郊野公园内就完成植树超过 1134 万株③，森林覆盖率已达到 13.8%(古琳等，2012)。

另外，香港是典型海洋性亚热带季风气候，年雨量超过 2300mm，但分布不均，5 月至 9 月集中了全年雨量的 80%左右。英国在港殖民建设之初便面对城市供水的问题。水利部门依托香港众多的山峦溪谷修建水库，并对水库附近大面积的山坡集水区同步开展植树造林，增加集水规模、提高水涵养能力以应付全年用水需求，目前已建成的 18 座生活供水水库，其中有 17 座位于郊野公园内④，另有一些水塘可作供应灌溉水、咸水和康乐之用。

依托水利和林务工程，1977 年香港开始成立郊野公园时，依照特定的等高线把水库集水区和植林区划定为郊野公园范围，而不是常规的基于自然生态保育讨论的结果(杜立基，2009)。

7.3.3　配套政策提供制度保障

“推进立法进程，树立规划权威”是保障绿色空间规划真正发挥其控制作用的最佳途

① 1 平方英里=2.589 958km^2

② 王福义.香港郊野公园简史. http://wenku.baidu.com/link?url=eaSB－n91Igx488qmR9J3czeVI8p3KI2Ao.UHkSfn2ikWsPpaubOZl0ZGn28－L_－tJ1H7IiReMgTfP2lWHi2BbuntD40YaJcJi8_－U64OLKy.

③ 香港渔农自然护理署网站. http://www.afcd.gov.hk/tc_chi/country/cou_lea/cou_lea_use/cou_lea_use.html.

④ 维基百科. http://zh.wikipedia.org/wiki/香港水库.

径。如 1976 年《郊野公园条例》颁布后，港英政府还陆续颁布了《郊外公园和特殊地区的管理规则》《露营区指引》《动植物管理条例》《野生动物管理条例》等，形成了较为完善的法规体系，为日常管理和长远发展提供了保障。

借鉴深圳、无锡、武汉、成都、重庆等地经验，城市可颁布地方性法规和政府规章。此外，针对绿色空间特殊性，必须创新相关部门政策，从居民就业、转移安置、土地管理、建设管理、财税补贴、政绩考核等方面建设配套政策群。

2007 年重庆市发布了《“四山”地区开发建设管制规定》，《规定》实施 7 年后检讨发现，虽然有效遏制了“四山”地区房地产无序开发状况和对森林生态资源的破坏，但多年禁建管制和政策配套不到位，导致区内基本处于自我发展境地，农民就地就业机会减少，基础设施明显滞后，部分农民增收和生产生活出现困难①。为妥善解决当地农民群众生活困难和长远生计问题，2014 年进一步提出《关于改善“四山”管制区农民基本生产生活条件的意见》，从 6 个方面形成配套政策群：

(1)完善专项规划引导，针对性制定乡村建设、基础设施建设和产业发展规划；

(2)优化生态保护红线，实施建设用地总量控制，灵活调整用地布局；

(3)发展生态农业和旅游服务业，拓宽就业增收渠道，引导农民增收；

(4)实施生态搬迁，结合市场化机制引导农民集中居住；

(5)拓展资金筹集渠道，建立生态修复与补偿专项资金；

(6)落实区县、市级部门工作责任，形成推进合力。

为指导郊野公园规划编制和实施，上海市规划国土局先后出台《郊野单元规划编制审批和管理若干意见(试行)》《郊野单元(含郊野公园)实施推进政策要点(一)》两个文件。其中，后一文件提出了类集建区的空间奖励、详细规划适度调整、增减挂钩政策叠加、出让方式适应性选择、计划考核联动等创新政策。

唯 GDP 至上的政绩考核制度一直被视为生态环境保护不到位的幕后推手，其原因为政府通常缺乏保护生态的政治意愿。深圳大鹏新区做出了不考核 GDP 的尝试，在全国率先试行党政领导干部任期生态审计，2014 年出台了《大鹏新区党政领导干部任期生态审计制度(试行)》，明确干部考核要重点关注自然资源是否有效保护，从而通过体制的保障将政府管理的视线从 GDP 转移到绿色生态上。通过事前预警，抑制盲目透支环境、超前开发资源的冲动；再通过事后追责，改变过往有人破坏无人补偿的怪现象，努力纠正传统政绩观②。这一管理体制的根本性变革有利于大鹏新区在绿色空间管理上探索出一条新路，并对全国生态文明体制改革破题探路。

7.4　本章小结

国内目前在绿色空间政策、管理工具和管理机制方面还有很多工作需要加强。为保障政策连续、提高管理效率，应形成由空间框架政策和开发控制政策组成的“政策群”，

① 重庆市政府《关于改善“四山”管制区农民基本生产生活条件的意见》.

② 古亮宇，钟长华. 大鹏新区全国首推“一把手”任期生态审计制度[OL]. 大鹏网，2014-11-30. http：//www.idapeng.cn/content/2014－11/30/content _ 10768951.htm.

以维护社会公平，弥补市场失灵，矫正负外部性。借鉴国内外成功经验，可整合政府、市场、社会手段，建立由资源管理区划工具、土地管理工具、激励救济工具组成的“工具包”。依据行政管理体制和管理对象差异，可灵活选取专门机构管理、多部门联合管理、非营利组织参与管理和社区共同管理等不同的管理模式，大大降低管理的成本和风险。

第8章　结论与展望

8.1　主要结论

1. 绿色空间是内在多维属性和外在复杂结构的综合体

绿色空间由若干相互联系、相互作用的“自然-社会-经济”要素在一定的时空尺度上发生一定的过程关系，显示出内在多维属性，组成具有特定功能的外在复杂结构形式。

(1)内在多维属性包括自然、社会和经济属性。自然属性总体表现为自然生态不稳定以及景观的廊道效应、岛屿效应和边缘效应，其外在典型结构包括地貌单元、水文单元、植被单元等；社会属性受到城市边缘区地理区位影响，既有土地、人口、文化等原生社会属性，也有利益主体多元、公共物品特征、外部性特征等衍生社会属性，落在土地空间上，其外在结构表现为农业生产、用地保护、景观资源、城乡建设等不同的土地使用单元；经济属性是指经济价值，我们通常只关注绿色空间可货币化的那部分市场价值(占价值总量极少)，而对生态价值、环境价值、景观游憩价值等具有巨大正外部性的非市场价值(缺乏完备的市场评价体系)较为忽视，前者表现为农业产业活动，后者可简化为游憩服务业活动。

(2)自然力与非自然力(政府力、市场力、社会力)的合力作用共同推动绿色空间持续演进。“综合模型”揭示出，由于这四种力的不均衡、不协调，对绿色空间的意图或影响程度各异。反馈在规划范式和社会政策层面，规划范式的不适应性和社会政策的局限性是导致当前城乡规划对绿色空间内在多维属性、外在复杂结构应对不足的深层原因。因此，探讨适应性规划范式和创新型社会政策是本研究的出发点，其中前者是重点内容。

2. 生态整体规划思路和框架体例适应绿色空间客观需求

(1)基于问题导向和目标导向而提出的生态整体规划思路，借鉴了广泛实践运用的相关规划范式，顺应了绿色空间发展趋势，吸收了城乡融合规划等理念和城市规划生态化等方法。该思路超越传统物质形体规划，重视多维属性和复杂结构的统一，以生态价值观为指导，遵循社会生态公平、经济生态高效、自然生态平衡、复合生态协调原则，以获取绿色空间“社会-经济-环境”整体效益最大化为目标。

(2)在法理地位上，该思路指导下的规划框架体例(规划空间层次、规划阶段及核心技术、法理地位和总体目标)并非独立于现行城乡规划编制体系；纵向上能够与法定城市总体规划(市域城镇体系规划、中心城区总体规划)和控制性详细规划无缝衔接；横向上能与土地利用规划、主体功能区划、城市环境总体规划、产业发展规划等部门专项规划保持沟通接口。可以作为前期研究为城市总体规划编制提供研究基础，或是在城市总体规划指导下在绿色空间范围进一步落实和补充总规要求；也可成为协调本地区的城乡规划与相关部门规划的技术性支撑文件。

3.“宏观—中观—微观”多尺度控制是践行绿色空间整体规划的保障

绿色空间研究范围集中在城市规划区与建成区之间的区域。城乡之间生态流、交通流、经济流、信息流、人流的连续作用决定了既要在上一尺度空间范围内选择某些关键因素作为核心尺度的制约和边界条件，也要将下一尺度视作核心尺度的初始条件和组成成分。因此，绿色空间规划以城市中观尺度为基点，既要讨论城市宏观尺度的区域发展战略，也要寻求微观尺度的用地单元建设措施。

(1)宏观尺度“战略考量与结构规划”重点解决城市规划区绿色空间与城市发展战略和城市结构框架结合的问题。体现的是城市政府对绿色空间发展战略方向的长远打算，为未来一段时间内的绿色空间建设提供政策框架。以有效保护生态过程和环境资源为出发点，清晰地界定不同空间管制分区的“生态、生产、生活”战略，协调城乡土地、空间、产业、景观、生态以及设施一体化建设机制，与此同时，通过恰当的区位预留合适的经济活动空间，促进区域经济的发展。

(2)中观尺度“功能组织与用地布局规划”重点解决中心城区绿色空间复合功能与用地配置之间协调的问题。首先，用地配置中针对不同功能采取“保护、引导与控制”差异性的规划措施，确保生态功能得以保障，生产功能得以引导，生活功能得以控制。其次，绿色空间的“生态、生产、生活”功能相互包含溶解，从而形成在空间上立体交织耦合、结构上相互关联支撑的复合叠加用地系统，传统的基于单一功能导向的用地配置方法已经不能适应这一现象。作者认为，可以将单一功能导向的用地配置进行整合，集成适用于规划编制和管理控制的“六图一表”操作路径(包括基本空间管制图、关键廊道与斑块计划图、森林建设计划图、绿色产业计划图、村庄建设用地整理计划图、环城绿道计划图，以及行动计划表)，确保功能与用地配置协调。

(3)微观尺度“用地详细规划(控规)”重点解决宏观、中观规划意图“自上而下”推演与具体用地自身出发“自下而上”校核之间结合的问题。控规既要把上位规划框架性引导转化为对具体用地的微观控制，以保持规划的延续性，又要适合具体保护与建设活动的要求，针对每个用地的特殊性引导每个用地各异的最佳利用方式，保障局部弹性与整体刚性的结合，最终达到对整个绿色空间的控制和管理，以保障整体利益最大化。

4.“生态、生产、生活”多目标整合是实现绿色空间复合功能的基石

“生态优先、绿色生产、宜居生活”是规划的三个单一目标导向。

(1)“生态优先”导向下的空间规划手段包括：在城市规划区，通过摸清关键的垂直与水平生态过程，以及关键战略区和节点，维护绿色生态安全格局，编织连通城乡的区域绿色廊道网络，通过“最少保护”法和“指标控制”法预测城市生态用地总量；在中心城区，细化生态网络结构(斑块与廊道)分级分区管控，划设城市生态功能红线，重点管控山体、山谷、河流关键斑块与湖泊湿地、林地关键廊道，通过森林补给修复生态网络脆弱

区；在用地单元上，选取生态型片区关键控制要素，建立要素指标体系。

(2)“绿色生产”导向下的空间规划手段包括：在城市规划区，建立绿色产业准入机制，引导都市农业、游憩服务业与绿色空间结构契合；在中心城区，结合环境、产业和社会经济条件复合布局绿色产业空间，综合运用高产农田保护、农业用地分类使用、产业人口与用地匹配、城市开发控制等手段合理安排都市农业用地，优化景观结构、丰富农田景观多样性，建立连接城乡的环城绿道游憩体系。

(3)“宜居生活”导向下的空间规划手段包括：在城市规划区，精明引导城镇化转型区拓展适度有序，引导村庄减量收缩；在中心城区，从建设用地选择、建设容量控制、建设布局模式三方面管控城乡建设以适应环境紧约束，对城镇化转型区(集中建设区关联边缘地带和各种独立建设用地)建设进行管控，从居民点布局调整、村庄内部结构优化出发整理村庄建设用地，对造成生境破碎化的道路网络进行生态化引导；在用地单元，提出生活型场地和关联边缘地带的关键控制要素和指标体系。

只关注单一目标必然导致绿色空间规划在“保护”与“利用”间徘徊，与“社会-经济-环境”整体效益最大化目标相背离，“有效保护、持续利用和合理发展”是整合各功能需求、实现这一目标的抓手，整合的核心技术就是依次在城市规划区、中心城区、用地单元上建构的“空间管制分区指引-用地布局规划集成-关键控制要素体系”的核心技术。

5.创新管理政策和机制有助于促进规划有效实施与管理

空间规划转化为空间政策是实施管理的关键，既往技术蓝图式、实体形态式的规划成果无法适应市场的不确定性，不能满足精细化、规范化管理要求。

(1)我国城市目前普遍缺乏系统的绿色空间政策体系，未来应该重点建构适合不同城市绿色空间管理需求的空间框架政策和开发控制政策。前者引导城市空间格局，如地方性法规、政府规章、标准，重点在于系统性和战略性；后者作为规划许可依据，包括政府令、规定、办法、通知、技术导则、行政许可等部门文件，如城市总体规划、法定图则，重点在于实用性和时效性。空间框架政策与开发控制政策应上下贯通，并适度整合部门分散政策，形成具有统一管理、连续管理效力的“政策群”，以维护社会公平，弥补市场失灵，矫正负外部性。

(2)国内绿色空间的实施管控工具比较单一，主要包括宏观层面的分区区划、城市增长/开发边界、生态红线，微观层面的用地控规、设计准则和设计引导等，并且一些工具还刚刚开始试用，尚不成熟。借鉴国际经验，可整合政府、市场、社会手段，建立由资源管理区划工具、土地管理工具、激励救济工具组成的“工具包”。

(3)绿色空间管理模式包括专门部门机构管理模式、多部门联合管理模式、非营利组织参与管理模式和社区共同管理模式。依据管理对象差异灵活选取不同模式会大大降低管理的成本和风险。前两种是当前国内采用的主要模式，必须摒弃效力低下的条块分割管理方式，通过部门之间纵向“条”协作和横向“块”协作，实现部门综合管理，从“单兵作战”走向共同责任。

6.绿色空间规划完善与深化相关法定规划的要求

城市绿色空间规划是针对城市规划区绿色空间社会、经济与环境的特殊性和复杂性特征而编制的研究型、综合性的非法定规划。该规划依附于现行“城镇体系规划—城市总体规划—详细规划”法定城乡规划体系，对法定规划的促进作用表现如表 8.1 所示。

表 8.1　绿色空间规划促进法定规划完善与深化

绿色空间规划				法定城乡规划	
空间层次	规划阶段	核心规划技术		相关内容不足之处	城乡规划层级
城市规划区	绿色空间战略考量与结构规划	管制分区政策指引	应对→	只提原则而缺操作	城市总体规划（市域城镇体系规划和中心城区规划）
中心城区	绿色空间功能组织与用地布局规划	用地布局规划集成	→		
用地单元	绿色空间用地详细规划	关键控制要素体系	→	控制内容空缺	详细规划（控规）

形成专项规划研究

完善、深化法定城乡规划要求

(1)完善法定城乡规划对绿色空间的缺失。法定城乡规划从人类利用角度专注于建设用地(图)开发，对绿色空间非建设用地和各类资源(底)的规划安排缺乏充分讨论。绿色空间规划将获取绿色空间“生态-生活-生产”整体效益作为最高目标，协调人与环境的关系、建设与非建设用地的关系，弥补了法定规划“重图轻底”的不足。

(2)深化法定城乡规划对绿色空间的要求。法定城乡规划对绿色空间的安排多停留在城市总体规划层面，并“只提原则而缺操作”，而直接指导操作的详细规划(控规)对绿色空间内容几乎是空缺的。绿色空间规划在“宏、中、微观”不同空间尺度上针对相应焦点问题提出适应性规划核心技术，细化城市总体规划(市域城镇体系规划、中心城区总体规划)要求，并延展至控详规划(控规)阶段，保障了规划意图的连续。

8.2　需要进一步探讨的问题

由于绿色空间规划研究是实证性的，需要长期、大量的实践进一步检验、反馈，进而不断调整、改进研究技术路线和研究框架，但本研究是阶段性的。同时，囿于作者专业背景和知识水平的局限，本书涉及或未涉及的下列问题需要进一步探讨：

(1)需要加强绿色空间规划与建设、国土、农业、林业、水利、环保、防灾、旅游等相关专业规划的衔接，加强与相应管理部门的协作，形成管理合力；

(2)需要推进绿色空间规划成果从传统物质形态规划向公共政策转化，从蓝图式规划向过程规划转变；

(3)需要结合国家社会经济、文化发展阶段，稳步促进公众参与，从阶段式的有限参与扩大到全过程的广泛参与，从部分利益者的选择性参与到全民参与；

(4)研究成果虽然已部分应用于规划设计实践，但应重视普适性与特殊性问题，各地要结合自然、社会、经济特点，因地制宜采取适应的规划措施。

(5)探讨并制定的关键指标要素体系，需要实践的反复检验，需要进一步探讨指标设置的内容、指标的性质(是控制性指标还是指导性指标)和指标取值。

参考文献

艾勇军，肖荣波. 2011. 从结构规划走向空间管治—非建设用地规划回顾与展望[J]. 现代城市研究，(7)：64-66.

岸根卓郎. 1999. 环境论—人类最终的选择[M]. 何鉴，译. 南京：南京大学出版社.

巴里·尼德汉姆. 2014. 荷兰土地使用规划原则与实践[M]. 罗震东，译. 南京：东南大学出版社：4.

班茂盛，方创琳. 2007. 国内城市边缘区研究进展与未来研究方向[J]. 城市规划学刊，(3)：49-54.

蔡海鹏. 2014. 英国城乡规划的四次变革[OL]. “中国城市中心规划院”微信号. 2014-11-05.

蔡建明，罗彬怡. 2004. 从国际趋势看将都市农业纳入到城市规划中来[J]. 城市规划，28(9)：22-25.

蔡银莺，陈莹，任艳胜，等. 2008. 都市休闲农业中农地的非市场价值估算[J]. 资源科学，30(2)：305-312.

常青，李双成，李洪远，等. 2007. 城市绿色空间研究进展与展望[J]. 应用生态学报，18(7)：1640-1646.

车生泉. 2003. 城市绿地景观结构分析与生态规划[M]. 南京：东南大学出版社.

陈春娣，荣冰凌，邓红兵. 2009. 欧盟国家城市绿色空间综合评价体系[J]. 中国园林，(3)：66-69.

陈健. 2008. 我国绿色产业发展研究[D]. 武汉：华中农业大学.

陈锦富，刘佳宁. 2005. 城市规划行政救济制度探讨[J]. 城市规划，(10)：19-23.

陈琳，欧阳志云，王效科，等. 2006. 条件价值评估法在非市场价值评估中的应用[J]. 生态学报，(2)：610-619.

陈眉舞，朱查松. 2010. 城市非建设用地规划理论与方法[M]. 南京：南京大学出版社.

陈爽，张皓. 2003. 国外现代城市规划理论中的绿色思考[J]. 规划师，19(4)：71-74.

陈喜红. 2006. 我国环境公共物品供给模式探讨[J]. 研究探索，(9)：17-19.

陈佑启，周建明. 1998. 城市边缘区土地利用的演变过程与空间布局模式[J]. 国外城市规划，(1)：10-16.

程国辉，施莉，黄洁. 2007. 刚柔相济：面向操作的控制性详细规划—无锡控规的几点技术创新[J]. 城市规划，(7)：77-79.

仇保兴. 2004. 城市经营、管治和城市规划的变革[J]. 城市规划，28(2)：8-22.

崔宝敏. 2010. 我国农地产权的多元主体和性质研究[D]. 天津：南开大学.

德拉姆施塔德. 2010. 景观设计学和土地利用规划中的景观生态原理[M]. 朱强，等，译. 北京：中国建筑工业出版社，42.

丁成日. 2008. 美国土地开发权转让制度及其对中国耕地保护的启示[J]. 中国土地科学，8(3)：74-80.

董金柱. 2004. 国外协作式规划的理论研究与规划实践[J]. 国外城市规划，19(2)：48-52.

董哲仁. 2008. 河流生态系统结构功能模型研究[J]. 水生态学杂志，(9)：1-7.

杜立基. 2009. 城市与自然的和解：香港的郊野公园[J]. 园林，(8)：15-17.

法布士. 2007. 土地利用规划—从全球到地方[M]. 刘晓明，等，译. 北京：中国建筑工业出版社.

方精云，沈泽昊，崔海亭. 2004. 试论山地的生态特征及山地生态学的研究内容[J]. 生物多样性，12(1)：10-19.

菲利普·伯克. 2009. 城市土地使用规划[M]. 吴志强，等，译. 北京：中国建筑工业出版社.

冯雨峰，陈玮. 2003. 关于“城市非建设用地”强制性管理的思考[J]. 城市规划，27(8)：68-71.

弗雷德里克·R. 斯坦纳. 2004. 生命的景观—景观规划的生态学途径[M]. 北京：中国建筑工业出版社.

福斯特·恩杜比斯. 2013. 生态规划历史比较与分析[M]. 陈蔚镇，王云才，译. 北京：中国建筑工业出版社.

傅伯杰，2011. 景观生态学原理及应用[M]. 北京：科学出版社.

格特·德罗. 2012. 从控制性规划到共同管理—以荷兰的环境规划为例[M]. 叶齐茂，倪晓晖，译. 北京：中国建筑工业出版社.

古琳，王成. 2012. 中国香港和台湾城市森林发展的经验与启示[J]. 世界林业研究，25(6)：50-54.

顾朝林，陈田. 1993. 中国大城市边缘区特性研究[J]. 地理学报，48 (4)：317-328.

顾朝林. 1995. 中国大城市边缘区研究[M]. 北京：科学出版社.

顾孟潮. 1991. 城乡融合系统设计—荐岸根卓郎先生的第十本书[J]. 建筑学报，(12)：56-57.
官卫华，刘正平，周一鸣. 2013. 城市总体规划中城市规划区和中心城区的划定[J]. 城市规划，37(9)：81-87.
管韬萍，吴燕，张洪武. 2013. 上海郊野地区土地规划管理的创新实践[J]. 上海城市规划，(5)：11-15.
郭广东. 2007. 市场力作用下城市空间形态演变的特征和机制研究[D]. 上海：同济大学.
何加威. 2012. 新型城市化背景下的规划救济措施探索[C]. 多元与包容—中国城市规划年会：1-6.
何子张，李渊. 2008. 建构基于空间利益调控的城市规划政策体系[J]. 城市规划，251(11)：36-40.
何子张. 2009. 城市绿色空间保护的规划反思与探索—以南京为例[J]. 规划师，25(4)：45-49.
赫磊，宋彦，戴慎志. 2012. 城市规划应对不确定性问题的范式研究[J]. 城市规划，36(7)：15-22.
侯鑫. 2004. 基于文化生态学的城市空间理论研究[D]. 天津：天津大学.
胡巍巍，王根绪，邓伟. 2008. 景观格局与生态过程相互关系研究进展[J]. 地理科学进展，27(1)：18-24.
黄光宇，2006. 山地城市学原理[M]. 北京：中国建筑工业出版社.
黄光宇，陈勇. 2002. 生态城市理论与规划设计方法[M]. 北京：科学出版社.
黄光宇，邢忠，2002. 成都市非建设用地规划 [R]. 重庆大学城市规划与设计研究院.
黄光宇，邢忠，蔡云楠，等，2005. 广州市番禺片区绿色廊道规划[R]. 重庆大学城市规划与设计研究院.
黄光宇，邢忠，吴勇，等，2006. 宝鸡市南部台塬区生态建设规划[R]. 重庆大学城市规划与设计研究院.
黄光宇，邢忠. 2005. 基于土地资源与环境保护的城市非建设用地规划控制技术及其应用[R]. 重庆大学，中科院/建设部山地城镇与区域环境研究中心.
黄光宇. 1996. 城市之魂-纪念刘易斯·芒福德诞辰一百周年[J]. 重庆建筑大学学报，(3)：1-8.
黄光宇. 2006. 山地城市学原理[M]. 北京：中国建筑工业出版社.
黄鹤. 2011. 精明收缩：应对城市衰退的规划策略及其在美国的实践[J]. 城市与区域规划究，(3)：157-168.
黄丽玲，朱强，陈田. 2007. 国外自然保护地分区模式比较及启示[J]. 旅游学刊，22(3)：18-25.
黄书礼. 2002. 生态土地使用规划[M]. 台北：詹氏书局.
贾俊，高晶. 2005. 英国绿带政策的起源，发展和挑战[J]. 中国园林，21(3)：69-72.
江源. 1999. 欧洲农田生态系统物种多样性研究进展[J]. 资源科学，21(5)：53-56.
姜俊红，金玲，朱朝荣，等. 2005. 农业活动对农田生态系统物种多样性的影响[J]. 中国农学通报，(7)：385-385.
姜文超，饶碧华，张智，等. 2009. 山地城市河流健康内涵及评价[J]. 土木建筑与环境程，31(6)：104-108.
姜允芳，石铁矛，赵淑红. 2015. 英国区域绿色空间控制管理的发展与启示[J]. 城市规划，39(6)：79-89.
姜允芳. 2015. 区域绿地规划的实施评价方法：上海市的案例研究[M]. 北京：中国建筑工业出版社.
金广君，戴锏. 2007. 我国城市设计实施中“开发权转让计划”初探[J]. 和谐城市规划—2007 中国城市规划年会论文集[C]. 北京：中国建筑工业出版社.
金经元. 2009. 芒福德和他的学术思想[J]. 国际城市规划，(增刊)：141-152.
金云峰，周聪惠. 2009. 城乡规划法颁布对我国绿地系统规划编制的影响[J]. 城市规划学刊，(5)：49-56.
凯文·林奇. 2001. 城市意象[M]. 何晓军，译. 北京：华夏出版社.
兰德尔·阿伦特. 2010. 国外乡村设计[M]. 叶齐茂，倪晓晖，译. 北京：中国建筑工业出版社.
黎晓亚，马克明，傅伯杰，等. 2004. 区域生态安全格局：设计原则与方法[J]. 生态学报，24(5)：1055-1062.
李博. 2008. 城市禁限建区内涵与研究进展[J]. 城市规划汇刊，1(4)：75-80.
李锋，王如松，Paulussen J. 2004. 北京市绿色空间生态概念规划研究[J]. 城市规划汇刊，(4)：61-64.
李家才，2009. 城市开发与环境保护的巧妙结合-开发权转让的理论与实践[J]. 城市问题，(5)：82-86.
李建中，蓝正朋，李至伦. 台湾山坡地开发与防灾政策之建议[R]. 国政研究报告，永续（研）090-034 号.
李兰昀，郑丽. 2013. 重庆市主城区独立建设用地规划探讨—基于城乡统筹视角[J]. 城市规划，37(6)：47-51.
李志勇. 2008. 景区用地中的三方博弈与农民利益保障[J]. 四川大学学报（哲学社会科学版），(3)：112-116.
理查德·T. T. 福曼. 2008. 道路生态学：科学与解决方案[M]. 李太安，安黎哲，译. 北京：高等教育出版社.
刘滨谊，温全平. 2007. 城乡一体化绿地系统规划的若干思考[J]. 国际城市规划，22(1)：84-89.
刘纯青. 2008. 市域绿地系统规划研究[D]. 南京：南京林业大学.
刘海龙，李迪华，韩西丽. 2005. 生态基础设施概念及其研究进展综述[J]. 城市规划，(9)：70-75.

刘慧军，张磊，季贤昌，等. 2012. 控规“控制单元”视角下的规划设计条件编制探讨[J]. 规划师，28(11)：71-78.
刘俊. 2014. 上海市郊野单元规划实践—以松江区新浜镇郊野单元规划为例[J]. 上海城市规划，(1)：66-73.
刘霞. 2011. 中国自然保护区社区共管模式研究[D]. 北京：北京林业大学.
柳新伟，周厚诚，李萍，等. 2004. 生态系统稳定性定义剖析[J]. 生态学报，24(11)：26-36.
龙瀛，何永，刘欣，等. 2006. 北京市限建区规划：制订城市扩展的边界[J]. 城市规划(12)：20-26.
卢福营. 2014. 城市化进程中近郊村落的边缘化问题研究[J]. 哈尔滨工业大学学报(社会科学版)，(3)：41-48.
陆羽. 2012. 大都市的农业—巴黎大区的农业演变[J]. 自然与科技，(3)：40-43.
吕传廷，曹小曙，徐旭. 2004. 城市边缘区生态隔离机制探讨[J]. 人文地理，19(6)：36-38.
罗伯特·D. 亚罗. 2010. 危机挑战区域发展：纽约－新泽西－康涅狄格三州大都市区第三次区域规划[M]. 蔡瀛，译. 北京：商务印书馆.
罗布·H. G. 容曼，格洛里亚·蓬杰蒂. 2011. 生态网络与绿道—概念、设计与实施[M]. 余青，陈海沐，梁莺莺，译. 北京：中国建筑工业出版社.
罗震东，张京祥，易千枫. 2008. 规划理念转变与城市非建设用地规划的探索[J]. 人文地理，(3)：22-27.
罗震东，张京祥. 2007. 中国当前非建设用地规划研究的进展与思考[J]. 城市规划学刊，(1)：39-43.
马克·A. 贝内迪克特，爱德华·T. 麦克马洪. 2010. 绿色基础设施—连接景观与社区[M]. 黄丽玲，等，译. 北京：中国建筑工业出版社.
马克明，傅伯杰，黎晓亚，等. 2004. 区域生态安全格局：概念与理论基础[J]. 生态学报，24(4)：761-768.
马涛，王菲，朱蕾，等. 2014. 大都市生态用地分类管控体系的构建—以上海为例[J]. 中国发展，14(8)：76-80.
马向明，吕晓蓓. 2006. 区域绿地：从概念到实践——一次“协作式规划”的探索[J]. 城市规划，(11)：46-50.
麦贤敏. 2011. 城市规划决策中不确定性的认知与应对[M]. 南京：东南大学出版社.
倪文岩，刘智勇. 2006. 英国绿带政策及其启示[J]. 城市规划，(2)：64-67.
聂仲秋. 2008. 城乡接合部和谐发展研究—以西安为例[D]. 杨凌：西北农林科技大学.
欧洋，王晓燕. 2010. 景观对河流生态系统的影响[J]. 生态学报，30 (23)：6624-6634.
裴新生，王骏. 2007. 烟台城市规划区规划研究[J]. 城市规划学刊，(2)：109-112.
彭海东，尹稚. 2008. 政府的价值取向与行为动机分析—我国地方政府与城市规划制定[J]. 城市规划，(4)：41-48.
彭瑶玲，邱强. 2009. 城市绿色生态空间保护与管制的规划探索[J]. 城市规划，264(11)：69-73.
祁黄雄. 2007. 中国保护性用地体系的规划理论和实践[M]. 北京：商务印书馆.
任晋锋. 2003. 美国城市公园和开放空间发展策略及其对我国的借鉴[J]. 中国园林，19(11)：46-49.
任美锷. 2004. 中国自然地理纲要[M]. 北京：商务印书馆.
塞西尔·C. 科奈恩德克. 2009. 城市森林与树木[M]. 李智勇，等，译. 北京：科学出版社.
上海财经大学现代都市农业经济研究中心. 2009. 中国都市农业发展报告：城市化、生态环境与都市农业[M]. 上海：上海财经大学出版社.
沈满洪，何灵巧. 2002. 外部性的分类及外部性理论的演化[J]. 浙江大学学报(人文社科版)，32(1)：152-160.
沈娜，孙晖. 2014. 控规层面环境保护内容的体系构成与技术要点—基于新西兰和美国经验的比较研究[J]. 城市规划，38(4)：34-53.
沈清基. 2000. 论城市规划的生态学化—兼论城市规划与城市生态规划的关系[J]. 规划师，16(3)：5-9.
盛洪涛，汪云. 2012. 非集中建设区规划及实施模式探索[J]. 城市规划学刊，(3)：30-36.
盛鸣. 2010. 从规划编制到政策设计：深圳市基本生态控制线的实证研究与思考[J]. 城市规划学刊，(7)：48-53.
石楠. 2008. 论城乡规划管理行政权力的责任空间范畴[J]. 城市规划，32(2)：9-15.
史育龙. 1998. Desakota 模式及其对我国城乡经济组织方式的启示[J]. 城市发展研究，(5)：8-12.
宋凌，殷玮，吴元箐. 2014. 上海郊野地区规划的创新探索[J]. 上海城市规划，(1)：61-65.
苏伟忠，杨英宝，2007. 基于景观生态学的城市空间结构研究[M]. 北京：科学出版社.
孙东亚，赵进勇，董哲仁. 2005. 流域尺度的河流生态修复[J]. 水利水电技术，(5)：11-14.
孙施文. 2007. 现代城市规划理论[M]. 北京：中国建筑工业出版社.
孙雪东，赵云泰，石义. 2014-11-7. 城市开发边界怎么划—以厦门、武汉、贵阳三市为例[N]. 中国国土资源报，(2).

陶陶. 2014. 我国生态用地的研究进展与展望[J]. 地域研究与开发，33(4)：126-129.
汪坚强. 2009. 迈向有效的整体性控制—转型期控制性详细规划制度改革探索[J]. 城市规划，(10)：60-68.
王保忠，安树青，王彩霞，等. 2005. 美国绿色空间思想的分析与思考[J]. 建筑报，(4)：50-52.
王如松，李锋，韩宝龙，等. 2014. 城市复合生态及生态空间管理[J]. 生态学报，34(1)：1-11.
王如松，欧阳志云. 2012. 社会-经济-自然复合生态系统与可持续发展[J]. 中国科学院院刊，27(3)：337-345.
王淑华. 2006. 大城市环城游憩带发展态势研究[J]. 城市问题，(1)：31-33.
王晓俊，王建国. 2006. 兰斯塔德与“绿心”—荷兰西部城市群开放空间的保护与利用[J]. 规划师，22(3)：90-93.
王莹，贾良清. 2008. 生态关键区研究[J]. 国土与自然资源研究，(1)：55-57.
王羽强. 2012. 国外“城乡统筹”研究现状及经典理论述评基于 EBSCO 及牛津期刊数据库的文献检索[J]. 前沿，(7)：11-13.
威廉 · M. 马什. 2006. 景观规划的环境学途径[M]. 朱强，黄丽玲，俞孔坚，译. 北京：中国建筑工业出版社.
温全平，杨辛. 2010. 环城绿带详细规划指标体系探讨—以上海市宝山区生态专项建设管理示范基地规划为例[J]. 风景园林，(1)：86-92.
温全平. 2009. 论城市绿色开敞空间规划的范式演变[J]. 中国园林，25(9)：11-14.
文克 · E. 德拉姆施塔德，詹姆斯 · D. 奥尔森，理查德 · T. T. 福曼. 2010. 景观设计学和土地利用规划中的景观生态原理[M]. 朱强，译. 北京：中国建筑工业出版社.
邬建国. 2000. 景观生态学：格局过程尺度与等级[M]. 北京：高等教育出版社.
吴必虎，董莉娜，唐子颖. 2003. 公共游憩空间分类与属性研究[J]. 中国园林，19(5)：48-50.
吴必虎. 2001. 大城市环城游憩带(ReBAM)研究—以上海市为例[J]. 地理科学，21(8)：354-359.
吴丹，王卫城. 2011. 高度城市化地区生态规划的空间管制与权利救济—深圳市基本生态控制线的规划管理实践为例[A]//转型与重构—2011 中国城市规划年会论文集[C].
吴良镛. 1996a. 芒福德的学术思想及其对人居环境学建设的启示[J]. 城市规划，(1)：35-48.
吴良镛. 1996b. 吴良镛城市研究论文集(1986-1995)[M]. 北京：中国建筑工业出版社.
吴良镛. 2001. 人居环境科学导论[M]. 北京：中国建筑工业出版社.
吴伟，付喜娥. 2010. 城市开放空间经济价值评估方法研究—假设评估法[J]. 国际城市规划，25(6)：79-91.
吴伟，杨继梅. 2007. 20 世纪 80 年代以来国外开放空间价值评估综述[J]. 城市规划，31(6)：45-51.
吴之凌. 2015. 城市生态功能区规划与实施的国际经验及启示—以大伦敦地区和兰斯塔德地区为例[J]. 国际城市规划，30(1)：95-100.
吴志强，于泓，姜楠. 2003. 论城市发展战略规划研究的整体方法—沈阳实例中的理性思维的导入[J]. 城市规划，27(1)：38-42.
伍江. 2012. 谈亚洲城市研究[J]. 上海城市规划，(2)：127-130.
西蒙兹. 1990. 大地景观：环境规划指南[M]. 程里尧，译. 北京：中国建筑工业出版社.
萧景楷. 1999. 农地环境保育效益之评价[J]. 水土保持研究，(3)：60-71.
肖笃宁，高峻. 2001. 农村景观规划与生态建设[J]. 农村生态环境. 17(4)：48-51.
肖笃宁，李秀珍. 2003. 景观生态学[M]. 北京：科学出版社.
谢欣梅，丁成日. 2012. 伦敦绿化带政策实施评价及其对北京的启示和建议[J]. 城市发展研究，19(6)：46-33.
谢英挺. 2005. 非建设用地控制规划的思考—以厦门为例[J]. 城市规划学刊，(4)：35-39.
谢正伟，李和平. 2014. 论乡村的“精明收缩”及其实现路径[A]//城乡治理与规划改革—2014 中国城市规划年会论文集[C]，北京：中国建筑工业出版社，28-35.
邢忠，2007. 边缘区与边缘效应—一个广阔的城乡生态规划视域[M]. 北京：科学出版社，118.
邢忠，黄光宇，颜文涛. 2006. 将强制性保护引向自觉维护—城镇非建设性用地的规划与控制[J]. 城市规划学刊，(1)：39-44.
邢忠，靳桥，叶林，等，2006. 桐柏县城市总体规划(2005—2020)[R]. 重庆大学规划设计研究院.
邢忠，汤西子，徐晓波. 2014. 城市边缘区生态环境保护研究综述[J]. 国际城市规划，29(5)：30-41.
邢忠，王琦. 2005. 城市环境区边缘地带的土地利用规划导控[J]. 城市规划学刊，(3)：47-51.

邢忠，颜文涛，肖丁.2005.城市规划对合理利用土地与环境资源的引导[J].城市发展研究，12(3)：46-49.
邢忠，叶林，靳桥，等，2015a.眉山岷东新区非建设用地规划[R].重庆大学规划设计研究有限公司.
邢忠，叶林，靳桥，等.2015b.眉山中心城区“166”控制区概念性总体规划[R].重庆大学规划设计研究院有限公司.
邢忠，应文，颜文涛，等.2006.土地使用中的“边缘效应”与城市生态整合—以荣县城市规划实践为例[J].城市规划，30(1)：88-92.
邢忠.2001.边缘效应与城市生态规划[J].城市规划，25(6)：44-49.
邢忠.2007.边缘区与边缘效应[M].北京：科学出版社.
徐东辉.2014.“三规合一”的市域城乡总体规划[J].城市发展研究，(8)：30-36.
徐梦洁，王丽娟，李娜.2006.发展中国家的都市农业[J].城市问题，(1)：83-87.
徐颖.2012.日本用地分类体系的构成特征及其启示[J].国际城市规划，(6)：22-29.
闫水玉，应文，黄光宇.2008.“交互校正”的城市绿地系统规划模式研究—以陕西安康城市绿地系统规划为例[J].中国园林，24(10)：69-75.
闫水玉.2011.城市生态规划理论、方法与实践[M].重庆：重庆出版社.
闫水玉、应文、黄光宇.2008.“交互校正”的城市绿地系统规划模式研究—以陕西安康城市绿地系统规划为例[J].中国园林，(10)：69-75.
颜文涛，邢忠，叶林.2007.基于综合用地适宜度的农村居民点建设规划—以宝鸡市台塬区新农村建设为例[J].城市规划学刊，(2)：50-58.
颜文涛，叶林，2011.开县汉丰湖景观概念规划[R].重庆大学城市规划与设计研究院.
杨国良，黄鹭红，刘波，等.2008.吴妍城市旅游系统空间结构研究[J].规划师，24(2)：58-62.
杨培峰.2010.我国城市规划的生态实效缺失及对策分析[J].城市规划，(3)：64.
杨沛儒.2005.生态城市的总体策划—台北生态城市的规划架构[J].现代城市研究，(7)：15-25.
杨沛儒.2010.生态城市主义：尺度、流动与设计[M].北京：中国建筑工业出版社.
杨沛儒.2010.生态城市主义[M].北京：中国建筑工业出版社.
杨树佳，郑新奇.2006.现阶段“两规”的矛盾分析、协调对策与实证研究[J].城市规划学刊，(5)：62-67.
杨小鹏.2010.英国的绿带政策及对我国城市绿带建设的启示[J].国际城市规划，25(1)：100-106.
叶林，邢忠，颜文涛.2011.生态导向下城市边缘区规划研究[J].城市规划学刊，(6)：68-76.
叶林，邢忠，颜文涛.2014.山地城市绿色空间规划思考[J].西部人居环境学刊，(4)：37-44.
叶林.2013.将城郊农用地纳入城市规划安排的思考[J].西部人居环境学刊，(8)：56-61.
叶齐茂.2010.发达国家郊区建设案例与政策研究[M].北京：中国建筑工业出版社.
叶文，罗黎.1994.云南山间盆地城镇建设适宜性评价[J].云南地理环境研究，(2)：80.
伊恩·伦诺克斯·麦克哈格，弗雷德里克·R.斯坦纳.2012.设计遵从自然[M].北京：中国建筑工业出版社.
伊恩·伦诺克斯·麦克哈格.1963.设计结合自然[M].黄经纬，译.天津：天津大学出版社.
殷玮.2015.上海郊野公园单元规划编制方法初探[J].上海城市规划，(1)：29-33.
于冰沁.2012.寻踪-生态主义思想在西方近现代风景园林中的产生，发展与实践[D].北京：北京林业大学.
于立.2004.城市规划的不确定性分析与规划效能理论[J].城市规划学刊，(2)：37-42.
俞孔坚，李迪华，刘海龙.2005.“反规划”途径[M].北京：中国建筑工业出版社.
俞孔坚，李迪华.1997.城乡与区域规划的景观生态模式[J].国外城市规划(3)：27-31.
俞孔坚，王思思，李迪华，等.2009.北京市生态安全格局及城市增长预景[J].生态学报，(3)：1189-1204.
俞孔坚，王思思，李迪华.2012.区域生态安全格局：北京案例[M].北京：中国建筑工业出版社.
俞孔坚.1999.生物保护的景观生态安全格局[J].生态学报，19(1)：8-15.
袁琳.2010. 城市史视野下新加坡“田园城市”的再认识及启示[J].风景园林，(6)：107-112.
袁琳.2015.荷兰兰斯塔德“绿心战略”60年发展中的争论与共识—兼论对当代中国的启示[J].国际城市规划，(6)：55.
约翰·弗里德曼.2011.走向非欧几里得规划模型[J].易晓峰，译.城市与区域规划研究，3(2)：174-179.
岳隽，王仰麟，彭建.2005.城市河流的景观生态学研究：概念框架[J].生态学报，25(6)：1422-1429.

翟国强. 2007. 中国现代大城市中心城区边缘区的发展与建设[D]. 天津：天津大学.
张蓓. 2012. 都市农业旅游研究综述与展望[J]. 经济论坛，(6)：124-127.
张宏军. 2007. 西方外部性理论研究述评[J]. 经济问题，330(2)：14-16.
张虹鸥，岑倩华. 2007. 国外城市开放空间的研究进展[J]. 城市规划学刊，(5)：78-84。
张浪，姚凯，张岚，等. 2013. 上海市基本生态用地规划控制机制研究[J]. 中国园林，(1)：95-97.
张沛，张中华，孙海军. 2014. 城乡一体化研究的国际进展及典型国家发展经验[J]. 国际城市规划，29(1)：42-49.
张庭伟. 2001. 20 世纪 90 年代中国城市空间结构的变化及其动力机制[J]. 城市规划，25(7)：7-14.
张庭伟. 2008. 转型时期中国的规划理论和规划改革[J]. 城市规划，(3)：15-24.
张衔春，龙迪，边防. 2015. 兰斯塔德绿心保护：区域协调建构与空间规划创新[J]. 国际城市规划，(5)：57-65.
张骁鸣. 2004. 香港郊野公园的发展与管理[J]. 规划师，20(10)：90-94.
张晓佳. 2006. 城市规划区绿地系统规划研究[D]. 北京：北京林业大学.
张晓军. 2005. 国外城市边缘区研究发展的回顾及启示[J]. 国外城市规划，(4)：74.
赵钢. 2009. 成都城乡统筹规划与实践[J]. 城市规划学刊(6)：12-17.
赵珂，邢忠，周茜，等. 2006. 重庆市云阳县城市总体规划(2005—2020)[R]. 重庆大学城市规划与设计研究院.
赵珂，赵钢. 2004. “非确定性”城市规划思想[J]. 城市规划汇刊，(2)：33-37.
中国城市科学研究会. 2014. 中国城市规划发展报告(2013—2014)[M]. 北京：中国建筑工业出版社.
中科院水利部成都山地灾害与环境研究所. 2000. 山地学概论与中国山地研究[M]. 成都：四川科学技术出版社.
钟祥浩. 1998. 山地研究的一个新方向—山地环境学[J]. 山地研究，16(2)：82.
钟祥浩. 2006. 山地环境研究发展趋势与前沿领域[J]. 山地学报，24(5)：528.
钟祥浩. 2008. 中国山地生态安全屏障保护与建设[J]. 山地学报，26 (1)：2-11.
周捷. 2007. 大城市边缘区理论及对策研究[D]. 上海：同济大学.
周进. 2005. 城市公共空间建设的规划控制与引导[M]. 北京：中国建筑工业出版社.
周年兴，俞孔坚. 2003. 农田与城市的自然融合[J]. 规划师，19(3)：83-85.
周永迪，崔宝义，王东宇. 2012. 城市山地景观生态格局构建—威海市区山地保护与利用规划的实践[M]. 北京：中国建筑工业出版社.
周之灿，2011. 我国“基本生态控制线”规划编制研究[A]//转型与重构—2011 中国城市规划年会论文集[C]. 北京：中国建筑工业出版社：2823-2831.
朱查松，张京祥. 2008. 城市非建设用地保护困境及其原因研究[J]. 城市规划，251(11)：41-45.
朱江. 2010. 我国郊野公园规划研究—以香港、深圳、北京、上海四城市的郊野公园为例[D]. 北京：中国城市规划设计研究院.
朱强，俞孔坚，李迪华. 2005. 景观规划中的生态廊道宽度[J]．生态学报，25(9)：2406-2412.
朱玉碧. 2012. 农村建设用地整理运作及制度创新研究—以重庆市为例[D]. 重庆：西南大学.
宗跃光，徐宏彦，汤艳冰，等. 1999. 城市生态系统服务功能的价值结构分析[J]. 城市环境与城市态，(8)：19-22.
Ahern J. 1995. Greenways as a planning strategy[J]. Landscape and Urban Planning，(33)：131-155.
Andrews R B. 1942. Elements in the urban fringe pattern[J]. Journal of Land and Public Utility Economics，18 (2)：169-183.
Archibugi F . 1997. The Ecological City and City Effect[M]. UK：Athenaeum Press.
A. 迈里克·弗里曼. 2002. 环境与资源价值评估—理论与方法[M]. 曾贤刚译. 北京：中国人民大学出版社.
Benfield K. 2001. Solving Sprawl：Model of Smart Growth in Communities Across America[M]. New York：NRDC Publications Department.
Department for Transport，Local Government and the Regions. 2002. Green Spaces，Better Places：the Final Report of the Urban Green Spaces Taskforce[R].
Fabos J，Ahern J. 1995. Greenways：the beginning of an international movement [J]. Landscape and Urban Planning，(33)：1-491.
Forman R T T，Sperling D，Bissonette J A. 2008. 道路生态学：科学与解决方案[M]. 李太安，安黎哲译. 北京：高等教

育出版社.

Fábos J G. 2004. Greenway planning in the United States：its origins and recent case studies[J]. Landscape and Urban Planning，68(2)：321-342.

Hopkins L D，Zzpata M A. 2013. 融入未来：预测、情境、规划和个案 [M]. 韩昊英，赖世刚译. 北京：科学出版社.

Irwin E G，Bockstael N E. 2011. The problem of identifying land use spillovers：Jongman R H G，Kulvik M，Kristiansen I. 2004. European ecological networks and greenways[J]. Landscape and Urban Planning，68(2)：305-319.

Koomen E，Dekkers J，Dijk T V. 2008. Open-space preservation in the Netherlands：planning，practice and prospects [J]. Land Use Policy，25(3)：361-377.

Little C E. 1990. Greenways for America[M]. London：The Johns Hopkins Ltd.

Luther M，Gruehn D. 2001. Putting a price on urban green spaces[J]. Landscape Design，(303)：23-25.

Maruani T，Amit-Cohen I. 2007. Open space planning models：a review of approaches and methods[J]. Landscape and Urban Planning，81(1-2)：1-13.

Mcgee T G. The emergence of Desakota region in Aisa：expanding a hypothesis[A]//Ginburg N. Koppel B，McGee T G. 1991. The extended metropolis：settlement transition in Aisa[M]. Honolulu：University of Hawaii press：6.

Mougeot L J A. 2003. Urban agriculture main concepts，urban agriculture magazine [J]. World Summit Special：7-8.

Naveh Z. 2010. 景观与恢复生态学[M]. 李秀珍，等，译. 北京：高等教育出版社.

Naveh Z. 2010. 景观与恢复生态学—跨学科的挑战[M]. 李秀珍，等，译. 北京：高等教育出版社：77.

Schneekloth L H. 2003. Urban Green Infrastructure[M]. Time-Saver Standard for Urban Design.

Swanson F J. 1998. 地貌对山地生态系统的影响[J]//张路丰，摘译，Bioscience，8.

Toccolini A，Fumagalli N，Senes G. 2006. Greenways planning in Italy：the Lambro River Valley Greenways System. Landscape and Urban Planning，(76)：98-111.

Toccolini A，Fumagalli N，Senes G. 2006. Greenways planning in Italy：the Lambro River Valley Greenways System[J]. Landscape and Urban Planning，76(1-4)：98-111.

Vannote R L，Minshall G W，Gummins K W，et al. 1980. The river continuum concept[J]. Can. J. Fish. Aqua. Sci，37 (2)：130-137.

Ward J V. 1989. The four-dimensional nature of lotic ecosystems[J]. J. North Amer Benthol Soc，8(1)：2-8.

Wehrwein G S. 1942. The rural-urban fringe[J]. Economic Geography，18 (3)：217-231.

Yokohari M，Takeuchi K，Watanabe T，et al. 2000. Beyond greenbelts and zoning：a new planning concept for the environment of Asian mega-cities[J]. Landscape and Urban Planning，47(3-4)：159-171.

Jongman R H G，Külvik M，Kristiansen I，2004. European ecological networks and greenways[J]. Landscape and Urban Planning，68(2)：305-319.

后　记

本书是本人对博士期间学习和研究工作的总结。回望过去，老师、同门、同窗、同事、亲人对我的学习和工作给予了十分重要的支持和帮助，让我感激不尽。

重庆大学建筑城规学院为我提供了优越的工作环境，让我在教学之余能有充足的时间进行研究。

2016 年是我的恩师黄光宇先生辞世十周年，自 2001 年追随黄先生开始研究生阶段的学习，他带我进入山地城市和生态城市研究的领域，开启了我对城乡规划专业的全面认知，激发了我对规划事业的热爱。他高瞻远瞩的学术视野、包容并蓄的学科思维、因材施教的育人方法、对后辈的提携勉励至今仍在学界传颂，也让我终身受益。袁师母是黄先生的贤内助，他们之间有趣的故事在弟子们之间时常提及，师母对弟子们的关爱让我不能忘怀。

我的博士导师邢忠教授，他承袭黄先生的美德，在山地城市和生态城市研究中更为深入，从本书选题至成稿都给我以极为有益的思路和建议，让我从懵懂的门外汉开始真正踏入学术研究的殿堂。他朴实的学者品质、开阔的学术思维、严谨的治学风格、勤勉的工作态度、无私的为他精神让我受益匪浅。

衷心感谢沈清基教授、宋聚生教授、袁兴中教授、龙彬教授、谭少华教授、王海洋教授等评阅老师提出的宝贵建议和对研究方向的鼓励。我们学术团队中的颜文涛、闫水玉、赵珂、杨柳、韩贵锋、孙忠伟等师长，与我亦师亦友，每个人独特的学术个性和处事风格彰显了团队活泼的生命力，日常交流中为我提供了很多极有价值的信息。还有诸多相识相知的同门、同窗，因有大家的鼓励、扶持，才使本书顺利出版，在此一并致谢。

四位父母对我生活的照顾是我写作的坚实基础，贤妻乖女和兄嫂侄女对我精神的抚慰是我坚持的信心源泉。

本书出版也意味着新征程的开始，山地城市和生态城市规划研究应由我辈奋力持续推进！

叶林

2017 年 5 月 7 日

彩色图版

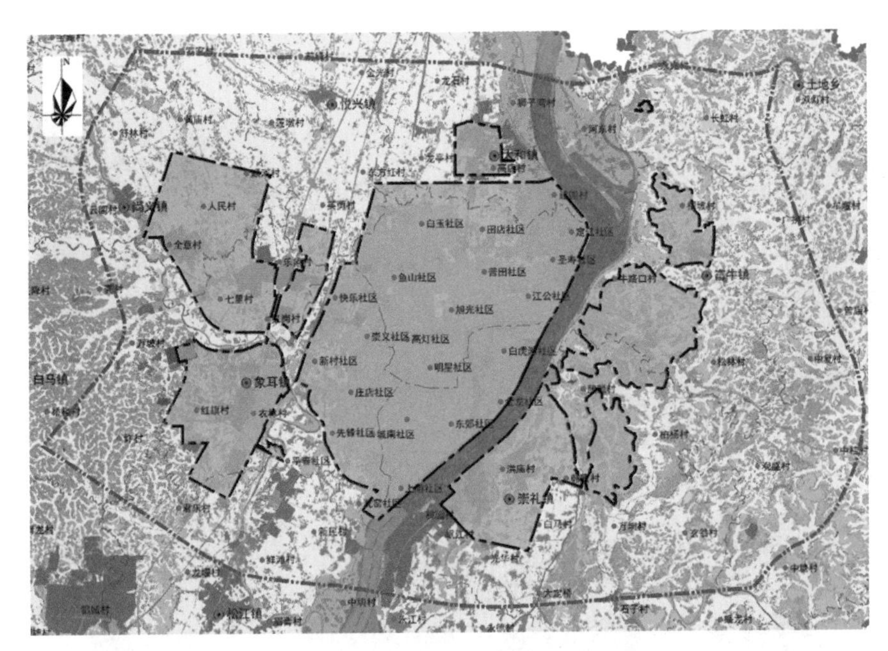

图 2.4　眉山城市规划区土地利用现状(邢忠等，2015)

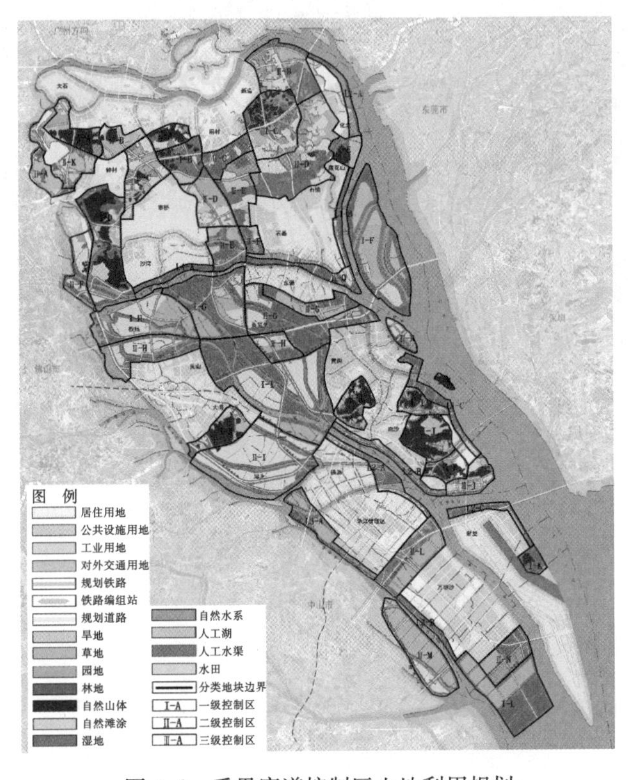

图 4.6　番禺廊道控制区土地利用规划

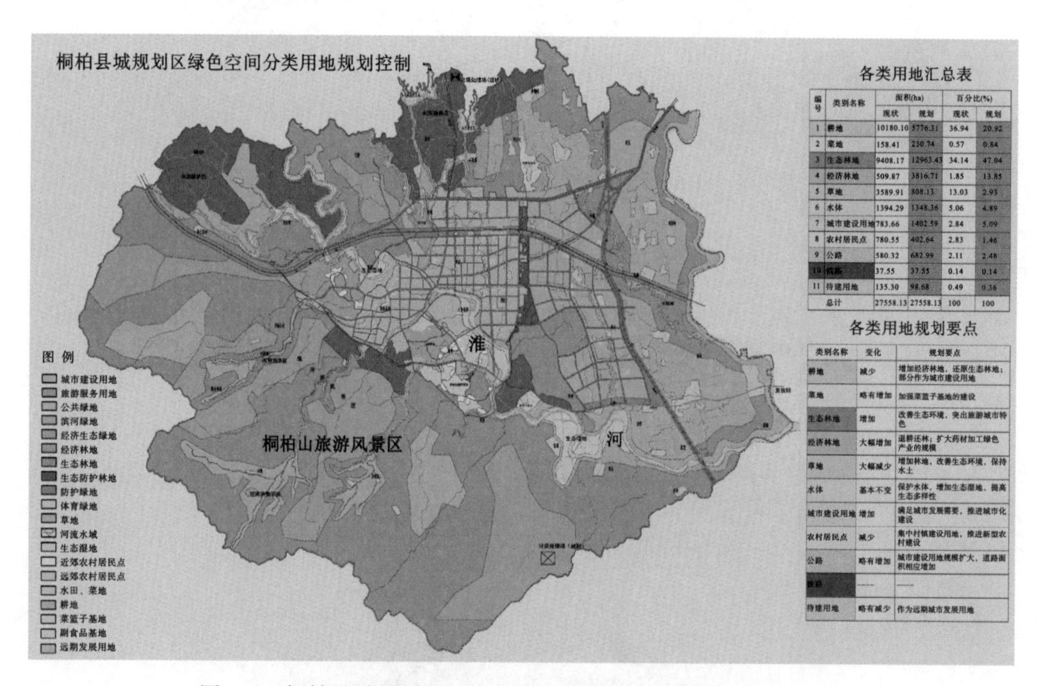

各类用地汇总表

编号	类别名称	面积(ha)		百分比(%)	
		现状	规划	现状	规划
1	耕地	10180.10	5776.31	36.94	20.92
2	菜地	158.41	230.74	0.57	0.84
3	生态林地	9408.17	12963.43	34.14	47.04
4	经济林地	509.87	3816.71	1.85	13.85
5	草地	3589.91	808.13	13.03	2.93
6	水体	1394.29	1348.36	5.06	4.89
7	城市建设用地	783.66	1402.59	2.84	5.09
8	农村居民点	780.55	402.64	2.83	1.46
9	公路	580.32	682.99	2.11	2.48
10	铁路	37.55	37.55	0.14	0.14
11	待建用地	135.30	98.68	0.49	0.36
总计		27558.13	27558.13	100	100

各类用地规划要点

类别名称	变化	规划要点
耕地	减少	增加经济林地，还原生态林地；部分作为城市建设用地
菜地	略有增加	加强菜篮子基地的建设
生态林地	增加	改善生态环境，突出旅游城市特色
经济林地	大幅增加	退耕还林；扩大药材加工绿色产业的规模
草地	大幅减少	增加林地，改善生态环境，保持水土
水体	基本不变	保护水体，增加生态湿地，提高生态多样性
城市建设用地	增加	满足城市发展需要，推进城市化建设
农村居民点	减少	集中村镇建设用地，推进新型农村建设
公路	略有增加	城市建设用地规模扩大，道路面积相应增加
铁路	——	——
待建用地	略有减少	作为远期城市发展用地

图 4.8　桐柏县城规划区绿色空间分类用地控制(邢忠等，2006)

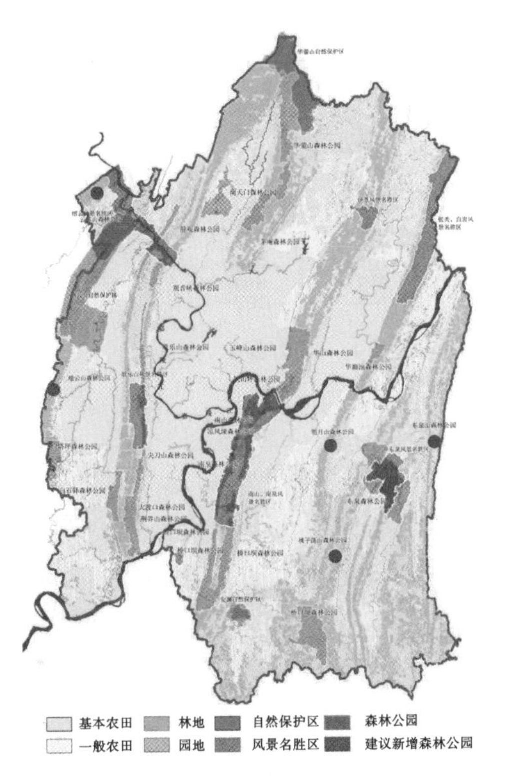

图 4.11 重庆都市区自然游憩资源分布

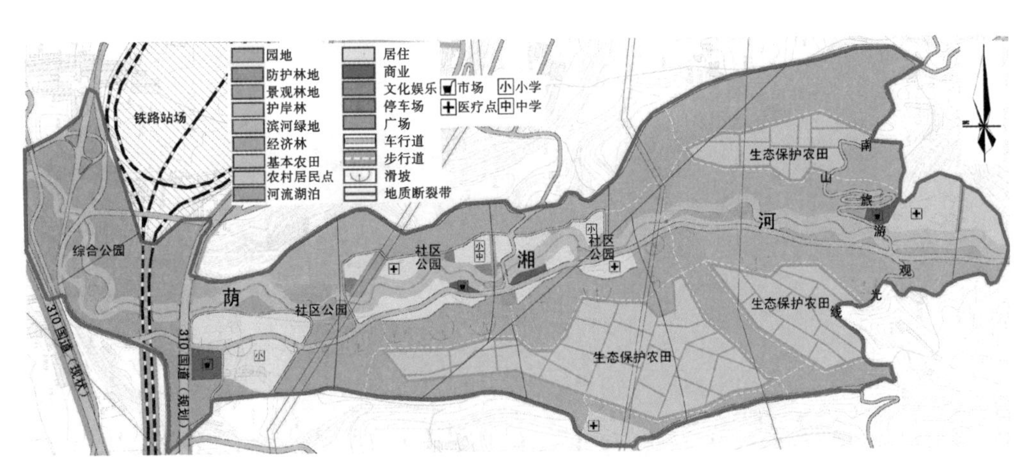

图 5.11 居住型谷地模式(黄光宇等，2006)

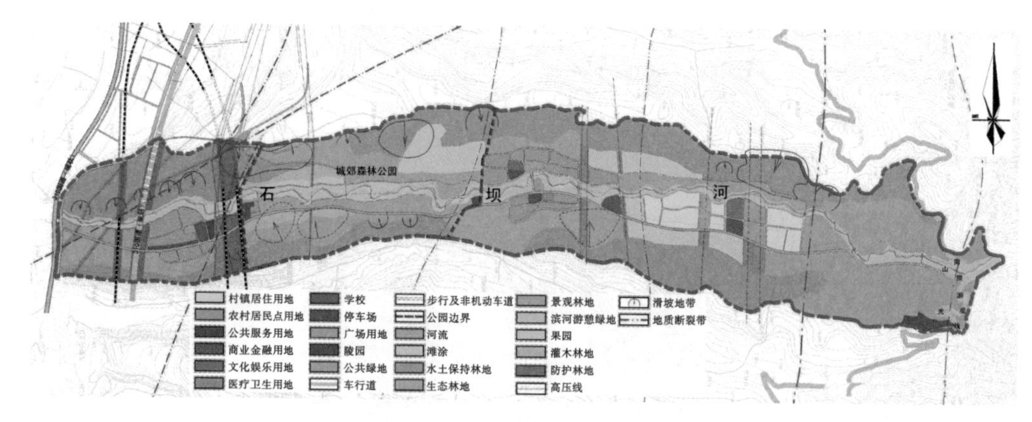

图 5.12　旅游服务型谷地模式

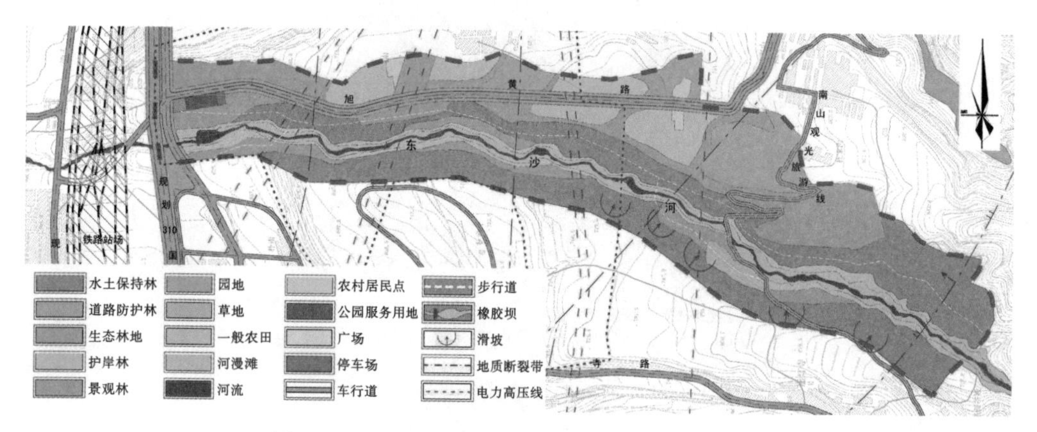

图 5.13　生态维育型谷地模式(黄光宇等，2006)

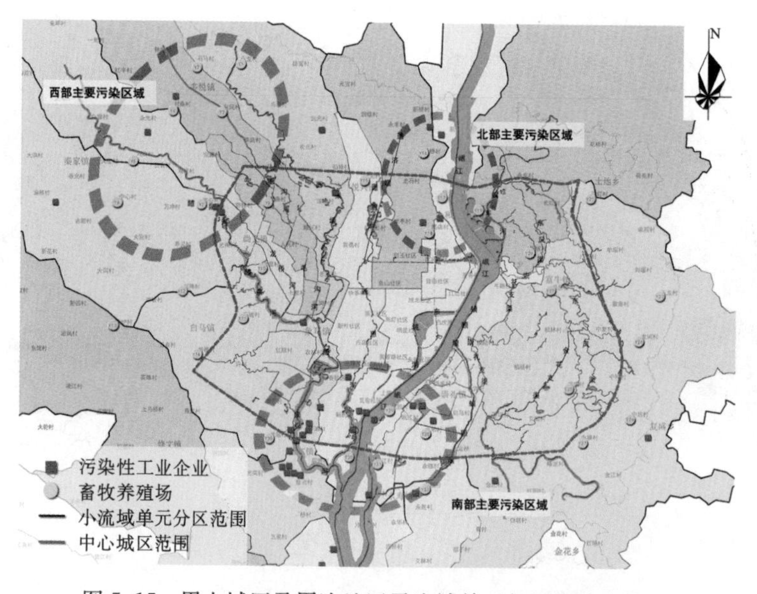

图 5.15　眉山城区及周边地区子流域单元与污染分布情况

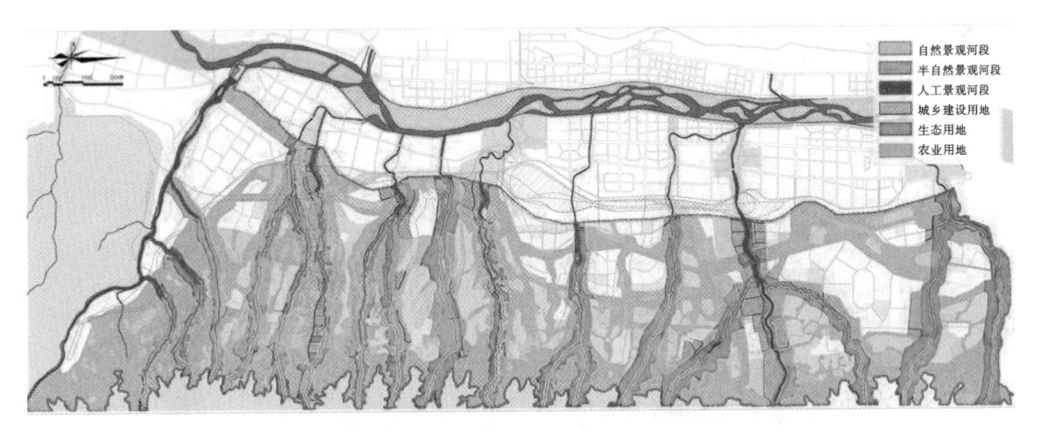

图 5.17 河流景观分区及水陆交错带土地使用引导(黄光宇等，2006)

图 5.18 舟曲县城泥石流灾害分布

图 5.32 渭河南部台塬区都市农业圈层与轴带叠合结构(黄光宇等，2006)

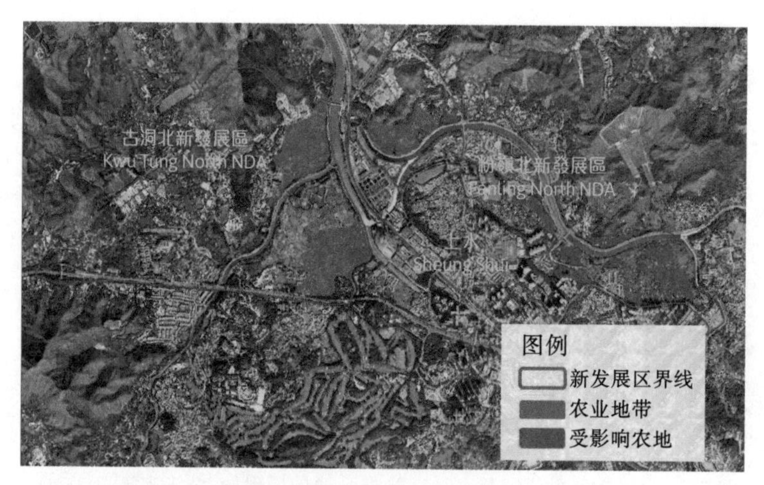

图 5.33　香港新界东北新发展区农业用地现状分布

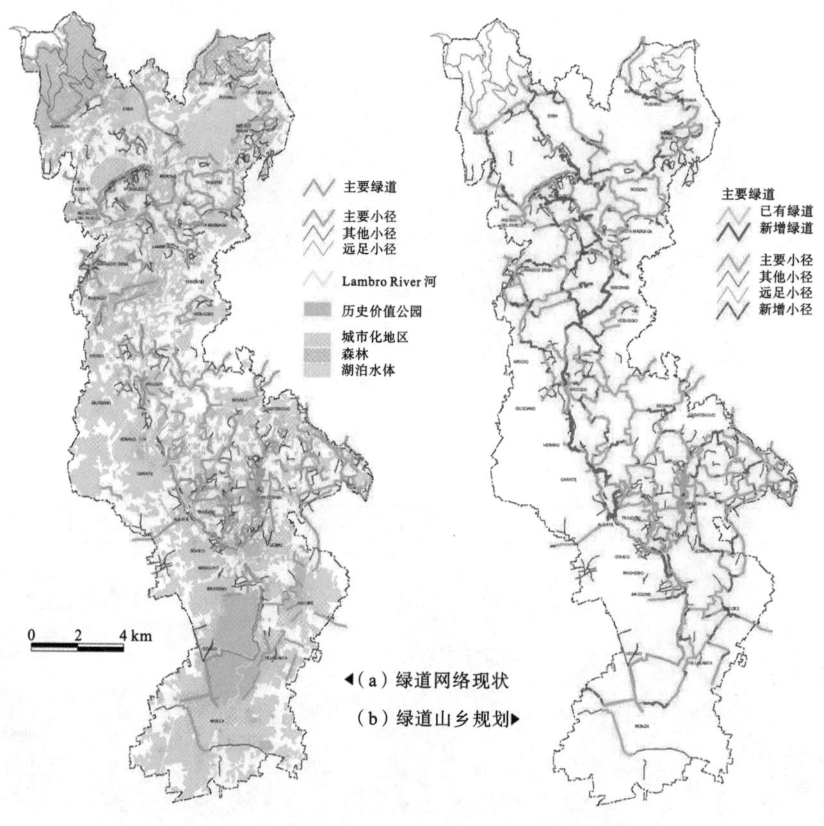

图 5.39　意大利 Lambro River 河谷绿道规划

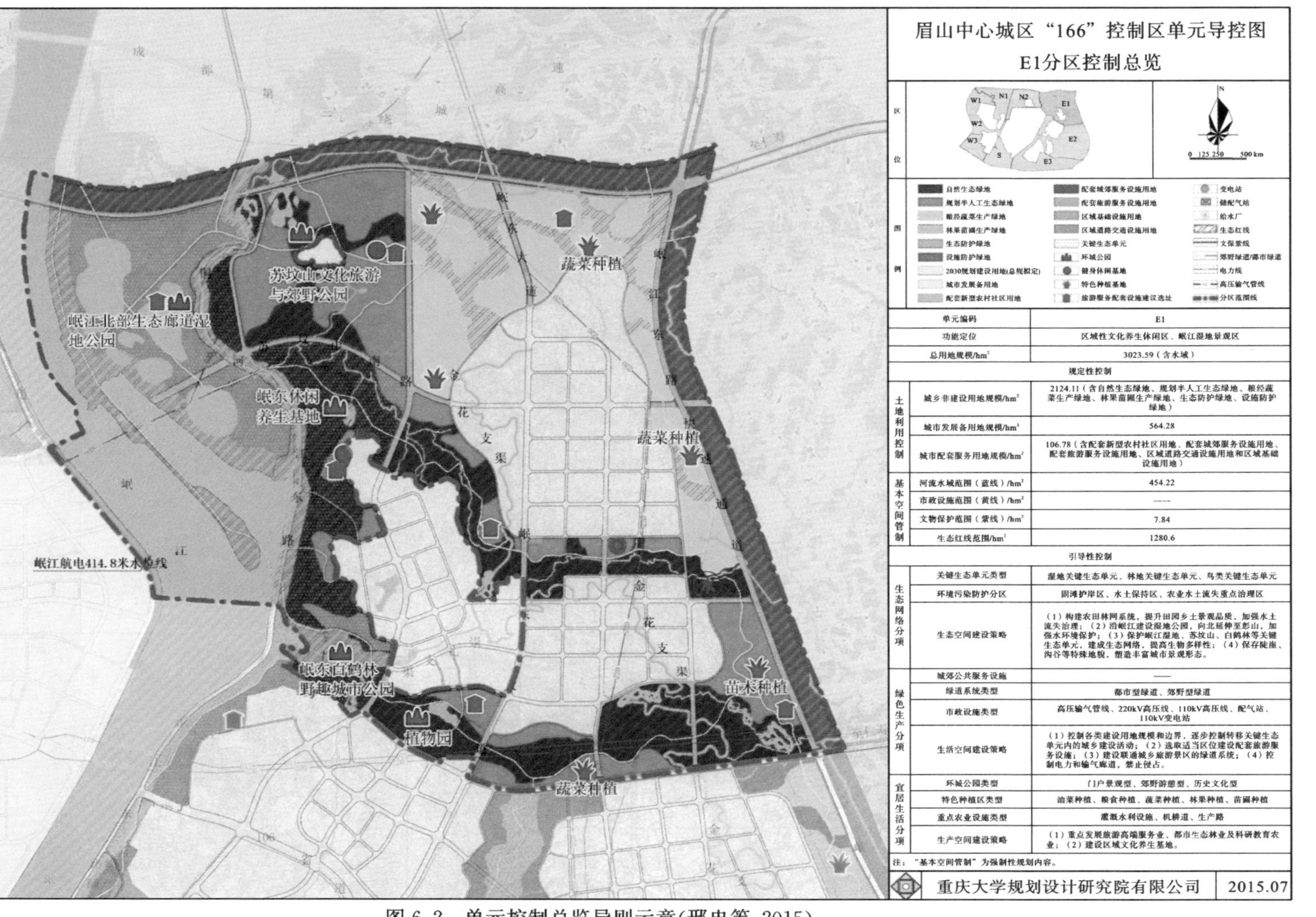

图 6.2 单元控制总览导则示意(邢忠等,2015)

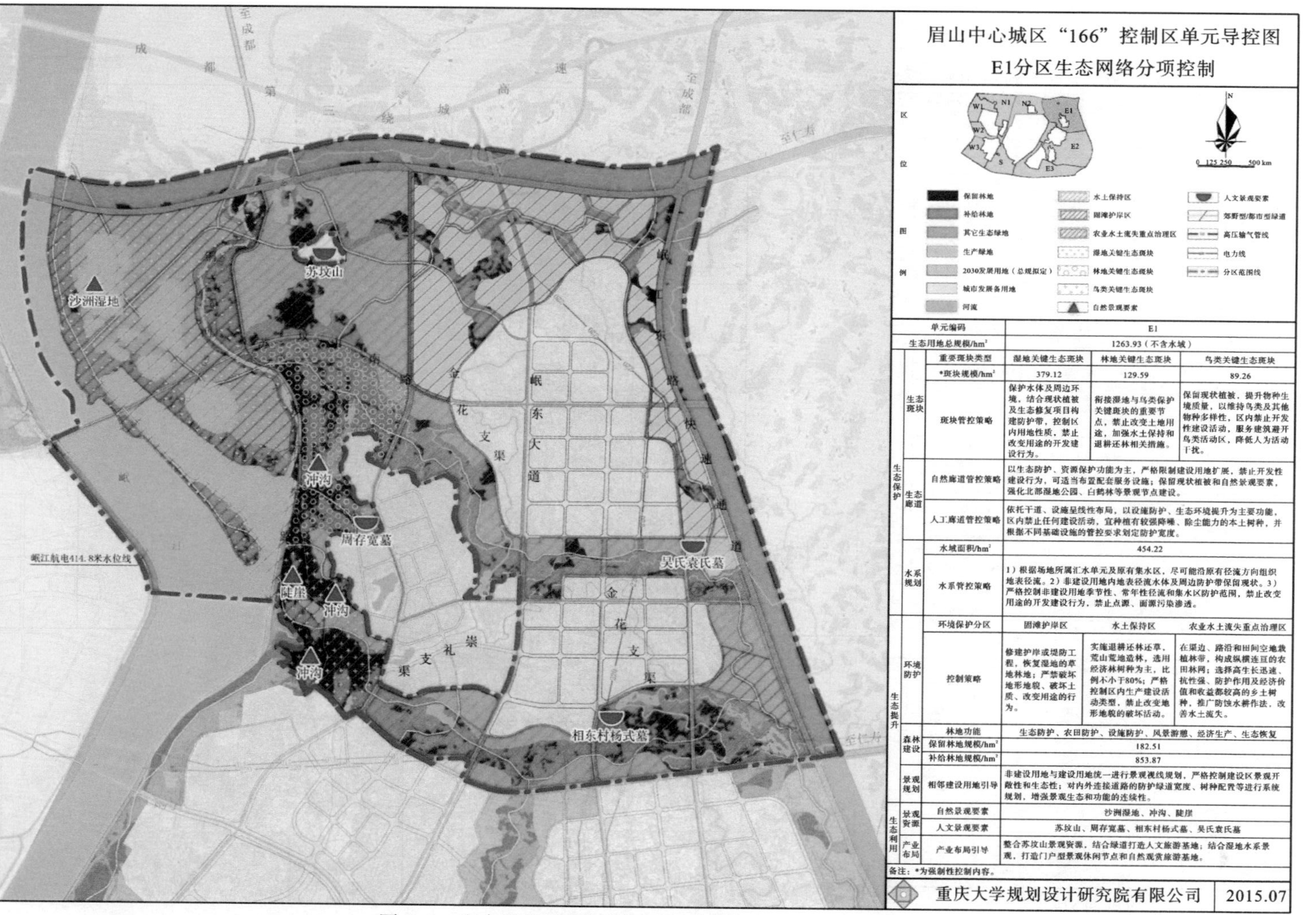

图 6.3 生态网络控制导则示意(邢忠等,2015)

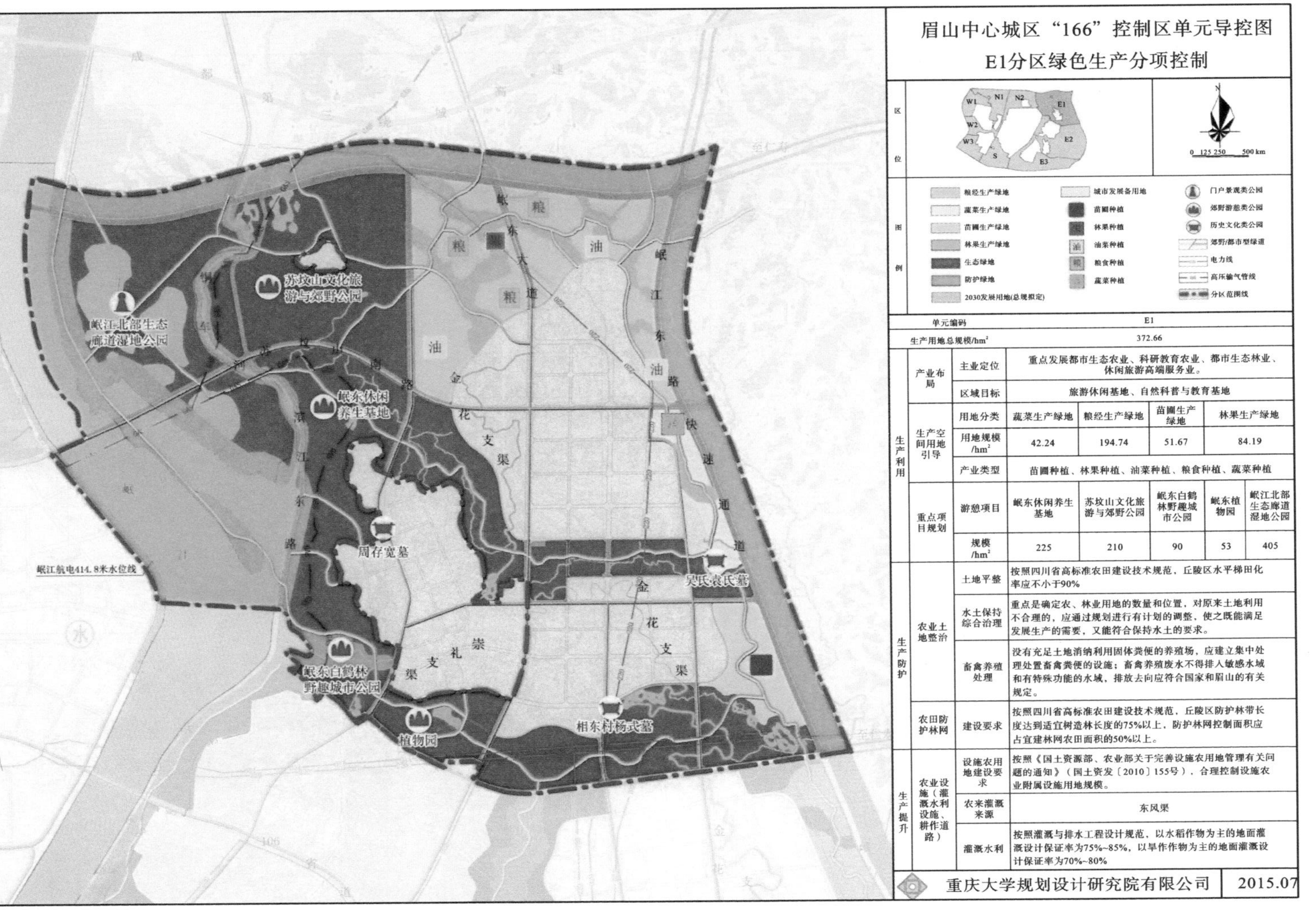

图 6.4　绿色生产分项控制导则示意(邢忠等,2015)

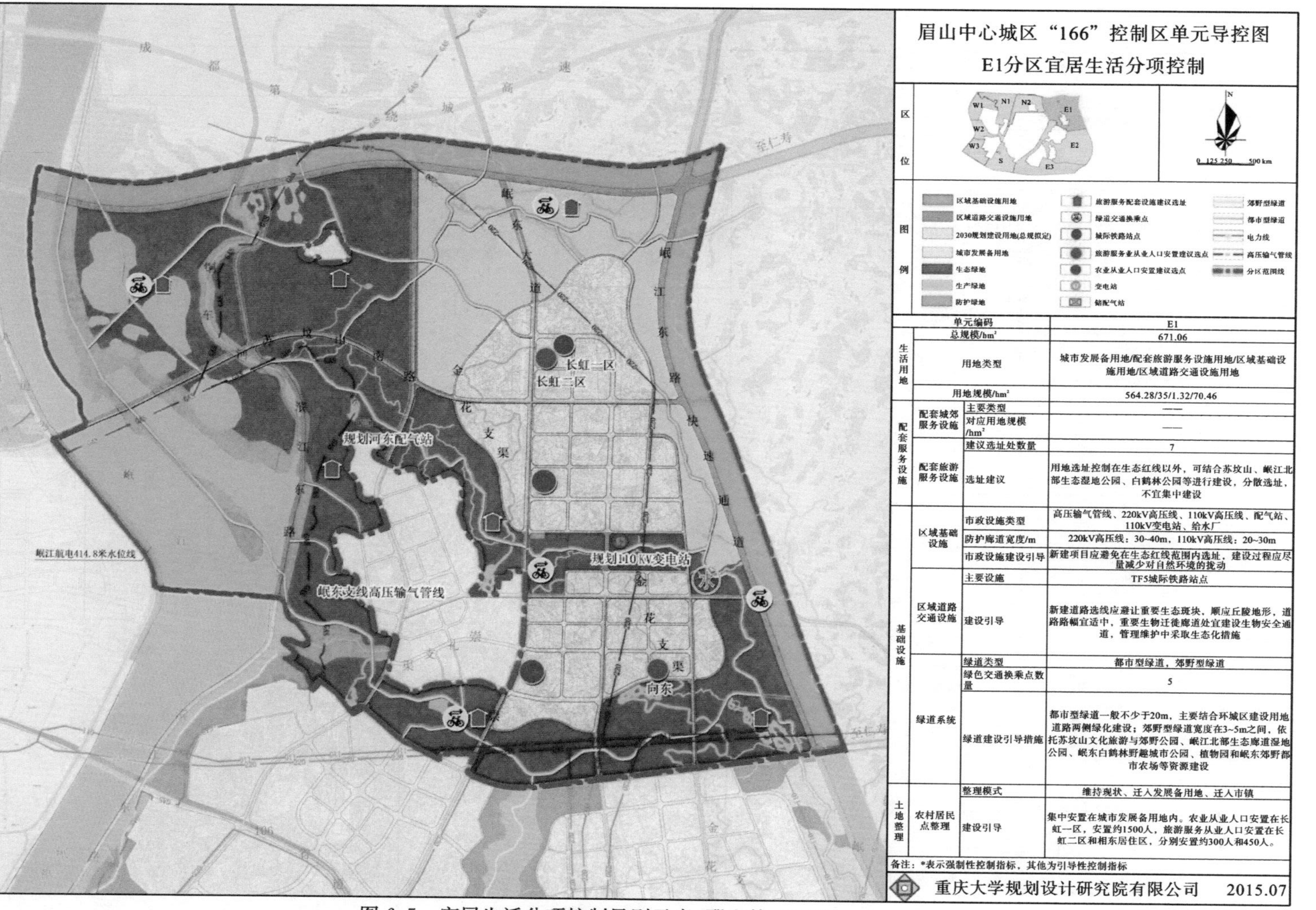

图 6.5　宜居生活分项控制导则示意(邢忠等,2015)

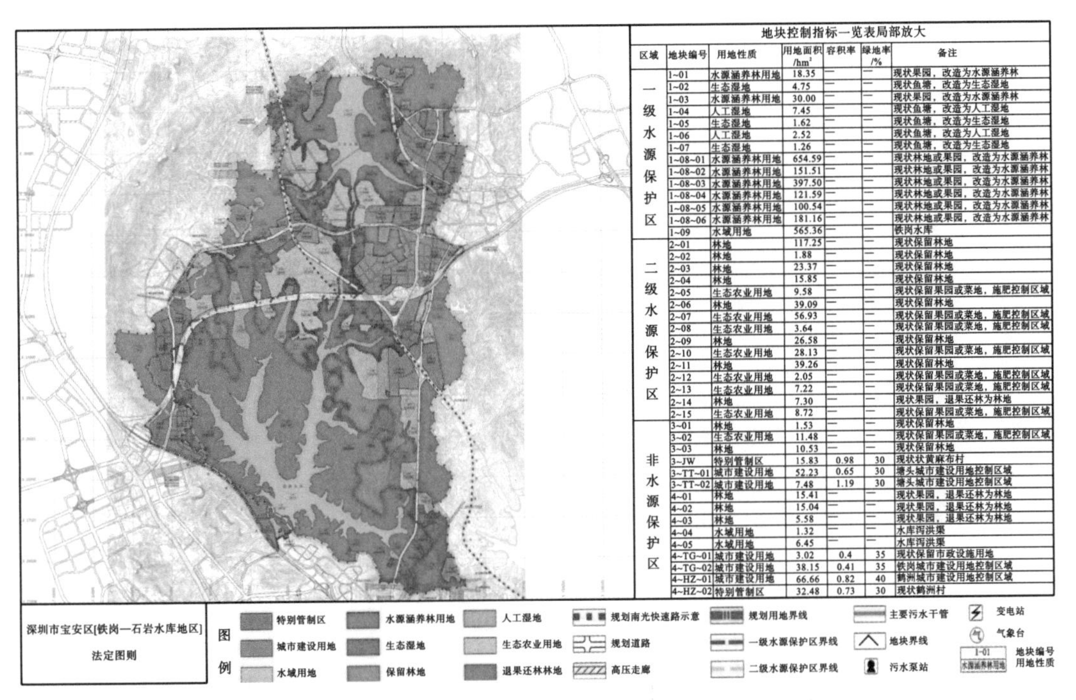

地块控制指标一览表局部放大

区域	地块编号	用地性质	用地面积/hm²	容积率	绿地率/%	备注
一级水源保护区	1~01	水源涵养林用地	18.35	—	—	现状果园，改造为水源涵养林
	1~02	生态湿地	4.75	—	—	现状鱼塘，改造为生态湿地
	1~03	水源涵养林用地	30.00	—	—	现状果园，改造为水源涵养林
	1~04	人工湿地	7.45	—	—	现状鱼塘，改造为人工湿地
	1~05	生态湿地	1.62	—	—	现状鱼塘，改造为生态湿地
	1~06	人工湿地	2.52	—	—	现状鱼塘，改造为人工湿地
	1~07	生态湿地	1.26	—	—	现状鱼塘，改造为生态湿地
	1~08~01	水源涵养林用地	654.59	—	—	现状林地或果园，改造为水源涵养林
	1~08~02	水源涵养林用地	151.51	—	—	现状林地或果园，改造为水源涵养林
	1~08~03	水源涵养林用地	397.50	—	—	现状林地或果园，改造为水源涵养林
	1~08~04	水源涵养林用地	121.59	—	—	现状林地或果园，改造为水源涵养林
	1~08~05	水源涵养林用地	100.54	—	—	现状林地或果园，改造为水源涵养林
	1~08~06	水源涵养林用地	181.16	—	—	现状林地或果园，改造为水源涵养林
	1~09	水域用地	565.36	—	—	铁岗水库
二级水源保护区	2~01	林地	117.25	—	—	现状保留林地
	2~02	林地	1.88	—	—	现状保留林地
	2~03	林地	23.37	—	—	现状保留林地
	2~04	林地	15.85	—	—	现状保留林地
	2~05	生态农业用地	9.58	—	—	现状保留果园或菜地，施肥控制区域
	2~06	林地	39.09	—	—	现状保留林地
	2~07	生态农业用地	56.93	—	—	现状保留果园或菜地，施肥控制区域
	2~08	生态农业用地	3.64	—	—	现状保留果园或菜地，施肥控制区域
	2~09	林地	26.58	—	—	现状保留林地
	2~10	生态农业用地	28.13	—	—	现状保留果园或菜地，施肥控制区域
	2~11	林地	39.26	—	—	现状保留林地
	2~12	生态农业用地	2.05	—	—	现状保留果园或菜地，施肥控制区域
	2~13	生态农业用地	7.22	—	—	现状保留果园或菜地，施肥控制区域
	2~14	林地	7.30	—	—	现状果园，退果还林为林地
	2~15	生态农业用地	8.72	—	—	现状保留果园或菜地，施肥控制区域
非水源保护区	3~01	林地	1.53	—	—	现状保留林地
	3~02	生态农业用地	11.48	—	—	现状保留果园或菜地，施肥控制区域
	3~03	林地	10.53	—	—	现状保留林地
	3~JW	特别管制区	15.83	0.98	30	现状状黄麻布村
	3~TT~01	城市建设用地	52.23	0.65	30	塘头城市建设用地控制区域
	3~TT~02	城市建设用地	7.48	1.19	30	塘头城市建设用地控制区域
	4~01	林地	15.41	—	—	现状果园，退果还林为林地
	4~02	林地	15.04	—	—	现状果园，退果还林为林地
	4~03	林地	5.58	—	—	现状果园，退果还林为林地
	4~04	水域用地	1.32	—	—	水库泻洪渠
	4~05	水域用地	6.45	—	—	水库泻洪渠
	4~TG~01	城市建设用地	3.02	0.4	35	现状保留市政设施用地
	4~TG~02	城市建设用地	38.15	0.41	35	铁岗城市建设用地控制区域
	4~HZ~01	城市建设用地	66.66	0.82	40	鹤洲城市建设用地控制区域
	4~HZ~02	特别管制区	32.48	0.73	30	现状鹤洲村

图 6.8　深圳市铁岗－石岩水库地区法定图则总图表(局部)

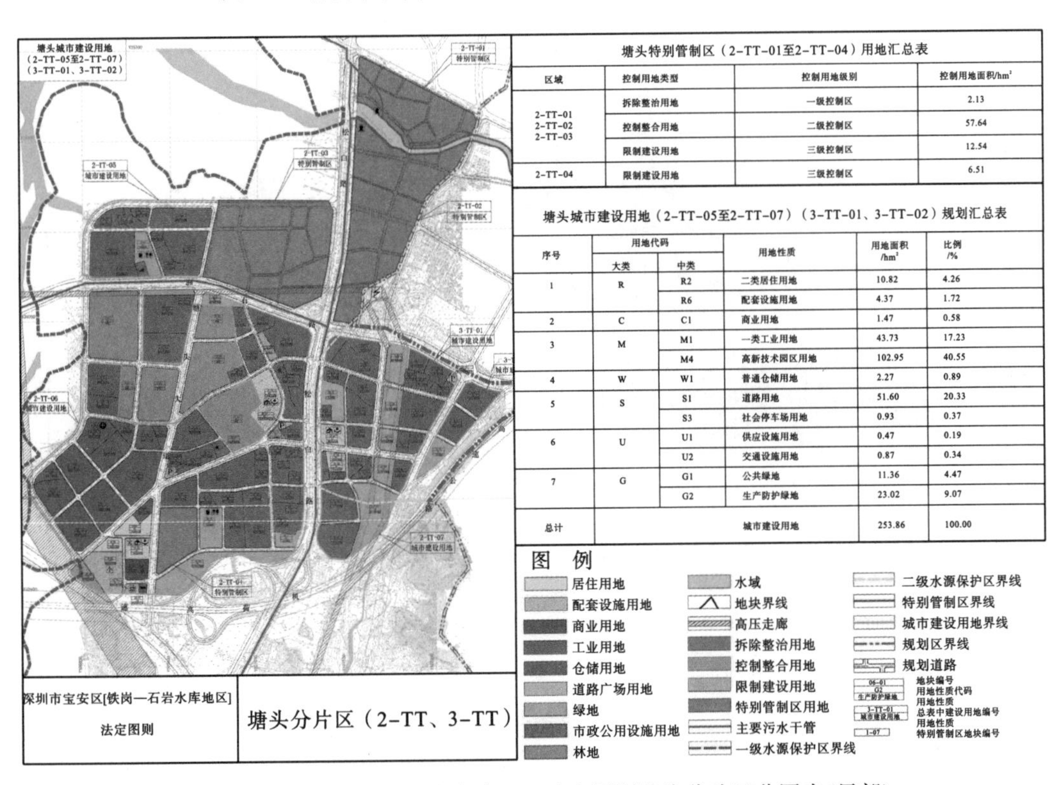

塘头特别管制区（2-TT-01至2-TT-04）用地汇总表

区域	控制用地类型	控制用地级别	控制用地面积/hm²
2-TT-01 2-TT-02 2-TT-03	拆除整治用地	一级控制区	2.13
	控制整合用地	二级控制区	57.64
	限制建设用地	三级控制区	12.54
2-TT-04	限制建设用地	三级控制区	6.51

塘头城市建设用地（2-TT-05至2-TT-07）（3-TT-01、3-TT-02）规划汇总表

序号	用地代码		用地性质	用地面积/hm²	比例/%
	大类	中类			
1	R	R2	二类居住用地	10.82	4.26
		R6	配套设施用地	4.37	1.72
2	C	C1	商业用地	1.47	0.58
3	M	M1	一类工业用地	43.73	17.23
		M4	高新技术园区用地	102.95	40.55
4	W	W1	普通仓储用地	2.27	0.89
5	S	S1	道路用地	51.60	20.33
		S3	社会停车场用地	0.93	0.37
6	U	U1	供应设施用地	0.47	0.19
		U2	交通设施用地	0.87	0.34
7	G	G1	公共绿地	11.36	4.47
		G2	生产防护绿地	23.02	9.07
总计	城市建设用地			253.86	100.00

图 6.9　深圳市铁岗－石岩水库地区法定图则塘头分片区分图表(局部)

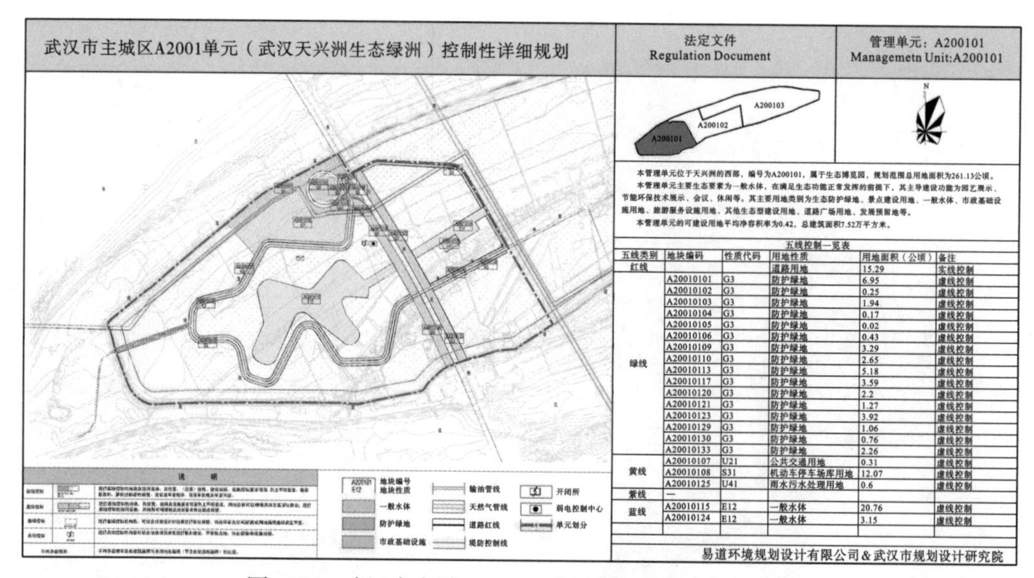

五线控制一览表

五线类别	地块编码	性质代码	用地性质	用地面积（公顷）	备注
红线			道路用地	15.29	实线控制
绿线	A20010101	G3	防护绿地	6.95	虚线控制
	A20010102	G3	防护绿地	0.25	虚线控制
	A20010103	G3	防护绿地	1.94	虚线控制
	A20010104	G3	防护绿地	0.17	虚线控制
	A20010105	G3	防护绿地	0.02	虚线控制
	A20010106	G3	防护绿地	0.43	虚线控制
	A20010109	G3	防护绿地	3.29	虚线控制
	A20010110	G3	防护绿地	2.65	虚线控制
	A20010113	G3	防护绿地	5.18	虚线控制
	A20010117	G3	防护绿地	3.59	虚线控制
	A20010120	G3	防护绿地	2.2	虚线控制
	A20010121	G3	防护绿地	1.27	虚线控制
	A20010123	G3	防护绿地	3.92	虚线控制
	A20010129	G3	防护绿地	1.06	虚线控制
	A20010130	G3	防护绿地	0.76	虚线控制
	A20010133	G3	防护绿地	2.26	虚线控制
黄线	A20010107	U21	公共交通用地	0.31	虚线控制
	A20010108	S31	机动车停车场库用地	12.07	虚线控制
	A20010125	U41	雨水污水处理用地	0.6	虚线控制
紫线	—				
蓝线	A20010115	E12	一般水体	20.76	虚线控制
	A20010124	E12	一般水体	3.15	虚线控制

图 6.10　武汉市主城区 A2001 编制单元(天兴洲)控规

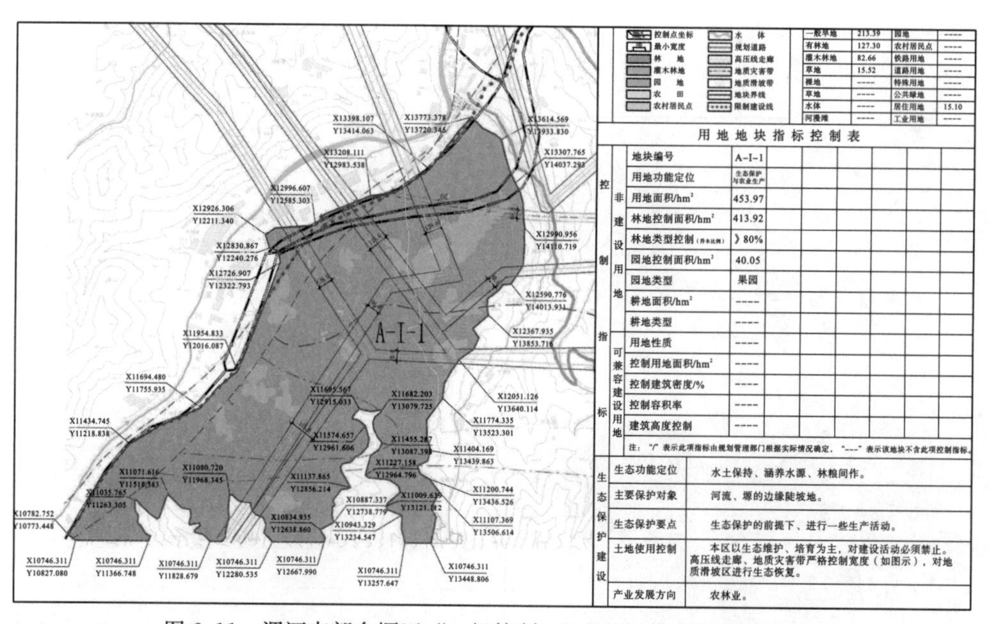

一般草地	213.39	园地	----
有林地	127.30	农村居民点	----
灌木林地	82.66	铁路用地	----
草地	15.52	道路用地	----
裸地	----	特殊用地	----
草地	----	公共绿地	----
水体	----	居住用地	15.10
河漫滩	----	工业用地	----

用地地块指标控制表

		地块编号	A-I-1						
控制指标	非建设用地	用地功能定位	生态保护与农业生产						
		用地面积/hm²	453.97						
		林地控制面积/hm²	413.92						
		林地类型控制（乔木比例）	》80%						
		园地控制面积/hm²	40.05						
		园地类型	果园						
		耕地面积/hm²	----						
		耕地类型	----						
	可兼容建设用地	用地性质	----						
		控制用地面积/hm²	----						
		控制建筑密度/%	----						
		控制容积率	----						
		建筑高度控制	----						
		注：“/”表示此项指标由规划管理部门根据实际情况确定，“---”表示该地块不含此项控制指标。							

生态保护建设		
	生态功能定位	水土保持、涵养水源、林粮间作。
	主要保护对象	河流、塬的边缘陡坡地。
	生态保护要点	生态保护的前提下、进行一些生产活动。
	土地使用控制	本区以生态维护、培育为主，对建设活动必须禁止。高压线走廊、地质灾害带严格控制宽度（如图示），对地质滑坡区进行生态恢复。
	产业发展方向	农林业。

图 6.11　渭河南部台塬区“一级控制区”图则(黄光宇等，2006)